当孩子遇到钱

绕不开的财商

徐国静 / 著

长江出版传媒　长江文艺出版社

序言

序言

当孩子遇到钱，孩子还会遇到什么？

1999 年，美国推出世界最小的 CEO——15 岁男孩卡梅伦，一时风靡日本。

2009 年，印度推出世界更小的 CEO——9 岁女孩苏蕾什，在美国拿到大奖。

2011 年，英国推出世界最最小的 CEO——8 岁男孩哈里·乔丁，要到中国建厂。

卡梅伦在学习中遇到钱，苏蕾什在网上遇到钱，哈里·乔丁在游戏中遇到钱。因为遇到钱，他们开始和钱对话。钱不但激活了他们的想象力、创造力和自控力，而且还点亮了他们的财商智慧。

谁成就了他们？

为什么钱竟让他们小小年纪就横空出世？

当我们把孩子关进教室，忙于为奥数成绩加分时，美国、印度、英国的孩子已开始靠创意挣钱，拿钱去创业，利用互联网叱咤全球商界。

当我们忙着帮助成千上万个孩子戒掉网瘾时，他们的父母却以钱为钥匙，帮孩子开启财商之门；以互联网为平台，实施创业操练的财富教育。

今天的中国富了。

中国人腰包鼓了，有钱了。

中国孩子在学习、交往、游戏和网上，也天天遇到钱，为什么中国没有出世界最小的 CEO 呢？

因为我们的教育把孩子和钱分离开来，不是让钱避开孩子，就是让孩子避开钱。所以，当孩子遇到钱时，因父母恐惧钱的铜臭味过早地污染孩子，拒绝和孩子谈钱。我们的家庭教育屏蔽了两大话题：一是钱，怕孩子被钱腐蚀；一是性，以为孩子无师自通。结果埋下两大隐患：孩子对钱和对性的强烈好奇心。所以，在媒体报道的各种青少年犯罪案例中，有关钱犯罪和性犯罪的比例节节攀升。对钱和性的无知，让孩子变得无所畏惧或胆大妄为。

孩子天天遇到钱，父母却不和孩子谈钱，不教孩子如何管钱，导致一些孩子大学毕业仍不知道钱从何来，把父母的口袋当作提款机；因不给孩子正能量的金钱观，致使一些孩子放任自流或走两个极端——要么挥霍无度，要么抢劫盗窃。

中国有句古话："口不言钱。"这句话出自《世说新语·规箴》，一说就说了两千多年。有知识的人避开谈钱，有品位的人躲着说钱。富裕家庭不和孩子谈钱，父母觉得攒的钱足够孩子花几辈子；贫困家庭不和孩子谈钱，父母认为只要孩子学习好，考上大学，将来找到好工作，自然会有钱。因此，关于钱和财商启蒙现在在很多家庭还是一片空白。

孩子天天天遇到钱，就如同抬头看天、出门看地一样自然。

遇到钱，孩子必遇到选择。

遇到钱，孩子必遇到智慧。

遇到钱，孩子必遇到尊严。

遇到钱，孩子必遇到良知。

遇到钱，孩子必遇到财商。

早晚遇到钱，谁来教孩子正确对待钱呢？

父母！

钱有两副面孔：一面是天使，一面是魔鬼。作为父母，从小就要教孩子辨认钱的真面目，以免孩子被魔鬼所迷惑。

钱有两种魔法：一种叫力量，一种叫陷阱。作为父母，从小就要告诉孩子什么是钱的正能量，不让孩子因钱而误入歧途。

如何正确对待钱？从秦始皇造币时开始，我们的祖先就找到了答案，并把"外圆内方"的智慧刻在钱币上。钱在社会和人群中流通，必须顺应社会的变化，"外圆"才能流动和应对变化。钱是人与人、人与物之间的介质。钱可取之正道，也可取之歪道；钱有黑心钱，也有良心钱。"内方"才能把握钱的法度和原则。

小小古钱币蕴藏着至高的财富智慧。如果早期教育赋予孩子这一智慧，孩子就能学会驾驭钱，让钱为人服务；反之，钱就会成为人的主宰，人自然要沦为钱的奴隶。

贪慕金钱，钱能毁了人；正确对待钱，钱能成就人。如果父母放弃金钱教育，或给孩子负能量金钱观，就等于把孩子拱手推给骗子、商人、警察来管。孩子一旦接受错误的金钱观，长大后很容易沦落为穷人或罪人。

钱只是一个物物交换的介质，为什么钱能控制和左右人的思想与行动？

因为在日常生活中，家庭缺少关于钱的教育。

钱是什么？

钱从哪里来？

怎样做才能获得财富？

钱用在什么地方有价值？

为什么"做好事钱能升值，做坏事钱会贬值"？

为什么"取之正道的钱会给人带来好运，取之邪道的钱会给人带来厄运"？

教孩子正确对待钱，钱会成就孩子的人生；反之，人生路上，不是被钱绊倒，就是被钱困住。

正确对待钱，谁来开启孩子的财商之门呢？

还是父母！

开启财商之门需要一把钥匙：向左转动，开启财商三识；向右转动，激活身体财富密码。这把钥匙的名字叫"金钱"。

不和孩子谈钱，不让孩子挣钱和管钱，财商之门打不开。

财商和智商、情商同样重要，启蒙的关键期都在0—12岁。中国父母忽视财商，遇到钱的话题总是绕着走，绕过财商去开发智商和情商。其结果呢？孩子要么成为财务自然主义者，要么被钱牵着鼻子走或对钱无能无知。

人生路上，如果"智、情、财"三商高，孩子自然前景好；如果三商缺一，因财商低会导致命运不济。

什么是财商？

财商是一个人认识金钱和驾驭金钱的能力。靠什么驾驭和掌控金钱呢？靠智慧。财商智慧即不高深，也不莫测，只要读懂汉字中的"财"字，就能读懂财商。

中国文化"重财轻钱"，见面问候语是"在哪发财呢？"拜年时只说"恭喜发财"，从不说"恭喜发钱"；春联横批只写"财源滚滚，财源广进"，从不写"钱源滚滚，钱源广进"。

为什么我们中国人大张旗鼓地说"财",却偃旗息鼓地说"钱"呢?

如果仔细研究一下"财"字,就会发现古人把财商智慧藏在了"财"字里。"财"字从"贝"从"才","贝"代表钱,古代用贝壳做货币。一个人要想有钱,必须有才干,先诚意、正心、修身;一个人要想"发财",必须靠劳动,靠真才实学,方能齐家、治国、平天下。

财商智慧从哪里来?从劳动中来,从创造中来。

美国财富大亨巴菲特5岁时买口香糖遇到钱,钱打开了他的财商之门。14岁前,钱历练了他的经营、管理、选择、投资,以及人际交往的多种能力。

瑞典宜家的创始人英格瓦5岁时卖第一盒火柴遇到钱,钱激活了他的财商智慧。17岁前,钱让他找到了发现和满足他人需求的财富之道。

钱一旦开启财商之门,便顺理成章地打开智商和情商之门。美国孩子入学前,就开始学习做生意。这并不是父母需要他们赚钱,而是父母有意把孩子放在和钱财、物质、人打交道的平台上,让孩子自己体验、摸索和钱、物、人打交道的方法和技巧,为孩子将来事业的成功奠定基础。

绕开财商,只开发孩子的智商和情商,等于把孩子的财富智慧锁在大脑里。锁上财商,三商缺一商,人生难顺当;如果三商鼎立,人生路上,自有信心和勇气。

和孩子谈钱越早越好。在这本书里,我给年轻的父母提供了如何以钱为媒介,帮孩子激活多元智能的身体密码;如何以货币为载体、以超市为课堂、以吃穿住行为载体、以世界版图为财富版图,鼓励孩子探索、体验、创造性地求知和学习;如何带孩子走出家门、校门和国门,增长学识、见识和胆识。

财商绕不开,也躲不开,因为金钱天天来敲门,孩子天天遇到钱带来的思考、困惑和烦恼。激活孩子的财商,让孩子在和钱相遇中找到做人的尊严、良知和智慧。

绕不开财商,谁能激活孩子的财富智慧呢?

只有父母!

在这里,我要真诚地感谢金丽红老师的一路引领!感谢黎波老师的全力支持!感谢黛君等长江文艺的年轻编辑!因为有你们,才有这本书的问世。

2013 年圣诞节于西堤红山

第一章
当孩子遇到钱

从何时起孩子会遇到钱？

从一出生，孩子就会遇到钱，随之也会遇到一系列问题。钱和做人、做事、交友、选择、尊严时刻发生着各种联系。钱只是一个物物交换的媒介，但当孩子遇到钱时，它就会摇身一变，变成"智商、情商、财商"三商启蒙的钥匙。

年轻的父母，你找到这把钥匙了吗？

1—3 岁的孩子在超市遇到钱

钱是硬币和纸币，但在 1—3 岁的孩子眼里，钱就变成了吃的、穿的和用的。

3 岁前，孩子从父母的言行里听说钱，看见钱在父母的口袋里跳来跳去。钱是家中的晴雨表，父母口袋里有钱就是"晴天"，没钱就是"阴天"。钱能控制家里的气氛。

钱孤零零地放在家里，只是一些硬币和纸币，但一进商场和超市，在孩子看来钱就会变魔术，一会儿就能变出一推车的商品。

所以，当孩子在超市遇到钱，父母将遇到什么呢？

我曾多次在超市观察过 2—3 岁的孩子，跟着父母进来时，推着车高高兴兴，可走出超市时，有噘着嘴生气的，有抹眼泪哭鼻子的，还有蹲着不走的。

超市开放的货架激活了孩子的各种欲望，所以，一进超市，孩子先遇到了琳琅满目的商品，没有约束和限制，乐此不疲地往篮子里装，可走到收银台，一遇到钱，父母又一样样从篮子里拿出去，这时孩子就不干了，开始和父母闹。这样的故事天天在超市上演。

第一幕：一个小女孩，从货架上拿了几种食品，妈妈说这个太贵了，妈妈没带那么多钱，下次再买，小女孩乖乖地把东西放回原处。

第二幕：一个小男孩，抱着很多玩具往车里装，妈妈说口袋里的钱不够，只能买一样，小男孩不相信，伸手去掏妈妈的钱包，翻看究竟带了多少钱。

第三幕：在收银台，一个小男孩推着车，妈妈交钱时，跟收银员说，只买一种玩具，其他收回，小男孩蹲在地上不走，哭着闹着等妈妈妥协。

在超市，当孩子遇到钱，父母就遇到以下问题：

1. 如何教孩子做选择？

2. 如何教孩子控制欲望和管理情绪？

3. 如何跟孩子进行有效的沟通？

3—6 岁的孩子在游戏中遇到钱

3—6 岁的孩子经常在想象和游戏里遇到钱。

在游戏里，钱可以通过想象、游戏、移动交换变成各种想要的东西，孩子通过玩买卖东西的游戏，学习钱物交换和人际沟通，以及寻觅、探索周围的世界。

当孩子在游戏中遇到钱，孩子自然会产生想象力和创造力，因为在游戏里会遇到各种角色的扮演，遇到讨价还价等市场行为。

市场行为学、人际沟通学、创意管理学都蕴藏在孩子的买卖游戏里，所以，当孩子在游戏里遇到钱时，父母不要武断地认为孩子的游戏无意义，而要从中发现孩子的财商天赋。

很多世界财富大亨儿时都曾在游戏中遇到钱。英国维珍集团创始人布莱森，4 岁时在家举办了一个小火车玩具展，向小朋友收两块巧克力作为门票。美国财富大亨巴菲特 5 岁时摆小摊卖口香糖，瑞典英格瓦 5 岁时卖了一盒火柴，挣来第一桶金。因得到父母的支持，他们的财商智慧不但点亮了自己的人生之路，也点亮了世界。

6—9 岁的孩子在购物和劳动中遇到钱

挣钱是一种能力，花钱也是一种能力。这种能力在 6—9 岁时开始彰显。

民间有一种说法，问孩子多大了，经常用"能打酱油"来证明孩子顶用了。打酱油这么一件小事，为什么能证明孩子长大了？

打酱油要拿钱去买，要走出家门跟人打交道，花钱要算账，提酱油要用力气，既是劳动，又是购物。购物需要沟通能力、表达能力、计算能力、交往能力等等。所以，一个人能否立足社会，独立会花钱办事，不吃亏上当是一个重要标志。

当孩子在劳动中遇到钱，父母要抓住机会跟孩子谈钱的来路：

钱从哪里来？

哪类劳动挣钱多，哪类劳动挣钱少，为什么？

美国父母鼓励孩子靠自己劳动挣零花钱，让孩子从小接触真实的生活。美国费拉·格雷 6 岁时靠捡石头，在石头上做画挣钱，8 岁时被评为商业奇才。

当孩子在购物中遇到钱，父母要抓住机会和孩子谈钱的去向。

9—12 岁的孩子在面子和尊严上遇到钱

多年前，有个朋友在电话里失声痛哭。问她发生了什么事，她说儿子偷了家里的钱，请全班同学吃羊肉串上瘾，后来又请喝啤酒。老师把她叫到学校，她觉得自己特别没面子；儿子学习成绩平平，每次家长会都被点名批评，现在，偷家里的钱竟是为了请同学喝酒，太辜负她的期望了。

拿钱买面子买尊严，这是 9—12 岁的孩子常干的事。老师和家长总把这样的行为归于品德的问题，甚至因此对孩子失去信心。其实，这种行为源自一种心理需求。孩子渴望在群体中脱颖而出，渴望被重视和关注，如果在学业上不能赢得关注，必然要选择其他的方式，如模仿成人摆阔、拿钱拉人脉等，买人缘便成了部分孩子的选择。

当孩子的面子和尊严遇到钱，父母不用着急和恐慌，只需要和孩子一起坐下来，坦诚地谈谈中国父母最忌讳跟孩子说的那个字——"钱"：

钱能干什么？

钱能买来什么？买不来什么？

钱能不能买来面子和尊严？

父母只需把这些话题像踢皮球一样踢给孩子，先激发孩子认真思考，鼓励孩子自己去找答案，然后真诚地倾听孩子的想法，当孩子能讲出自己对钱的正确看法和思考时，便实现了自我教育。

由孩子来讲钱的用途和价值，比听父母讲记忆更深刻更牢靠。

12—15 岁的孩子在交友和攀比中遇到钱

北京某名校的一个女中学生，入校时父母特别高兴，女儿不但成绩优秀，还在竞选中荣升为校长助理。可一年之后，她妈妈来找我，说她被女儿生日获得的礼物，以及礼物背后惊人的钱数吓坏了。

她女儿第一学年生日，她发现女儿包里有一个 6000 多元的戒指，追问来由时，女儿毫不在乎地说："这么点钱的东西，把你吓成那样，我要把男生送我的礼物都拿出给你看，你不得吓死呀。"

女儿拿出十几个男同学送她的生日礼物，有项链，有香奈儿的钱包，有迪奥的小挎包，还有爱马仕小丝巾、兰蔻香水等高档奢侈品。

她对女儿大喊大叫："你是个学生，你怎么能收人家这么贵重的礼物呢？"

女儿平淡地说："人家都是富人，这点小钱算什么，不过是他们零花钱的零头。"

"我真的不知道该怎么办了。人怎么说变就变呢？钱的威力太大了。我对女儿要求严格，教她节俭勤劳，花钱有计划。她学习好，我希望她长大了有出息，没想过早地和钱发生联系，谁想到，一个生日聚会，这些高档的礼物把女儿改变了。"

12—15 岁进入青春萌动期的男孩女孩，朋友圈和择友标准随着社会潮流不断发生变化：

因青春期的孩子特别在意自己的形象，想通过追逐时尚吸引异性的目光；

因想证明自己长大了，乐于追逐和模仿成人拿钱包装形象；

因在消费和交友方面互相攀比，加上情感驱动，结果价码一路飙升。

在一项中学生消费调查中，我看见一串惊人的数字：北京某名校中学生生日聚会平均消费近千元。

当孩子在交友和攀比中遇到钱，父母要调动孩子的哪些财富智慧呢？

1. 给孩子一定数量的钱，规定哪些花销可以自己做主。

2. 跟孩子签订"未来付"协约，可以给孩子贷款，让孩子懂得花钱的规则，学会履行承诺和守信。

3. 让孩子不攀比，不跟风，父母需帮孩子发现自己的优势才能，鼓励孩子学习做最好的自己。

15—18岁的孩子在网购中遇到钱

15—18岁的孩子有句流行语："我的青春，我做主。"

这个年龄的孩子最喜欢给钱做主。商品时代+网购的快捷覆盖，不论大都市，还是小县城，高中生都不喜欢父母替自己做主购买物品。

河南某县城的一个高中生，第一次在网上购物，经父母同意买了一双运动鞋，后来常以网购便宜，申请帮助父母购物，因父母不会上网，就把钱交给他。第一个月，他按家庭计划购买物品，后来，手里的钱多了，网购开始上瘾，无心学习。

网购无须走出家门，就可以买东西，手里不需拿钱，一刷卡或通过网银就OK，孩子喜欢网购的便捷和快感。当孩子在网购中遇到钱，父母往往担心，怕孩子花钱无度。其实，只要父母控制好自己的口袋，跟孩子做好四项约定，就可以让孩子学会理财，又能借助网购激活孩子的财商：

1. 让孩子管钱，学会购物立项。

2. 让孩子定计划，帮父母制定家庭消费规则。

3. 让孩子为家庭"吃、穿、住、行"建立4个账本。

4. 跟孩子签订购物协议和奖励制度，节省的钱可以做奖学金。

无论孩子何时何地遇到钱，遇到钱必遇到金钱携带的正负两种能量。

钱一直参与孩子人生观和价值观的铸造。父母给孩子正能量金钱观，等于给孩子终身携带的财富智慧。

为什么有的孩子乱花钱？

孩子是千姿百态的，遇到钱时，孩子的表现也不尽相同。有的孩子不加思考乱花钱，而有的孩子很自律，做事消费都有节制。为什么有的孩子乱花钱，而有的孩子却不乱花钱呢？

乱花钱的孩子与早期家庭教育有关。如果父母经常用钱来满足孩子的各种欲望或作为奖励政策，不论遇到什么事都喜欢用钱摆平，家庭消费从不制订计划，当孩子手里有钱时，就会乱花钱。

鼓励精神追求，孩子就不会乱花钱

18 岁以前的孩子对精神追求胜过对物质追求。

孩子不是物质享乐主义者，而是精神追求者，因为物质生活的高低是父母提供的，孩子无法选择。但从 3 岁起，孩子就有了自己的精神追求：童星小宝 3 岁时痴迷跳舞；民族歌手阿宝 4 岁时痴迷唱歌；陶艺大师周国桢 5 岁时痴迷雕塑；美术大师韩美林 6 岁时痴迷绘画。当孩子的注意力和兴奋点都聚焦在求知和获取精神财富时，就没有时间去浪费钱，也不会随便乱花钱。

精神越富足，人对物质的需求越少；精神越贫乏，人对物质的占有欲越强。

人的大脑空间有限，精神财富装得越多，对物质的渴求自然减少。

激发学习兴趣，教孩子让钱增值

孩子的心是贪婪的，一旦喜欢上什么，不但希望立刻得到，而且渴望全部拥有。特别是有了超市以后，推着车，看着货架上琳琅满目的商品伸手可得，要什

7

么都是信手拈来。这种购物的感觉，特别容易激发孩子的购物欲和占有欲。

雨奇的同学刘亦菲小时候特别喜欢玩四驱车模型。玩具公司为了赚小孩子的钱，不断推出各种新的产品，他像所有孩子一样，希望把所有的汽车模型都买回家，不管玩不玩，也不管要花多少钱，因为他喜欢每一个汽车模型。

每当他要爸爸买新的玩具车时，爸爸总是耐心地告诉他："这些模型车的内部构造都是一样的，厂家只把外观稍加改变，就可以吸引你们购买，买一辆和买十辆是一样的。四驱车是用来竞速的，竞速的关键是马达，你可以更新马达或其他配件，这样花很少的钱，你就可以拥有一辆新车，而且你的车速小朋友永远也赶不上。所以，你花钱换马达提高车速能让钱增值，而换新车图漂亮只能让钱贬值。"

刘亦菲听了爸爸的话，不再花钱盲目地购买新车，而是通过改装提高四驱车自身的性能和速度。每次和小朋友赛车，他总是用旧车跟小朋友三天两头换的新车比，小朋友的车外观一个比一个炫，但最先冲过终点的总是他那辆外观不变的旧车。

从此，刘亦菲懂得了怎么做能让钱花得值，又让钱增值，而不是盲从地浪费。他不再买华而不实的新赛车，而是专注于研究如何提高车本身的性能和速度，既实现效益最大化，又探索和研发新技术。十几年后他从英国留学回来，被选拔到中国科学院，从事航天科技研究。

孩子花钱无节制或喜新厌旧本属于自然，想花钱买各种玩具车的男孩儿很多，而刘亦菲的爸爸独创了"一箭双雕教育法"，既教孩子花钱有道，又激发了孩子的学习乐趣和梦想，让孩子从小学会怎样用最少的钱做最大的事。

告诉孩子，世上没有免费的午餐

美国石油大亨洛克菲勒给儿子的家书中写道："巨大的财富也是巨大的责任"，"你要想使一个人残废，只要给他一对拐杖"，"世上没有免费的午餐"。

他在信中给儿子讲了这样一个故事：一位聪明的国王想编写一本

智慧录，以飨子孙。他的大臣们快马加鞭，完成了一本十二卷的巨作，老国王看了嫌太长，令他们浓缩；大臣们几经删减，最后剩下一本，国王还是不满意；大臣们将这本书又浓缩为一章，然后减为一页，最后凝练成一句话——"世上没有免费的午餐"。这就是智慧书的全文。

不劳而获是人性的弱点，只要有条件，人就乐于等着天上掉馅饼。许多家境殷实的孩子从小饭来张口，衣来伸手，很容易养成不劳而获的习惯。

洛克菲勒家族为了避免孩子被财富的光环宠坏，不管是老约翰·洛克菲勒，还是小约翰·洛克菲勒，在教子方面都用尽心思，并制订了一套祖辈相传的教育计划，不但家族富可敌国，而且打破了"富不过三代"的神话。

小约翰·洛克菲勒鼓励劳伦斯等孩子做家务挣钱：逮到走廊上的苍蝇，每100只奖一笔钱；捉住阁楼上的耗子，每只5美分；劈柴火也有价钱。劳伦斯和哥哥纳尔逊，分别在7岁和9岁时取得了擦全家皮鞋的特许权，每双皮鞋2美分……

这些奖励机制，让家里的孩子从小就摒除了不劳而获的思想，认识到劳动所得的正当性和必要性，赋予了孩子有偿意识和责任感。

父母要告诉孩子钱不是凭空来的，风刮不来钱，雨下不来钱，要想得到钱，必须付出劳动。光给孩子讲道理不行，必须让孩子亲身体会钱来得不容易。

不劳而获思想是滋生假、恶、丑的祸根，一个人的机体如果埋下这一毒瘤，会不断派生出贪婪、敌意、妒忌，乃至仇恨。所以，美国人鼓励孩子自己卖旧玩具、打零工、摆小摊、搞小发明和创意挣钱，让孩子从小通过亲身体验学会珍惜财物，自食其力。

帮孩子启动左脑，教孩子管理情绪

乱花钱与孩子的右脑早期发育速度有关。右脑是想象脑，创意脑，喜欢跟着感觉和情绪走，喜欢打破常规。这种思维方式不仅表现为游戏和学习上的特立独行，在花钱和其他行为上亦如此。艺术家靠形象思维生活，喜欢自由奔放，潇洒豁达，这与他们右脑发达，过度使用右脑密不可分。6岁前，因右脑的发散思维异常活跃，孩子经常上演各种富有想象力的闹剧。

雨奇 4 岁时，有一天从幼儿园回来，一遍又一遍描述幼儿园老师化妆，涂口红，穿高跟鞋如何好看，紧接着提出两个要求：一个是给她买口红和指甲油，她想明天化好妆再去幼儿园；另一个是要求我每天穿高跟鞋去送她。爱美是孩子的天性，喜欢包装自己是人的天性。

两天后，雨奇突然提出要买指甲油。遭到我的拒绝后，立刻去找爸爸。再次碰壁后，她突然跳到床上，把小拳头举起来："你们都不给我买，那我现在就把地球给砸碎了。"

她借助想象放大自己，把自己变得力大无比，以把地球砸掉威胁我们。

"你要把地球砸碎了，那爷爷奶奶和姥爷姥姥去哪里住啊？"我知道女儿特别喜欢她的爷爷奶奶和姥爷姥姥。她马上说："我有办法，我把他们送到月球上去。"

"那爸爸妈妈去哪儿住呢？"

"你们俩呀，那我可就没有办法了。"

后来，她发现"砸地球"不灵，又上演其他剧目，把自己关进屋里，等我们妥协，或躺在床上，蒙一个小被子，等我们哄她。

6 岁前，孩子靠想象和模仿进行记忆和学习，乱花钱和渴望购物是右脑的发散思维导致的行为，只要及时启动左脑的聚合思维教孩子管理，自然就找到了帮孩子改掉乱花钱的毛病的方法。

当孩子遇到钱，大脑会调动各种力量，并且立刻做出两种反应。

右脑会因钱想入非非，假如我拥有 100 万能买什么，假如拥有 1000 万能买什么；右脑喜欢说我想要什么，喜欢做白日梦，并乐在其中。而左脑从不说"假如"，左脑一切从实际出发，只说我需要什么，我能要什么；但左脑发出的声音很弱，常常被右脑的声音覆盖。即使父母不和孩子谈钱，只要遇到钱，钱就会调动孩子头脑里的各种力量，比如想象力、选择力和自控力等等。这时钱就会左右孩子的头脑。

如果从父母那里接受过钱的信息、知识和规则，孩子的思维就如同有了渠道，自然汇集入渠流动。比如：孩子把钱丢了，父母告诉孩子"有人就有钱，不要沉浸在丢钱的痛苦里"，孩子很快就能从痛苦中走出来，不会漫无边际地放大痛苦。如果对钱没有正确的认识，孩子遇到钱时，思维就像山间溪水，四处蔓延，自由流淌，很容易跟着各种诱惑走。

人的左脑和右脑分工不同，左右脑各有自己的管辖区域，又密切合作。左脑负责逻辑思维，右脑负责形象思维，当外界信息通过"眼、耳、鼻、舌、身"传送到大脑时，左右脑各自以自己的方式进行接收、筛选、整理、储存和输出。

当孩子遇到钱，右脑会把钱和想象中的需要，以及孩子的爱好和情感快速链接起来，所有的细胞都活跃起来参与各种想象，让孩子长时间沉浸在虚幻世界，享受幻想带来的喜悦和快乐。孩子拿到压岁钱时特别兴奋，甚至浮想联翩，用想象力在大脑里设计和盘算着如何购买自己喜欢的东西。

> 雨奇6岁那年，从电视新闻里看到一个人中了500万大奖，这个天文数字激发了她的想象力，让她立刻兴奋起来："假如我中奖得了500万，就给爸爸妈妈请20个保姆，50个保镖，买10套别墅，20辆小轿车。"

为什么孩子对钱会想入非非，喜欢放大钱的能量呢？

0—12岁是孩子大脑发育的高峰期，右脑接受、加工处理信息的速度像计算机，反应速度快。当孩子遇到钱，右脑神经细胞立刻活跃起来。如果手里有10元钱，能想象出100元的花销项目。

当孩子遇到钱，左脑会怎样表现呢？

左脑会把钱和物，以及孩子的实际需求快速链接起来。当左脑的聚合思维被钱激活时，第一个反应是理智冷静，第二个反应是不盲从随意行动。左脑喜欢有序地工作，喜欢通过追问、推理、对比、探究做判断，确定物有所值，才指挥手和脚去行动。现代人的非理性消费和盲目跟风，炫富和经济犯罪都与早期缺少财商启蒙教育，在孩子遇到钱时，很少启动左脑有关。

当孩子遇到钱，先帮孩子启动左脑：

1. 跟孩子一起寻找钱从哪里来。

2. 哪些东西不能买，为什么？

3. 当口袋里有100元钱，可以买10样东西时，该怎样做决定。

当左脑接受这些信息知识和训练时，将自动编程保存，这个程序和相关知识信息，日后会随时自动跳上大脑的屏幕，帮助孩子管理欲望和情绪。

孩子要东西，不仅是对物质的需求，还有心理需求和满足，平时在精神上得不到关注的孩子经常会制造一些状况引起父母注意：如果父母给买了，就证明自己的重要性；如果不给买，通过哭闹得到了，在心理上就得到一种满足。所以，父母一定要接纳孩子的需求，关注孩子的心理发展。

当孩子以威胁的方式要求父母时，父母第一不能妥协，第二，一定要关注孩子的心理，通过平等对话给孩子以尊重。如果粗暴地靠打骂压抑孩子的欲望，会在孩子心里留下创伤；而童年的伤痕在青春期会流血，童年得不到平等和尊重的孩子，往往青春期格外逆反，有的甚至会误入歧途。

大脑掌控人体能量的接受和释放，当孩子遇到钱，钱就开始调动大脑的各种力量，教孩子怎样花钱和自我管理情绪，等于给孩子一个聪慧的大脑。

如何管理孩子乱花钱？

孩子乱花钱，表面乱在孩子，其根是乱在父母。因父母没有把花钱的事当作家教的必修课，不告诉孩子如何花钱，如何管钱，当孩子遇到钱，自然会乱花。

给孩子储钱罐，教孩子管钱

很多孩子都有储钱罐，但对于多数人来说只是一个装钱的罐子，没有其他用途。其实储钱罐不但能帮孩子学会管钱，还能帮孩子管理思维，管理情绪，管理知识，管理时间，关键在于如何用它。

雨奇6岁那年，我给她买了一个小白兔存钱罐，并告诉她这是一个神奇的罐子，钱一枚一枚进去，等倒出来时就是一堆。她特别兴奋，在家里到处翻找硬币，然后统统装进她的罐里，据为己有，还不停地盘算着攒够多少钱可以买什么。那些日子，她对数字和计算特别敏感，还经常拿起钱罐摇摇。

有一天，她在商店里看上了一个最贵的洋娃娃，非要买，说要用它做模特，自己帮它设计不同的服装。我不同意，说太贵了，雨奇说她储蓄罐里有钱，结果回家一数，所有的硬币加起来只有10元多。

她开始对存钱罐失望了，说它一点都不神奇，攒了半年了，才那么一点。在孩子特别渴望钱的时候，给孩子支招儿，告诉孩子如何通过劳动挣钱特别有效。在雨奇身上和其他的孩子身上，我都看见了百发百中的效果。

"雨奇，你6岁了，有能力自己挣钱买你想要的。想得到洋娃娃不难，给你提供一个挣钱的机会，帮妈妈做家务活。连续做三个月，可以得到一笔钱，买到洋娃娃；连续做一年，你给洋娃娃设计和制作服装的费用我都可以出。"

连续一个月，雨奇扫地、擦桌子、洗碗、倒垃圾、擦皮鞋，她的储钱罐摇起来越发沉起来。经过三个月的努力，她终于买来了她心仪已久的洋娃娃。

给孩子储钱罐，既给了孩子一个聚财的罐子，也给了孩子一种聚沙成塔的思维模式。所以，不要小看储钱罐，它能以最简单的方式启蒙孩子的财商智慧。

跟孩子签约，选择"合资"购物

孩子对钱和物的概念，以及如何使用钱，怎样花钱，不是单项的和钱的关系，而是和思维、情感和行为方式连在一起。说一个人大方或小气都和钱的事直接挂钩，会花钱需要学习，乱花钱需要管理。管理的方法很多，只要父母意识到管理孩子花钱跟管理孩子上学一样重要，方法就会层出不穷。

雨奇 4 岁那年，爷爷给她买了台钢琴，对她来说，这简直是从天上掉下来的馅饼。后来，她说服爸爸又给她买了台游戏机。打那以后，她认为只要自己开口，想要什么都可以随时搬进家来。

小学六年级时，雨奇提出不使用家里的公用电脑，要给她单独买一台。这个要求爸爸立刻同意了，而我的阻拦遭到两个人的强烈反对，成了孤军奋战。但我清楚地知道如果孩子在家里要风得风，要雨得雨，走向社会既招不来风，也唤不来雨，只能招来各种挫折和失败感，这不是做父母的希望看到的。

于是，我建议跟她合资购买电脑。为了激励她学好英语，我请她帮我翻译一本小书，稿费可以作为合资买电脑的经费。我们签署 3 年合同，稿费为电脑总价一半的钱，我可以提前预支给她购买电脑，期限是 3 年内必须完成翻译工作，翻译稿必须经过她的英语老师审核后交稿。

雨奇开始胸有成竹，接过我从英国伦敦买回的《女人写给女人》一书，看了一眼，不假思索，立刻起草翻译协议书，并郑重地在合同上签名。

一年过去了，她只翻译了三段文字。

又一年过去了，她才翻译了五页文字。

第三年的某一天，她突然说："以我现在的英语词汇量和语言水平，保证能在合同期内完成书稿翻译，如果失信可以罚款。"果然，合同到期前两个月，她把翻译好的书稿摆在桌上，还有她英语老师的批注。

为了买电脑，雨奇签署了翻译协议，但她的英语水平不足以完成翻译任务，为了得到电脑，她逞强应了；后来，为了不失信，不遭受惩罚，为了翻译好书，她又努力学习英语，英语的口译和笔译能力提高迅猛。从那以后，她的英语成绩直线上升。

后来，我在南京讲课，一些母亲提出给不给孩子买电脑的问题，我讲述了雨奇的故事。只要父母花一点心思，在满足孩子的物质需求时，创意一些激发孩子精神需求的方法，就可以一举两得，甚至是一举多得。通过合资购买东西，让孩子学会合作、承担责任、签署协议、诚实守信，快速丰富和提升自己。

当孩子遇到钱时，父母一定要动心琢磨如何教孩子管钱和花钱，因为一旦遇到钱，人性的优点和弱点最容易被激活。

给孩子钱，教孩子学会花钱

孩子乱花钱让很多父母束手无策。花钱和吸吗啡一样会上瘾。消费给孩子带来的快感会刺激脑部神经，那些神经一旦兴奋起来，乱花钱就会成为一种难以治愈的病。很多成人为什么管不住自己，提前透支，成了"月光族"？除了商家的诱惑外，主要是因为从小没学会如何管理钱。

攒钱和花钱，一个叫进，一个叫出，进是增加，出是减少，所以，传统教育只教孩子如何挣钱和攒钱，让钱进来，而从不教孩子如何花钱，让钱出去再进来。

眼睛喜欢盯着增加的钱，而害怕减少的钱。

老百姓常说"花冤枉钱"，啥叫冤枉钱呢？就是花了不该花的钱，花错了。花钱也有学问，花钱的学问从哪儿来？从生活中来。

在调查中，我发现80%的父母喜欢抱怨孩子乱花钱，不知道父母的辛苦，但很少听到父母追问孩子错在哪儿或反省自己缺少财富教育。所以，抱怨孩子的声音永不消失，而乱花钱的现象也愈演愈烈。

有一位年轻母亲跟我讲述了她如何教女儿学会花钱的故事：

女儿刚上小学三年级，每个月的零花钱经常超过500元，是我工资的六分之一。为了让女儿学会节俭，我们费了很多口舌，但每次女儿一伸手，又总是不忍心拒绝。

"妈妈，我同桌张小伟的铅笔盒是韩国的，特别漂亮，我想买一个！"

"我们学校门口有卖冰激凌和小吃的，给我5块钱，我要买着吃。"

"给我10块钱，我也要买和李明明一样的卡通圆珠笔等用品。"

女儿像个无底洞，天天喊着要钱，而且花样翻新，我和丈夫跟她讲要勤俭，要节约，不要乱花钱，她每次都回答"yes，madam"，结果丝毫没有改变。

后来，我和丈夫读了一些理财方面的书，发现在英、美国家，理财教育从3岁就已经开始，让孩子从小就正确地对待金钱和使用金钱，并学会初步的理财知识和技能。

我们一直被动地要求孩子节俭，几乎没有效果。在这个消费的时代，不如大大方方地教育孩子如何合理用钱，通过花钱教孩子学会自我管理。

我们想出一套化零为整的教孩子花钱方案，并跟女儿约定：每月给她零用钱100元，买学习用品和零食。剩下的可以攒起来由自己支配。但花钱记账，不能透支。

两周之后，女儿很难过地告诉我："妈妈，我的100元钱都花完了！"

"给妈妈看看你的理财本，帮你分析分析消费是否合理。"

女儿拿出"理财本"：冰激凌5元，小魔棒面包5元，巧克力豆3元，QQ糖3元，烤肠3元……全是零食。

"你的账记得真好，这么快，你吃了100元。咱们有协议，后半个月你可就没钱花了。下个月如果用钱买学习用品，或做学习投资，爸妈会额外支持你。"

第二个月，女儿主动交出了记账本："妈妈请检查。"上面记着：英语临摹本2元，数学练习本1元，自动铅笔1元5角……总计：18.5元。剩余：81.5元。

"妈妈，你帮我把剩余的钱存起来，等我攒多了钱，可以买一个文曲星学英语。"

有了目标后，女儿不再乱花钱了。半年后，她攒了500多元钱。

还说要自己攒钱上大学。

给孩子钱，让孩子在花钱中学会理财。独生子女手里的零花钱越来越多，乱花钱成了很多孩子的弊病，让父母头疼。

如何管理和根治孩子乱花钱的行为呢？

父母必须走出两个教育误区：

误区1：害怕跟孩子谈钱，不让孩子参与消费，什么都由父母包办。

误区2：放任自流，无计划，孩子要多少给多少，缺乏对孩子的监管。

帮孩子改掉乱花钱的毛病

如果家长根据自己的喜好随时要求孩子，孩子当然会"乱"，只有制定了标准，才能帮助孩子改掉乱花钱的毛病：

1. 让孩子没有时间去花钱。带孩子打球、爬山、游泳、读书、做手工。

2. 让孩子不敢乱花钱。按计划给孩子钱。按规定监督钱的去向。

3. 让孩子身上不装钱。身上带钱也不安全。

4. 教孩子把钱花在有回报的事情上，比如买书、买学习用具等。

5. 教孩子学会储蓄、投资。投资选学的乐器、外语等。

林语堂说："'淳朴'这个词，对古希腊人是至关重要的，对中国人也是如此。金钱是双刃剑，既能带来好处，又能带来危险。"

为了不让儿孙遭受厄运，中国文化重视持续发展，主张持盈保泰，以勤劳简朴为荣，以骄奢挥霍为耻。传统教育教孩子四不——"不义之为不视，不义之言不听，不义之食不吃，不义之财不拿"，用排除隔离法教孩子如何营造绿色的身心生态环境。

管理孩子乱花钱不是小事，孩子会不会管钱，直接和孩子会不会管理欲望、情绪、时间、知识相关联。花钱混乱必然导致思维和情绪的混乱。所以，管理孩子乱花钱是财商启蒙的重要一课。

和孩子一起制订花销计划，出门前列购物清单，照单购物。通过有偿劳动和提前享用，鼓励孩子的兴趣爱好，制定学习目标。

当孩子成为"小财迷"

孩子如果迷上钱，一方面显示出孩子有某种天赋，另一方面证明孩子有很高的财商。因为孩子在和钱发生联系时，一定是生命内驱力所致，或被想象力推动，或被创造力和交往的愿望驱使，所以，"小财迷"身上蕴藏着大能量。

英国理查德·布莱森4岁时得到一个礼物——电动小火车，这是当时最时髦的玩具。他嫌小火车跑得慢，就自己动手改装，让车提速，提速成功的消息一传出去，就吸引了很多小朋友来观摩。

布莱森想起和爸爸去看展销会的情景，每个人买张门票入场。他想模仿展销会，给自己的小火车办展览，让每个观摩的人凭门票入场，可他的观众都是没钱的小朋友。

小朋友没钱怎么办？收钱就没人来，免费又不划算。想挣钱和推销自己的愿望让他开动脑筋，小朋友有什么呢？小朋友都有巧克力饼干，每个人拿两块巧克力饼干当门票，这个创意规则一宣布，周围的小朋友就蜂拥而至。结果，一连半个月，布莱森的饼干盒总是满的，天天有好吃的饼干。

这是一个4岁男孩儿的游戏，游戏里有动手创造、有模仿，还有创意点子。

3—6岁的孩子如果迷上钱，有赚钱的想法，就会自觉地调动大脑处理各种信息，并进行自动安排。通过想象刺激大脑神经元快速链接，建立大脑的高速信息公路；通过创造训练"脑＋体＋心"合一，进行"动眼＋动耳＋动口＋动手＋动脚＋动脑"的综合训练。

布莱森4岁时彰显出的财商智慧和创意才能源自他母亲独特的教育。

一个冬天的清晨，布莱森的妈妈突然叫醒他，塞给他几块三明治和苹果，让他骑车前往80公里外的亲戚家送东西。

妈妈喜欢给他一个目标，告诉他行动路线，给他拿上路上的补给，剩下的事情，就让孩子调动自己的潜能。布莱森骑车到达目的地后，第一件事是走进亲戚家的厨房。当亲戚知道他的壮举时都惊叹不已，他也觉得自己像一个凯旋的英雄，为自己第一次自行车马拉松自豪不已。

布莱森的妈妈懂教育，她采取出其不意法，经常在孩子没有任何准备的情况下，把孩子推出车门和家门，给孩子一个目标，一个路径，一个规定性要求，让孩子独立执行。这种方法有奇效，不但对布莱森有奇效，对每个孩子都有奇效。因为它快速调动了人体的应急机制，快速激活了生命的各种潜能，让孩子有成就感。

后来，在复活节假期，布莱森和朋友尼克用卖报纸的钱购买了树苗，种下了400棵圣诞树。

17岁那年，布莱森终于离开学校，拿着老妈给的4英镑，暂住在一个狭窄的地下室里，创建了《学生》杂志。

再后来，他创造了英国维珍集团——一个拥有350家分公司的商业帝国，涉及航空、电信、火车、信用卡等多个领域。

透过一个4岁"小财迷"的玩具展，可以发现孩子身上很多有价值的能力：想象力、模仿力、创造力、交换能力、组织能力和行动力。这些能力很多孩子4岁时都拥有，但常常引不起父母关注，很多父母把孩子的创意行为视为儿戏，不务正业。所以，在阅读中国企业家的童年故事时，很难找到一个完整生动的故事。

一个敢想敢做的孩子背后，一定有一个宽松的家庭氛围和善于激励孩子行动的父母。

5岁"小财迷"巴菲特和他的财富表

美国财富大亨巴菲特5岁时，在家外面的过道上摆了一个小摊，向过往的人兜售口香糖。后来，他不满足在家做买卖游戏，想要一个更大的市场，就走出家门到繁华市区卖柠檬汁。巴菲特对钱的迷恋，并不是一个商业行为，而是一个孩子的游戏，游戏来自对成人摆小摊的模仿，所有的孩子小时候都玩过类似的游戏。

年轻的父母都知道孩子早期如果缺少爬行，就会影响孩子大脑的发育；而缺少游戏，会影响孩子大脑神经元的快速连接。孩子的原始行为不是简单而无意义的玩耍，每个自发游戏背后都在完成大脑信息集成电路设定的项目。

巴菲特在 6 岁那年，每天晚上都挨家挨户兜售他批发来的可口可乐，还发动邻居帮助捡打飞的高尔夫球，洗干净了加价卖出去。长了一岁，巴菲特的买卖行为开始升级，由原来的小摊游戏，提升为批发销售，由一个人的买卖，变成组织发动大家支持他的生意。这一小小变化，生动地描述了孩子的大脑发育轨迹。

在《富爸爸，穷爸爸》一书中，富爸爸曾告诉孩子："金钱不是真实的资产。我们最重要的唯一的资产是我们的头脑。头脑如果受到良好的训练，转瞬间，它就能创造大量的财富。"

每个孩子都拥有这笔无形资产，都有一套自我开发和训练大脑的方法，而且方法极其简单。不需要昂贵的学费，也不需要专家指导，只要家长放手让孩子做事，让孩子痴迷自己喜欢做的事，在游戏中就自然开发了与生俱来的资产。

巴菲特 7 岁开始做起财富梦，因为得了盲肠炎，他住进医院并做了手术。在病痛中，他拿着铅笔在纸上写下许多数字。当护士问他写的数字代表什么时，他告诉护士："这些数字就是我未来的财产，虽然我现在没有太多的钱，但是总有一天，我会很富有。到那时，我的照片也会出现在报纸上。"

一个 7 岁的孩子，用对金钱的梦想支撑着，抵抗着由疾病折磨所带来的痛苦；把心中的梦想用数字符号写在纸上，让财富数字视觉化，似乎看得见，抓得着。他开始自发地启动"心像化"激励法来激励自己，这些方法并不是从成人那儿学来的，而是他自己悟出来的。

9 岁时，巴菲特和拉塞尔在加油站的门口数着苏打水机器里出来的瓶盖，还把它们运走，储存在巴菲特家的地下室里。这不是一般意义的儿童游戏，也不是渴望拥有什么，而是在做市场调查。他们想知道，哪一种饮料的销售量最大，他开始自觉应用市场消费学的理论。

11 岁时，他被股票吸引住了。他以每股 38 美元的价格，为自己和姐姐分别买进 3 股城市设施优先股股票，在股价升至 40 美元时抛出，扣除佣金，获得 5 美元的纯利。

13 岁时，巴菲特成了《华盛顿邮报》的小发行员。但巴菲特一点儿也不开心，他在学校成绩一般，还时常给老师惹点儿麻烦。在经历了一次失败的出走后，巴菲特开始听话和用功了。他学习成绩提高了，送报的路线也拓展了许多。他每天早上要送 500 份报纸，这需要在 5 点 20 分前就离开家。

14 岁时，巴菲特拿出积蓄的 200 美元，买了一块 40 英亩的农场。后来，他成为投资家、企业家和财富大亨。

巴菲特的潜能开发和大脑的训练课堂，不在耶鲁大学，也不在哈佛大学，甚至没交一分钱学费，全部课程都是孩子自主研发的。

巴菲特迷上金钱，渴望成为富翁，通过自我挖掘财商释放能量，发现商机，抓住机遇，创造财富。如果他父母不喜欢这些行为，或者认为他这样浪费时间，跟未来升学、考试工作没有关系，横加干涉和阻拦，巴菲特会怎样？

巴菲特由一个富孩子变成一个富翁的故事给天下父母开了秘方：

1. 鼓励孩子在游戏中发现自己的才能优势；
2. 让孩子走出家门，从生活的大课堂中寻找财富；
3. 让孩子做梦，做发财梦和成功梦，鼓励孩子为梦想行动；
4. 支持孩子做事，引导孩子在做中学，在做中练本领；
5. 鼓励孩子大胆尝试，和社会接轨，学会人际交往；
6. 鼓励孩子在交换中学习自我时间管理、情绪管理；
7. 让孩子自主，学会从输赢、取舍、成败中获取智慧；
8. 让孩子自己管理钱，比如储蓄、理财和投资；
9. 给孩子空间，尊重孩子的选择，相信孩子的能力。

一个人，无论是智商、情商，还是财商，在 7 岁之前，一定会显露端倪。有位心理学家说，6 岁之前，人人是天才。可惜，绝大多数人的天赋才能刚刚展露出来，就被扼杀了。

巴菲特 5—14 岁的财富表，并非个例，很多孩子具有和他一样的财商，为什么他脱颖而出了呢？

因为他父母给了他一个自主学习和自由释放能量的教育环境。

6 岁"小财迷"曾昌飚和他的发财梦

孩子迷上钱与生存所迫有关。为什么败家子都是富家子弟，因为穷家的孩子无钱可败。相反，因为生存需要，穷人的孩子对金钱有强烈渴求，并千方百计去挣钱。

几年前，辽宁省浙江商会会长曾昌飚的经历给了我不小的启发。

曾昌飚 3 岁时得了小儿麻痹症。学校离家很远，他上学放学路上很辛苦。每天放学他拄着拐杖刚出校门，就被快步疾走的同学甩在后面。看着一辆辆自行车很快追过走路的小伙伴，他脑子里冒出一个让两条腿提速的办法。

"妈妈，我想买辆自行车。"

妈妈说："家里没有钱。"

他看见妈妈手中的扣子："做一个扣子能挣多少钱"？

"5 角钱。"

"那我以后帮你做扣子挣钱。"从那以后，他每天放学回家，都帮助妈妈做扣子。

两年后，他靠自己攒的钱买了一辆自行车。

上学的路上，他总是遥遥领先，可他很快发现，那些飞驰而过的小轿车，一眨眼就超过他。

于是他梦想如何能买得起一辆小轿车。

他问爸爸，买一辆小轿车要多少钱，爸爸说至少要几万元。

他算了算，买辆自行车要两年，买小轿车就要十几年。

有一天中午，他看见码头上的搬运工背着大包走上走下，就问爸爸，他们一天能挣多少钱，爸爸说 50 元左右。他指着码头上一个手里拿着账本的女工问，那个记账的女工一天挣多少钱，爸爸说 100 多元吧，或许更多。那管码头的领导呢？爸爸说那就更多了，那叫大老板，一天可不是几千元，可能要上万元。

"那我长大了就当大老板。"

后来，他从做纽扣、卖纽扣开始到做服装，刚刚 30 多岁就当了大老板。

他就是在沈阳创办了服装城的企业家，中旭集团的董事长曾昌飚。

曾昌飚是典型的穷孩子，因生存所迫开始迷上金钱，从"小财迷"到企业家，从贫穷到富有，从物质到精神，是逐步升级并发生蜕变的。

没有钱是一种穷，资源匮乏是另一种穷。曾昌飚的故事证明了，一个 7 岁的穷孩子，为了改变命运开始迷上钱，因为迷上钱而激活了自己生命的各种潜力。

曾昌飚的故事帮我们勾勒出一个"小财迷"自我激励出的另一种形象。因为渴望得到钱，他激活了生命的三种内动力：脑力＋心力＋体力。他通过"眼耳鼻舌身"总动员，让自己快速进入自主学习和管理状态：

1. 动眼观察——发现自己的优势和劣势；

2. 动耳倾听——筛选各方信息自己做判断和选择；

3. 动嘴追问——从众生相中寻找财富智慧；

4. 动脑思考——知道如何"借力借势"强大自己；

5. 动心琢磨——遇到问题，不急不躁，积极寻求解决办法；

6. 动手创造——坚持参与家庭劳动获得财富；

7. 动脚行动——确定目标后，坚定不移朝前走。

曾昌飚并不是特例，他和所有的穷孩子一样，善于把生活作为加油站，从生活中吸取知识和能量，通过激发自己内在的生命活力，让物质财富和精神财富快速进行能量交换。

当孩子迷上钱，钱仍然只是一个介质，一个由物质变精神的介质，如果父母珍视孩子因此而彰显的能力，因势利导，定会成就孩子的财富大梦。

为什么女儿愿意跟爸爸要钱？

　　爸爸爱给女儿钱，妈妈爱给儿子钱，这个模式被很多家庭复制。如果爸爸只用钱来宠爱女儿，而从不传导正能量金钱观，女儿早晚要被宠坏，最后注定要败在钱上。同样，如果妈妈只拿钱养儿子，宠着惯着儿子，其结果是不费吹灰之力便培养出一个败家子。

女儿要钱，妈妈给

　　雨奇 10 岁那年，因一双皮凉鞋，改变了我们家原来的管理模式。

　　有一天，雨奇在商店里看上一双皮凉鞋，我不同意买，理由是太贵。雨奇乖乖地跟我回家了，过了几天，她和爸爸从外面回来，一蹦一跳地进门："妈妈，快看！"她得意地举起一只脚，脚上穿的正是那天在商店里被我拒绝买的白皮凉鞋。

　　然后，她像发现新大陆一样快乐地告诉我："妈妈，我发现一个秘密：咱们家你管精神文明，爸爸管物质文明。这样最和谐。"

　　"为什么爸爸管物质文明就和谐啊？"

　　"爸爸买东西果断，不犹豫，不讲价，不小气，想买立刻买，特别爽。"

　　"那妈妈买东西什么样？"

　　"跟你买东西太累，买什么都说贵。再说，我爸爸特有学问，买东西时还能天南海北地讲各种物品的来源演变。"

　　她以对爸爸的崇拜鼓动爸爸快乐地不假思索地掏钱，从此，她想啥来啥。有一天，她爸爸临时决定出差，出门前，在雨奇的枕头上放了 200 元钱。同时，写了一封短信："爸爸临时出差，给你 200 元的零花钱，祝你开心快乐！"

我意识到这下糟了，不但雨奇花钱上瘾了，连爸爸给钱也上瘾了。如果爸爸给女儿钱总能听到"果断、爽快、大气、有学问"这些溢美之词，自然会出手更大方，不讲原则，为了赢得女儿的爱戴，为了证明自己的实力和价值，会不假思索地跟着女儿的需要走。

我突然想起雨奇 5 岁时"颠覆家政"的事，觉得事情严重，必须寻找对策和办法。

有一天，先生说想买个游戏机，我反对，理由是怕女儿上瘾，对眼睛不好。先生虽然不爽，但作罢了。

两天后，先生带女儿逛商店，念着心中那个游戏机，便对 5 岁的女儿说，爸爸想给你买个游戏机。女儿很高兴，一蹦一跳，拍手言快。

"可你妈不同意。"

雨奇眨眨眼，来了一句："你想买就买呗，为啥听她的？"

先生默然。雨奇突然滔滔不绝："她也不是你领导，你也不是她部下；她也不是你主子，你又不是她仆人；再说了，她也不是你妈，你为啥听她的？"

这最后一句"她也不是你妈"最具杀伤力，一语击中要害。先生当即掏钱，毅然决然地搬回了游戏机。

从此，家政彻底颠覆，丈夫购物完全自作主张……

为了满足各种欲望，孩子经过细心观察会发现父母的软肋，再选择对策：用鼓励法，还是威胁法，孩子都自有招法。

在孩子没体会挣钱多辛苦时，却会在花钱时找到快乐，提早享受花钱带来的喜悦，孩子的欲望很快会因此膨胀起来，并胁迫父母跟着走。

从那时起，我开始动脑想办法改变局面，并意识到女儿要钱，一定要妈妈给。

女儿要钱总是爸爸给，很多家庭都使用相同的模式，爸爸出手大方，也不追问花销项目，随着女儿的性情来，所以女儿都喜欢跟爸爸要钱。

依据弗洛伊德心理学的"恋父情结"理论和现在的流行说法"女儿是父亲前世的小情人"，爸爸疼爱女儿、娇宠女儿仿佛是天经地义的。可现实生活中，被爸爸过度宠爱的女儿，尤其小时候衣来伸手，饭来张口，要啥给啥，在物质上父亲给予极大满足，而在精神和情感方面有严重缺失的女孩儿，为什么后来事业、婚姻、家庭都发展不顺呢？

对这一现象，我一直特别关注，也格外警觉。从那以后，我开始规定：雨奇要钱由我来给，还要告诉她我每月工资多少，稿费多少，爸爸的收入多少，她每月要花的学费和零用钱占我们收入总比例的多少。

未雨绸缪，帮孩子把住钱关。

未雨绸缪的智慧，一直用在军事和政治上，很少用在家庭教育中。其实，孩子早晚会遇到钱，如果父母对孩子花钱、管钱不重视，不以小见大，不能一叶知秋，没有预案，等问题出来时，麻烦就大了。

有一次去朋友家，她读中学的女儿正好从超市购物回来，一进门就喊，妈妈拿钱来。

你爸爸不是给你钱了吗？

爸爸给的是私房钱，你给的是公家钱。

朋友小声对我说："这孩子被她爸惯得没样了，花钱如流水。现在，经常玩两手，出门管爸爸要一份钱，回来再管我要一份，不给就生气就闹。她爸爸有个歪理：挣钱不就是给女儿花的吗？反正早晚也是她的，干什么惹孩子不高兴呢？我怕闹情绪影响她学习，常迁就她，惯得没样了，你看说话的口气，好像我欠她什么似的。"

从朋友家回来的路上，我仔细回忆雨奇每次要钱、花钱的镜头，感到很庆幸。雨奇虽然经常鼓动爸爸给她买东西，但仅仅停留在鼓动爸爸满足自己的一些小愿望上。上中学之前，如果孩子花钱上瘾，将后患无穷。

两年后，朋友在电话里说，她女儿因成绩太差，最后考了中专，她抱怨丈夫宠爱女儿，惯着女儿花钱害了她。

为什么在花钱的事上，一旦爸爸惯坏女儿就不可收场呢？

雨奇曾采访过一个海归，她爸爸做生意很有钱。当其他小朋友口袋里只有几十元钱时，她的口袋里经常装上千元，后来升级为卡，卡里至少是 5 位数字。

她爸爸有个理论，老爸有钱，你想要什么，爸爸都能给你买回来。

"从小学开始，我花钱请人替写作业，上中学时，花钱买耳机接收器传题。没考上大学，爸爸不但给我买了文凭，还送我出国留学。我越来越相信'有钱能使鬼推磨'的理论。

"大学毕业论文我花钱雇人写，平时的小论文都好蒙混过关，大论文却总过不了关。英国有一套检测论文是否抄袭的系统，特别专业，没刷几页就暴露了。

"花钱贿赂教授不好使，花钱买文凭不管用，找个枪手写个论文还被查出来，结果把我搞惨了。不但没获准毕业，还在档案里写上论文作弊。从此，在欧美国家，我既无法就读，更无法就业。

"原来我说都是金钱惹的祸，现在，我才明白了是爸爸的宠爱毁了我。"

爸爸对儿子和女儿的期望值不一样，所以常常以娇惯和溺爱代替理性。女儿要钱，爸爸几乎不需要过脑子，要多少给多少。殊不知，爸爸如此轻易的行为，无意间打开了潜藏在孩子人性深处不可遏制的欲望。

钱经常掩藏在各种关系之间，表面看着人和人之间是情感、观念和个性的互动或冲突，但所有的互动和冲突都跟钱挂钩，钱的背后是利益。通过小女儿从爸爸那里要钱的例子，如果学会不需要付出就能获利，等于爸爸亲手帮女儿打开了潘多拉盒子，提早释放出孩子心底的贪欲。

由爸爸告诉女儿花钱的准则和底线

妈妈是女儿最亲近的人，而爸爸是给孩子社会准则和底线的第一人。所以，女孩儿要钱，一定要妈妈给，而爸爸必须告诉孩子社会规则和道德底线，以及什么是不可逾越的雷池。

南京少管所曾邀请我去演讲，面对 800 多名如花似玉的女孩子和青春年少的男孩儿，攥着他们的手，听他们演唱《感恩的心》，我哭了。

是什么把他们引上犯罪之路？金钱！

是谁把他们推出家门走进高墙？父母！

从南京回来，我给女儿讲那些孩子犯罪的故事，给丈夫讲那些家长惯子杀子的故事。然后，跟丈夫讨论如何分工合作，对女儿进行金钱教育。他了解的社会新闻多，负责跟女儿讨论关于钱和尊严、能力、人生价值、社会规范，以及金钱观道德观等问题。我采访过各领域的大人物，负责跟女儿阅读、购物，制订合作计划，提前预支零花钱，以及怎样学习做优雅有品味的女人。

自从有了分工，丈夫开始设计他的教材和教法。

有一天，丈夫买了一张《法制报》，其中有一个长篇报道讲述的是内蒙古一个女大学毕业生刚分到建筑公司上班，打车时认识了一个出租车司机，不到一个月嫁给了他。结果结婚后发现对方不但隐瞒了 8 岁。还有妻子和儿子，她决定离婚，从法院出来的路上，那男人在她的脸上泼了硫酸，从此双目失明。

"吃完饭你看看这篇文章，为什么那个女孩子会上当受骗？是骗子太高明，还是她太无知。找到答案后，给爸爸妈妈讲讲。"

我知道，丈夫已经进入角色，以独特的方式对女儿进行金钱观的教育。

雨奇对爸爸提出的问题很感兴趣，读了一个多小时，翻来覆去在报纸上勾勾画画。然后，很郑重地说她找到答案了："不是骗子高明，是那个女孩子爱图小便宜，有虚荣心。"

"请举个例子说明。"丈夫考核她是不是走马观花。

"司机认识她第二天，就给她买个小礼物，她说很感动。后来，每天都期盼着司机来接她，更期盼他带来的礼物，同事都羡慕她刚毕业就天天有专车接送，她觉得自己特有面子。"

丈夫专注地听着，不停地点头，然后和雨奇开玩笑："还真行，答案找得很准，还有分析，将来可以做律师和检察官。再想想，她为什么会图小便宜？为什么有人接送就能满足虚荣心？"

"因为她喜欢那些小东西，因为有人羡慕能满足她的虚荣心。"

雨奇的对答如流没有得到赞赏，却引起丈夫的高度警惕。女孩子容易被蒙骗，因为女孩子有很多小的爱好，只要满足女孩子小小的虚荣心，女孩就被征服了。

第二天晚饭时，丈夫说《中国青年报》正在讨论"干得好，还是嫁得好？"然后，他把话题转给我，示意我借题发挥说给女儿听。还没等我开口，雨奇便问："像妈妈这样干得好，也嫁得好，怎么参加讨论呢？"

丈夫趁机把话题转给雨奇："你说说妈妈怎么干得好了？"

"妈妈勤奋，像永动机，昼夜不停地写作。妈妈能挣钱，除了工作，还有稿费。妈妈爱家，365天都她做饭。"

然后，表扬爸爸，讨论会一下变成表扬会了。

第三天，丈夫拿回一张《参考消息》，上面有篇文章写"西方的AA制和中国的轮流吃请"。

饭前，丈夫把报纸递给雨奇："吃完饭好好看看，然后，你选择一方，咱俩辩论，你妈当评审官怎么样？"

雨奇欣然接受，她喜欢辩论，尤其跟爸爸这样的高手辩论，她立刻选择西方的AA制。

雨奇先发表意见："AA制平等，人人自愿参加，为自己买单。"

"中国轮流吃请重情重义，人情味浓，不是为自己买单，而是人人为大家买单。AA制里也有不平等，漂亮女孩子就不买单，等别人请。"第一轮，雨奇显然辩输了，但她不服输，抓住最后一句话，又挑起一个话题："漂亮女孩不买单，等别人买单是破坏规矩，再说等别人买单是可耻的。"

"为什么漂亮女孩让别人买单可耻呢？如果对方愿意呢？"

"那也是可耻的。对方要是像前天说的那个出租车司机呢？不就更可悲了吗？"

我暗自高兴，连续三天的讨论产生了联动效应。丈夫独创"社会新闻讨论法"，把掩藏在各种社会现象背后的金钱关系，让女儿自己找出来，参与讨论时不断厘清思路，最后得出自己的结论。

通过讨论各种新闻事件和案例，帮助孩子在头脑里划清边界，看清表象后面的真相，让孩子多了解社会现实，了解各种事物后面的真相的钱，只要不被钱诱惑，走到哪里，孩子都不会上当受骗。

后来，这样的讨论持续了一个多月，丈夫找出关于金钱与尊严、与道德、与才能等各种新闻事件、案例及历史故事，跟雨奇进行文化比较、案例分析、主题辩论，生动有趣地实施了爸爸的正能量金钱观的教育计划。

只有妈妈才知道女儿的小秘密

女儿要钱，为啥一定要妈妈给？

因为妈妈至少知道女孩儿的 10 个秘密：

> 妈妈经历过女孩的成长期，熟悉女孩子青春期的生理和心理需求。
> 妈妈知道女孩最容易被什么迷惑。
> 妈妈知道女孩何时最为脆弱。
> 妈妈知道女孩的虚荣心何时会控制大脑。
> 妈妈知道女孩有钱喜欢干什么。
> 妈妈知道什么样的男孩会让女孩子着迷。
> 妈妈知道女孩何时会遇到陷阱。
> 妈妈知道如果女孩乐于挥霍和包装容易走错道。
> 妈妈心中有成功和失败女人的各种模板。
> 妈妈知道女人的优势和劣势。

妈妈是女儿遇到的第一个女人，妈妈对待钱的态度和言行会直接影响女儿的生活。女儿会下意识地模仿母亲。当妈妈因为钱和丈夫发生冲突时，无形中在给女儿上有关金钱与尊严、与人格、与独立的课程。

爸爸是女儿认识的第一个男人，18 岁以前，女孩子与爸爸的交往形成的模式，决定了女儿的心理和行为。被父亲宠坏的女孩儿，在后来的婚姻中，喜欢扮演两种角色：受宠者和控制者。

被爸爸过度宠爱的女孩子会很强势，喜欢控制男人。所以，她们喜欢找弱势的男人，但心里永远不满足，造成婚姻畸形；从小在物质上要啥有啥，对社会有很多期待，但总得不到满足，甚至出现落差和失望。

中国文化重"大富大贵"，讲究富贵，如果富离开贵，如同人丢了灵魂。"富"指的是物质的富足。人可以一夜暴富，但却不能一辈子就贵起来，因为贵是指高贵的精神人格，需要几代人的品德来滋养，所以才有"百年树人"之说。

女孩子的贵与贱，不在于家里穷或富，而在于父母怎样教女孩获取财富的方式和途径。自从"女孩要富养"的理论问世后，爸爸随意给女儿钱就拥有了理论依据。爸爸爱给女儿钱，而且没有节制和理性，这是父女情感模式的一种表现，也是父亲疼爱女儿的一种方式。但如果爸爸无理性无原则地给钱，女儿要啥给啥，那爸爸给得越多，给女儿留下的隐患也越多。

"女孩富养"该怎么养?

在往返英国的飞机上，我遇见 5 个温州女孩，她们全身上下都被奢侈品包裹着，香奈儿服饰、爱马仕手包、卡地亚的镶钻手表等等。在聊天中知道，她们还不到 20 岁，有的在读大学，有的休学在家。"女儿富养"这句话，在中国一些富人家庭里已经被扭曲成让奢侈品充斥女孩的生活。

在生活中，如果物质的东西总是信手拈来，而忽略了精神需求，自然会形成随意、无节制的思维和情感模式，甚至构建错误的心智模式。

"女孩要富贵"，富贵不但要有钱，还要有德，有精神财富。钱只能让一个人富有，而德和精神力量能让一个人高贵。

为什么儿子愿意跟妈妈要钱?

近年来，很多孩子流行一种病:"缺少父爱综合征"。

主要症状为:焦虑、孤独、任性、多动、依赖、自尊心低下、自制力弱、攻击性强。

患病人群:未成年男孩。

病因:缺少父爱。凡是得不到足够父爱的孩子都或多或少地有情感障碍，尤其是男孩，围着母亲长大，对母亲言听计从，或由于母亲骄横跋扈而产生人格和心理缺陷。

危害:这些缺陷不会随着年龄增长而减弱，相反，会一直延伸至成年;不但会影响日后的事业发展，也会给未来的家庭生活蒙上阴影。

世界卫生组织有一项最新研究成果证明:平均每天能与父亲共处两个小时以上的孩子智商更高，男孩更像小男子汉，女孩长大后更懂得如何与异性交往。得到父亲信任和尊重的男孩子自信心和行动力强，做事果断，不犹豫，有勇气有胆量。

北京有个男孩儿，9岁时父母离婚，他跟着母亲。妈妈为了给儿子安全感，总是不停地给儿子钱，证明自己不但有能力养活儿子，还能让儿子过上优越的生活。所有时髦的东西，只要儿子要，妈妈立刻就给买。

上初中后，儿子开始迷上各种样式的手机，要第一个和第二个手机时，妈妈毫不犹豫给买了。没过半年，当他要第三个手机时，妈妈表示不同意。儿子一夜未归，妈妈吓得报警、通宵满城找儿子。要第四个手机时，妈妈刚开口问多少钱，儿子就冲进厨房，拿起菜刀："别问多少钱，你就说买不买吧，不买我就把胳膊砍了。"

妈妈吓得浑身发抖："小祖宗，别吓唬妈妈了，妈妈立刻给买行了吧。"

10 岁前，儿子要钱可以由妈妈负责或帮忙买东西。因为 10 岁以前，男孩需要妈妈的温情和耐心，对钱的需求也只限于购买玩具、图书和零食，开销很小。

10 岁后，一定要爸爸负责给儿子钱。在给钱的同时，爸爸要教给孩子社会规范、金钱观和道德底线。

10 岁前，儿子喜欢腻着妈妈，但随着独立能力的增强，男孩儿渴望逃出妈妈的手心和怀抱，追随父亲的脚步去探索外部世界。而父亲的缺席或淡出家庭，会让男孩因看不见父亲的天空而失去方向，最后变得无法无天。

在孩子的眼里，爸爸就是法，爸爸就是天。但很多爸爸只忙着挣钱，早出晚归忙着给孩子提供经济保障，而忽略了孩子的心理和精神需求，还有一些爸爸干脆变成孩子的提款机。

济南有个妈妈在电话里对我哭诉：丈夫整天不在家，儿子一天比一天不听话，经常因为一件小事，说他几句，就离家出走。每次要钱时，都趁我不在家，在桌子上留下一张字条，写上要多少钱，等我去上班后，他就回家把钱拿走。

读小学时儿子一直很听话，从不乱花钱。上中学后，开始跟同学攀比，讲吃讲喝。后来，又升级要名牌，不给买就生气就闹。我怕影响他的学习成绩，就一次次妥协，现在管不住了。

本来儿子很怕他爸爸。原来也商量好，儿子上中学后跟爸爸要钱，可爸爸总说忙，也不着家。第一次儿子跟他要钱，他还挺认真，告诉儿子不能乱花，可一忙起来就说："找你妈要。"

儿子不怕我，知道我疼他，怕他受委屈，所以跟我要钱从不眨眼。现在儿子已经长一米八高了，要 100 元如果给 80 元就阴沉着脸，有时还攥着拳头，特别凶。

因为害怕爸爸，男孩说话做事会有所收敛。爸爸的远离和淡出，等于在精神和心理上自动撤销了警戒，让男孩无所顾忌；而妈妈的有求必应，从不拒绝，激活了男孩的欲望和不合理需求。当男孩的欲望和花钱成瘾时，又恰好爸爸缺席，自然会锁定向妈妈要钱。

只有爸爸才知道儿子的小秘密

一些年轻父母认为，家里只有一个孩子，爸爸妈妈积攒的钱早晚都是孩子的，何必要严格划清界限，爸爸妈妈谁给不一样。因此，爸爸不屑于介入孩子如何管钱和花钱的小事，而妈妈又对儿子的要求百依百顺，言听计从。这样等孩子进入青春期，随着身体能量的释放，就会爆发出种种问题。

10 岁以后，儿子要钱，为什么一定要爸爸给？

因为爸爸至少知道男孩儿的 10 个秘密：

> 爸爸经历过男孩的成长期，熟悉男孩子青春期的生理和心理需求。
> 爸爸知道男孩最容易被什么迷惑。
> 爸爸知道男孩结交朋友时会遇到哪些事情。
> 爸爸知道男孩在什么情境下会顿悟。
> 爸爸知道什么时候浪子会回头，什么力量能让男孩悬崖勒马。
> 爸爸知道男孩喜欢用手里的钱来干什么。
> 爸爸知道什么样的女孩会让男孩子着迷。
> 爸爸知道男孩容易栽在哪里。
> 爸爸心中有成功和失败男人的各种模板。
> 爸爸知道男人的游戏规则和竞争淘汰法。

儿子要钱，爸爸十有八九能猜到儿子要钱干什么。所以，不管是儿子要钱，还是爸爸给钱，都是父子互动交流和施教的绝佳机会。而妈妈很难猜出儿子的动机。因为妈妈不理解儿子为什么会迷恋变形金刚，为什么一定要花钱买汽车、飞机模型。

台湾有个商人，独创了一套跟儿子谈钱的方法：

> 儿子 10 岁以后跟爸爸要钱，每次他都说："让我来猜猜，你现在要钱做什么呢？"他的猜谜法极大地吸引了儿子来听他说话。然后，他

说出三个备选答案，通过观察儿子的表情，公布他认准的答案，结果总是百发百中。

儿子觉得他太神了，对他佩服得五体投地。

他在儿子心中给自己建了个神坛，高高地坐稳之后，根据儿子的需求，开始对儿子施教。

"男人要挣钱，不挣钱的男人没尊严。靠什么挣钱？有靠力气的，比如搬运工；有靠技术的，比如泥瓦匠；有靠头脑的，比如科学家、企业家等。你选择靠什么活着？"

"靠头脑。"

"那如何能让头脑变聪明呢？我给你 10 元钱，你把它都花了，就再也没有钱了。你想想，做什么能让 10 元钱变成 20 元或 200 元？"

"靠体力和技术做不到，需要靠头脑。"

"头脑跟刀和剑一样，越用越灵，不用则生锈。"

每次给儿子钱，他都假借猜谜的方式跟儿子讨论如何挣钱和花钱。富人和穷人的差别是什么？因为他选对了时机。在儿子对钱发生兴趣的时候谈钱，心灵和大脑都处在最开放的状态，播种什么很容易。

李嘉诚说："事业上再大的成功也弥补不了教育子女失败的缺憾。"事业失败了可以重来，而教育子女，错过一次机会，将永远错过。

给孩子界限，严禁沾染恶习

钱会让人沾染恶习，贪婪、妒忌、骄奢、懒惰等人性的弱点时时会带着人走。爸爸给孩子多少钱，都不如给孩子界限。界限就是不可逾越的雷池，有了界限就有了方向，知道何谓对错，能分清好歹善恶，这样才能确保孩子不被钱拉下水。这是父亲给孩子的最大的爱。

著名影星成龙说：爸爸曾经给我三个禁忌，让我远离三大恶习，是他的话，彻底改变了我的人生轨迹。16 岁那年，我爸爸严肃地对我说：你长大了，我管不了你，但有三件事情你不能做，你要答应我。

第一，不能加入黑社会；

第二，不能吸毒；

第三，不能参与赌博。

当时，我答应了父亲的要求，并决心一定要做个有责任的人。后来，我才体会出父亲的用心。如果父亲不在那个16岁时给我划出界限，给我三个禁忌，后来，面对的诱惑越来越多，我真不知道会走到哪条路上。

成龙感谢爸爸给他的三个禁忌，让他把时间和精力都用在事业上，做一个对家和社会有用的人。

给孩子界限，让孩子知道什么不能做。

让孩子遇到钱越早越好。犹太人用敲金币迎接孩子出生，孩子一来到人间便和金钱相遇。当孩子3岁时便教孩子识钱，从5岁开始教孩子挣钱和管钱。

中国孩子早早就遇到钱，却是在花钱时和钱相遇。因为父母从不和孩子讲金钱的学问和知识，有钱的父母总是从腰包里大把大把地掏钱，让孩子尽情地花，其结果呢？培养了好逸恶劳的孩子。

亚洲大富豪李嘉诚说："如果子孙是优秀的，他们必定有志气，选择凭实力去独闯天下。反言之，如果子孙没有出息，享乐，好逸恶劳，存在着依赖心理，动辄搬出家父是某某，子凭父贵，那么留给他们万贯家财只会助长他们贪图享受、骄奢淫逸的恶习，最后不但一无所成，反而成了名副其实的纨绔子弟，甚至还会变成危害社会的蛀虫。如果是这样的话，岂不是害了他们吗？"

李泽钜和李泽锴就读香港圣保罗小学，这所顶级名校的许多孩子都是车接车送，满身名牌，可他们却经常和爸爸一起挤电车上下学。有一次他们问爸爸："为什么您不让司机接送我们呢？"李嘉诚笑着告诉孩子："在电车、巴士上，你们能见到不同职业、不同阶层的人，能够看到最平凡的生活、最普通的人，那才是真实的生活，真实的社会；而坐在私家车里，你什么都看不到，什么也不会懂得。"

有一次，香港刮台风，李嘉诚家门前的大树被刮倒了，他看到两个菲律宾工人在风雨中锯树，马上把儿子从床上喊了起来，指着窗外的工人说："他们背井离乡从菲律宾来到香港工作，多辛苦，你们去帮帮他们吧。"

　　李泽锴每个星期日都到高尔夫球场做球童，把挣来的钱拿去资助有困难的孩子，为此李嘉诚大加赞赏：勤劳和独立，懂得助人即是助己，才是我想要的好儿子。同时，他给儿子提出五项要求：

　　1.克勤克俭，不求奢华。事业成功百分百靠勤劳换来。

　　2.学会培养独立的生活能力。每个人都一样，总有一天会独自面对生活与社会的压力。

　　3.赚钱靠机遇，成功靠信誉。一个有信誉的人才是真君子。

　　4.耐心等待成功的到来。十年树木，百载成林，做大品牌，就要关注细节，要有耐心，唯其如此，才能成就你所能想象的事业。

　　5.有胆识也要有谋略。"知难而上，舍卒保帅"讲的是敢于迎难而上，学会放弃。

家书抵万金——爸爸的教子秘方

　　男孩当自强！如果男孩等着天上掉馅饼，男孩子就不会有出息。所以，和男孩子谈钱或给男孩子钱，一定要爸爸来做。由爸爸来告诉男孩子：做怎样的男子汉？

　　洛克菲勒在家书里告诫孩子："勤奋工作却是唯一可靠的出路，工作是我们享受成功所付的代价，财富与幸福要靠努力工作才能得到。天下没有白吃的午餐。如果人们知道出人头地，要以努力工作为代价，大部分人就会有所成就，同时也将使这个世界变得更美好。而白吃午餐的人，迟早会连本带利付出代价。"

　　人天生有一种惰性，渴望天上掉馅饼。因为人出生后最脆弱，既不会自己觅食，也不会躲避危险，需要母亲一年的照顾才能站立、行走和奔跑，需要父母花更长的时间，甚至到18岁才能独立生存。人性的弱点决定了人的偏好。比如：爱吃免费的午餐。所以，古今中外拥有智慧的大富豪，最怕子女因贪图享受，习惯了不劳而获毁了家业，毁了人生。

　　天下没有免费的午餐，不劳而获早晚要付出代价，不要轻易给男孩子钱，要鼓励男孩去拼搏，去闯天下。

　　为什么洛克菲勒家族世代富有？因为有传承。

靠什么传承？靠家书。

中国历史上最有影响的人物之一曾国藩为什么能跳出"富不过三代"的历史周期率？

曾国藩及其四兄弟家族，绵延至今 190 余年间，培养出 240 多个有名望的人才，而没出一个纨绔子弟。

曾国藩家族靠什么如此长盛兴旺？

靠传承，同样是靠家书传承。

古今中外写家书的多是父亲。过去很多父亲在外做事，通过家书和孩子交流，给孩子立规矩，定标准，提要求，传递做人的正能量和做事的法则；而今父亲忙着在外挣钱，很少和孩子交流，认为给孩子钱就可以解决所有问题，进好幼儿园，上好中学，完全忽略了孩子的精神追求，无形地切断了传递精神基因的纽带。

读一读《洛克菲勒家书》和《曾国藩家书》，会发现家书是一个家族的文化基因。在家书里，他们很少谈钱，但他们教孩子为人之道，成材之道。曾国藩在家书里传承中国文化的六字精髓："勤、孝、俭、仁、恒、谦"。

1. 勤。曾国藩认为教育子女需"以习劳苦为第一要义"，他提倡"勤理家事"、勤奋学习、勤劳工作，反对奢侈懒惰。针对子弟生长于富贵家庭、惯于养尊处优的特点，他特别强调戒骄奢、倡勤俭，从不准许子女睡懒觉。

2. 孝。百善孝为先。曾国藩提倡"尽孝悌，除骄逸"。他教育子女在家敬老爱幼，出嫁后尊敬公婆。

3. 俭。曾国藩认为"居家之道，不可有余财"，"家事忌奢华，尚俭"。他自己的日常饮食，总以一荤为主，非客到，不增一荤。其穿戴更是简朴，一件青缎马褂一穿就是三十年。

4. 仁。曾国藩教育子女以仁义待人，认为"亲戚交往宜重情轻物"。告诫孩子"家败离不得个奢字，人败离不得个逸字，讨人嫌离不得个骄字"。

5. 恒。曾国藩说："盖士人读书，第一要有志，第二要有识，第三要有恒。有志则断不甘为下流；有识则知学问无穷，不敢以一得自足，如河泊之观海，如牛蛙之窥天，皆无识者也；有恒则断无不成之事。此三者缺一不可。"

6. 谦。曾国藩一生谦虚诚敬，谨慎持重，整肃端庄，他教育子弟也要借此修身，"以勤劳为体，以谦逊为用，以药佚骄"。

就这六个字，通过家书，变成了曾国藩家族的精神基因和世代兴旺发达的生命基因。

男孩子要穷养，该怎么养？

男孩天生喜欢独立探索，自主学习，通过破坏学习创造和重建。男孩喜欢争斗，在争斗中强大和证明自己。男孩有着神秘而丰富的内心世界，这个世界不需要金钱来包装，而需要得到尊重。所以，母亲要管住自己，不要给男孩太多的钱；而需要放手，给男孩成长的空间，让男孩提早离开父母的怀抱和庇护。

4 岁时，男孩跌倒了，父母要对他说：跌倒了，爬起来。

5 岁时，男孩犯错误了，父母要对他说：好汉做事好汉当。

6 岁时，男孩不听话了，父母要对他说：不给父母惹麻烦才是真正的男子汉！

6 岁以后，男孩子的事，让爸爸多管。妈妈过多的保护和担心，会削减男孩的男子汉气概，使其过早地丧失劳动能力、应对困难的能力、抵抗挫折的能力；而父亲的严格要求、社会责任感会激活男孩的意志和勇气。

《三字经》里有句话："养不教，父之过。"这里强调的就是父亲的教育作用。中国哲学从日月、天地、山水对位关系中发现，父母是孩子的人文生态环境，即日月、天地和山水。所以，中国文化把父亲比作太阳，把母亲比作月亮；把父亲比作天空，把母亲比作大地；把父母比作青山，把母亲比作绿水。这三种比喻生动地描绘了父母互映、互动、相依为孩子创造的家庭环境。

如果父亲缺失或淡出，意味着家中"日无光，天塌了，山倒了"。父亲对孩子人格发展的影响与妈妈同等重要。

教孩子正确对待钱

从前，齐国有个财迷，每天都梦想得到金子。一天，他去赶集，走进一家金银首饰店里，众目睽睽之下，伸手拿起一块金子，扭头便走。店主大喊"抓贼"。巡吏闻声赶来，抓住了财迷。

巡吏生气地问："你怎敢如此大胆，街上这么多人，当着店主的面，竟敢抢人家的金子？"

财迷说："拿金子的时候，我眼里只有金子，根本没有其他人。"

财迷的胆量从哪里来？来自欲望和迷恋带来的无知。因无知而无视，因无视而无畏，因无畏而自投罗网。

早期教育，一定要和孩子说钱。商品经济时代，孩子天天看见钱在施展魔法，父母一定要重视孩子和钱的关系，因为钱时刻关系着孩子的前途和命运。

成也在钱，败也在钱。不让孩子接触钱，不等于孩子对钱没欲望；不和孩子谈钱，不给孩子正能量金钱观，孩子就会放任自流，甚至走两个极端，要么有钱挥霍无度，要么无钱拦路抢劫。

广东东莞有 3 个学生一次赌球就输了 100 多万元，引起学校和社会震惊后，才发现有上百名学生参与豪赌，其中有个"富二代"，因赌球输了 147 万元而失踪；而黑龙江阿城号称"飞檐走壁大盗"的犯罪团伙成员皆出身贫寒，最大的才 12 岁，最小的只有 8 岁。

媒体天天爆料被钱拉下马的高官，成为钱奴的名人，拥有高学历被骗或行骗掉进金钱陷阱的年轻人，为什么他们不偏不倚都栽在钱上呢？

这些悲剧看似是社会问题，其实根源来自家庭没有财商引导；这些恶果出在成人的身上，根却扎在早期教育的缺失上。如果追踪他们的童年生活，会发现一个事实：他们小时或极度贫穷，穷怕了，见钱眼开，贫穷埋下了有毒的种子，比如原铁道部部长刘志军；或被钱宠坏了，衣来伸手，饭来张口，追求享乐和奢侈，比如原中石化老总陈同海。他们都从高位被钱拉下水，最后变成阶下囚。

告诉孩子获取钱财的心灵之道

我第一次跟雨奇讲孔子的那句名言——"君子爱财，取之有道"时，雨奇问：孔子说的财富之道在哪儿？到哪儿能找到？

我一时被问住了。

孔子这句话说被重复了两千多年，为什么我们至今还迷惑找不到路口呢？

电视和网络上的财富讲堂，大讲特讲如何投资、如何理财、如何炒股、如何做证券和信托，这些是不是孔子说的财富之道呢？

不是！

人获取财富之道有两条：一条是心灵之道，一条是生活之道。

因为孔子说的是心灵之道，所以，在每个人内心都可以找到它。它的名字由五个字组成："仁、义、礼、智、信"。

为什么这五个字传了几千年，还经久不衰呢？

因为它即能点亮自己，也能点亮别人。

我继续用踢球法，把这五个字踢给雨奇，让她先说出自己的理解，我随时给她提供各种生活中的案例，引发她思考。最后，我们一起归纳整理出五句话：

仁——有仁爱之心，人就会挣良心钱，不制造假冒伪劣产品坑人害人。

义——有道义之心，人就会走正道，不靠坑蒙拐骗偷捞黑心钱。

礼——有礼让之心，人就能控制私欲膨胀，不会爬到高官再跌为阶下囚。

智——有智慧之心，人就不会因小失大，出卖国家利益或发国难财。

信——有诚信之心，人就不会言而无信，巧取豪夺，害人害己。

让孩子记住孔子这句名言只是第一步，重要的是在生活中，让孩子能自己诠释孔子的话，这个过程既能帮孩子加深理解，又能让孩子懂得来自心灵的力量无比强大。

为什么一些高官有权有势后，依然会栽在钱上？

为什么那些一夜暴富的人，靠钱起家，最后又跌在钱上？

因为他们早早地从心灵删除了"仁、义、礼、智、信"这五个照亮财富之路的大字。

告诉孩子获取钱财的生活之道。

为什么中国人忌讳说"钱"，而喜欢说"财"，见面问候"在哪儿发财呢"？拜年话只说"恭喜发财"，从不说"恭喜发钱"；门联横批只写"财源滚滚""财源广进"，从没见过"钱源滚滚""钱源广进"之类的词。可见"钱和财"不是一码事。

为什么我们大张旗鼓地说"财"，却偃旗息鼓地说"钱"呢？

和孩子一起查字典，读一读"财"字，就能找到钱的来路，也会发现挣钱的正道。

古人把财商智慧藏在"财"字里。

"财"字"从贝从才"，"贝"代表钱，古代用贝壳做货币。一个人要想有钱，必须有才；要想"发财"，必须靠劳动，靠才干。比如：会种田、会养殖、会表演、有发明创造等等。任何技艺才能都是本领，都可以挣钱吃饭。所以，几千年来，一直流传一句话："家有千垧地，不如身带艺。"

有才干才会发财，才是本领，可以终生随身携带；财总是随着才干而来，一夜暴富和靠拼爹都是过路财，不会持久。

钱从劳动和创造中来。

树叶本来跟钱无关，但经过人的劳动和创意，树叶竟然能变成钱。

茶树叶变成茶叶，出口全世界，最后成了中国的国家脸谱。

桑树叶通过喂蚕，蚕吐成丝，再用丝织成丝绸，通过丝绸贸易，竟然走出一条通向世界的丝绸之路。

泥土是大自然的馈赠，一旦赋予人的想象力和创造力，烧制成陶瓷，创造出陶艺，泥土就有了光辉，成为中国的世界名片：CHINA。

无论身居何地，只要劳动就会有钱，只要有创造就会挣大钱。

告诉孩子什么比钱更重要

古代有个国王，渴望自己成为世界上最富有的人，神仙便给了他金手指。一夜醒来，他手抓的被褥变成了金子，走进花园触摸的花朵变成了金子，吃早餐时，手拿的碗筷食物通通变成了金子。

当心爱的小女儿扑向他的怀里，他情不自禁地拥抱时，一瞬间女儿也变成了金子。

失去了心爱的小女儿，国王痛苦万分。

"金手指"让国王一夜间暴富，金子如山，但从此，身边所有的生命消失。

让孩子从小懂得钱可以买来想要的物质，比如房子、汽车、私人飞机等，但买不来爱、幸福、健康和快乐，更买不来生命。正确对待钱，要和孩子一起洞察钱是什么，古钱币为什么外圆内方，什么样的人容易掉进钱眼。

其实，孩子对金钱也有观察、思考和判断。当孩子遇到钱时，大脑、心灵和整个身体会全面启动，如果父母没有及时引导，给孩子正能量金钱观，孩子就会被媒体和社会潮流带走。和孩子一起洞察钱，和孩子一起追问"钱能做什么，钱不能做什么"。然后，像记住"小九九"数学口诀那样，记住关于钱的口诀：

钱能买来房子，但买不来幸福；

钱能买来礼物，但买不来友谊；

钱能买来玩具，但买不来快乐；

钱能买来珠宝，但买不来美丽；

钱能买来名表，但买不来青春；

钱能买来药物，但买不来健康；

钱能买来书籍，但买不来智慧；

钱能买来职位，但买不来尊严。

钱只能买来物质，买不来精神，而人恰恰是物质和精神的结合体，既需要物质财富，也需要精神财富。

如果一切都为了钱，像贪婪的国王那样，虽然有了金手指，可凡是他所触及的都会失去生命，他也因此失去了做人该享有的快乐和幸福。

在"虚拟经济"盛行，许多金融衍生品充斥市场的时代，社会开始售卖看不见、摸不着的东西。比如：拿钱买应许，买期待，买未来。但不管社会怎样变，必须告诉孩子有一样东西，肯定是钱买不来的，那就是"时间"。

种瓜得瓜，种豆得豆，让孩子从小学会正确对待钱，钱将成就一生；否则，不是被钱绊倒就是被钱拉下水。

毁孩子一生的坏习惯

如何满足孩子的需求，关键不是孩子要什么，而是父母给什么。

父母回应孩子的需求有很多种办法，有些父母通常使用简单粗暴法，简单到有求必应。一般老人带孩子，因隔辈亲，怕孩子受委屈或不高兴，总是立刻满足孩子的欲望，"要星星，马上给"。

这样做的结果，虽然眼前拿钱给孩子买来了快乐，但在孩子的大脑里却留下两大隐患：

第一，勾出孩子的消费欲望，拿钱买快乐，以为有钱可以买来想要的一切。

第二，塑封了孩子的大脑，欲望上来不加思考，缺少耐心和自控力，做事没有节制，一切要求立等可取。

在孩子眼里，世界上所有的事物都是新鲜的，都想拥有和品尝，对物质的欲望，必栽在贪上。孩子的每个愿望和贪心，在对外发出信号，伸出手说我想要时，也在接受来自父母或其他监护人回应的信号。所以，见啥要啥不是单纯的购物需要，而是大脑接受、储存、输出信息的工作过程，大脑通过接受信息刺激大脑神经元的连接，并构建信息系统。

所以说，父母回应和满足孩子需求的方法，不但决定着孩子日后的行为，也决定着孩子的命运。"见啥要啥"是孩子的自然需求，而"要啥给啥"则是父母缺少理性，放任孩子欲望，自动放弃教育机遇的错误行为。遗憾的是很多父母没有意识到这一点，更不知道这种错误日后给孩子带来哪些危害。

改变劝说的方式和态度

孩子的欲望有时出于本能，比如饿了，见到吃的就想要；有时出于好奇，凡是没见过的东西都想尝试或拥有，不管父母口袋里有没有钱。

雨奇两岁时，我带她去商店买东西，她睁大眼睛看着货架上的食品，一边用小手指着，一边不停地点着各种食物要买。

人以食为天，对于两岁的孩子，吃就是天。所以，孩子出门时眼睛总喜欢盯着吃的，而且特别贪婪。如何应对孩子缺少理性的贪婪需求，并不是一件简单的事，需要父母动脑子认真想出各种对策。

"雨奇，那些食品你都吃过了，妈妈今天给你买没吃过的。"我深思熟虑后想出了这一招。

没想到，雨奇挣脱了我的怀抱，突然蹲下身，看着传统玻璃售货柜里的东西，很兴奋地告诉我："妈妈，这些东西我都没有吃过呀！"

原来，小孩子并不好糊弄，为了吃到嘴，大脑异常灵活，你有上策，她有对策。而且出招既快又绝，让我一时不好接招。

"是吗？原来你都没有吃过呀？"我故作镇静地来了一句。

"真的，都没吃过。"

"那好吧，我们今天先买一样吃。"我的话刚出口，她的嘴巴就噘起来了。

"吃饭要一口一口吃对吗？"

她点点头。

"好吃的东西要一样一样地吃对吗？"

她又点了点头。

"那好，今天只买一样吃的，你自己选吧。"

她的眼睛像扫描机一样在货柜里扫来扫去，最后，选了一包果冻。

这时旁边的年轻妈妈对我说："你家孩子真懂事，听劝。"然后，瞟了一眼手里领着的小男孩，"这个死犟，不给买，不回家。"

从那以后，每次去商店，我都有意观察孩子的购物心理和父母的态度。为什么有的孩子听劝，有的孩子不听劝？我发现，关键不是孩子的欲望多强烈，而是父母的劝说方式和态度。

有个妈妈领着儿子，一进商店，孩子就喊："我要5个'战斗人'"。

当孩子遇到钱
绕不开的财商

妈妈很随便地说："什么'战斗人'，买那个有啥用。"

"我就要'战斗人'，我要当大将军布阵。"

"当什么大将军，考了双百再说。"

"今天不买就不回家。"小男孩生气地说。然后，蹲在地上怎么拉也不起来。

他妈妈拧不过，气哼哼地说："跟你爸一样，想一出是一出，买买买！"

如果家长不是顺着孩子的意愿去引导，而是否定孩子的需求和愿望，无意中会把孩子推到对立面，激怒孩子，迫使孩子与父母对着干。最后，面对孩子强硬的对抗，父母不得不妥协，其结果，强化了孩子的欲望和对抗父母的能力。即使两岁的孩子，喜欢一样东西，并想得到它，那种内在的冲动也会像脱缰的野马，想拉住并不容易。所以，父母不要小看孩子购物时的欲望，更不要草率地妥协或粗暴地回绝。

孩子总是随性要东西，每种需求都是率性而为。父母是由着孩子的性子来，还是帮助孩子管理情绪，这件事看似与"智、情、财"三商无关，但却影响"智、情、财"三商的早期发展。

不要让坏习惯毁了孩子一生

中国有句古话叫"惯子如杀子"。

什么算是惯子呢？

孩子要啥给啥。要星星，不给月亮。

为什么无节制地满足孩子的需求会害了孩子呢？

虽然小时候"要星星，不给月亮"，父母有求必应，孩子的每个需求都能及时得到满足，各种欲望不管是否合理，从没有遭过阻止，孩子的需求总是一路绿灯，在家里从没有经历过挫败，看似应有尽有，顺风顺水；但走出家门就变成坏事，不但事事不顺，还一路坎坷，即使有高学历、高智商也挡不住接踵而至的挫败感。

我采访过 23 名家庭条件优越，在校学习好，人聪明又长得漂亮的成人，但他们都称自己走向社会后发展不顺，屡屡受挫。有的出现心理人格障碍，有的甚至无法正常工作。深入采访后发现，他们相同的境遇来自童年时父母对他们相似的态度："要星星，不给月亮。"

有一个留美研究生，父亲是外交官，小时候，因为长得漂亮又聪明，备受宠爱，她要星星，父亲从不给月亮。去美国留学，因在高速公路驾车超速，被警察抓住后，大骂警察，撒野式地往警察脸上吐痰，被罚做 15 天义工，她不去，让丈夫替她去接受惩罚。

跟房东打架，砸房东家具，房东叫来警察，要拘留她，她把丈夫推到前面替她受罚。打遍美国后回香港，由骄横任性升级为狂躁暴戾，无法和人相处，多次被单位开除。

但欲望升级，想要啥必须得到，美国香港都不买她的账，她把目标转向家庭，对丈夫孩子和公婆，以及生身父母发飙。

逼得 70 岁的父亲跪地求饶，求她别再闹了。父亲被她气死之前，弥留之际说了句真话："都是我把你害了，小时候，你要星星，我不给月亮，现在，我走了，你要星星没人给你，就连月亮也没有了。"

类似的例子，今天比比皆是。网上天天曝光富二代、官二代犯罪都是钱惹的祸。早期没有节制的消费，表面看来是挥霍钱，其实，是父母在戕害孩子的心灵，让孩子大脑致残。当孩子认为钱能买来一切，发现只要自己开口，就会要啥有啥时，这种想法会屏蔽孩子的心灵，致使脑瘫——不是生理上的，而是自控力和专注力的丧失。小时候过度地挥霍钱，过早地满足各种不合理欲望，埋下的几乎都是罪恶的种子，将来会制造一个又一个的悲剧。

两年前，媒体曾披露某官二代，开着卡迪拉克，载着两个裸体美女在高速路上飙车，因车速太快撞上护栏致死。

小时候，他干什么，父母都依着他的性来，他要星星，父母从不给月亮。对他的恶作剧和无理要求，父母不但满面笑容，还赞赏他有创意。

官二代 6 岁那年，有朋友去他家做客，他妈妈给客人和他爸爸沏了两杯茶，他从屋里走出来，在爸爸的茶杯子里吐了两口痰，然后，当着客人的面，指着爸爸的鼻子命令："你喝，你给我喝下去！"

他爸爸一面笑着说"你真有创意"，一面端起儿子吐痰的茶杯乐呵呵地喝起来。

二十多年后，他自酿的悲剧，再一次证明中国的那句古话：惯子如杀子。

孩子任性、霸道、不讲理或无理取闹，6岁之前会以多种形式表现出来。比如：要钱买东西，钱一旦满足过欲望，欲望尝到钱带来的甜头，就会升级。如果孩子见啥要啥，要啥父母给啥，自然相安无事，或两相愉悦；如果父母不给，孩子就会使性子，甚至发脾气，摔东西，严重的会躺地上打滚哭闹。

被娇宠的孩子有控制欲，喜欢以蛮横的方式控制父母，证明自己有能力，这是孩子逞能示强，向成人挑衅的一种表现；而这些行为常常被年轻的父母视为儿戏，认为孩子小，不懂事，等长大了自然就好了。

为什么很多人长大了不但儿时的毛病没改，反而变本加厉，最后彻底栽在童年的坏习惯上呢？

人的思维和情绪也有轨道和惯性，早期孩子的欲望和需求，如果及时得到满足，便自然形成接受、处理、输出信息的思维轨道；如果多次以同样的方式得到满足，便形成习惯。这种习惯会一生携带着，好的习惯会成就孩子幸福的人生，而坏的习惯会毁了孩子的一生。

爱孩子，从管钱开始

中国有句话"魔高一尺，道高一丈。"对于幼小孩子的不合理欲望，父母不要迁就、附和，一定要看清孩子行为背后的心理活动，以及将产生的恶果。

大胆讲钱，让孩子知道钱为何物

孩子天天遇到钱，吃穿住行每天都跟钱打交道。怎样跟孩子谈钱，这是人生最重要的课程，而授课的如果不是父母，也许就是骗子或其他人。

在写这本书的日子里，雨奇采访了加拿大的大学教师安德鲁，他讲述的故事也许会给年轻的父母带来启示。

小时候父母告诉我："钱只是一张纸。你挣钱和花钱的方式将决定你会成为什么样的人。"10岁时父亲对我说："儿子，请记住：当你没有钱的时候,你什么都不是;当你有钱时,你也不会成为什么。"

这句话当时我无法理解,但是,有一天,当有人问我,你会选择快乐,还是金钱时,我突然想起父亲说的那句话。父母试图在告诉我:先让自己快乐,不要让任何外界的事情影响到你的生活,当你有能力让自己快乐的时候,金钱名利、任何事、任何人都不会打败你。

后来,父母经常告诉我:"如果你想在家吃,可以免费;但想在外面吃,想有零花钱,就要找工作挣钱。"

14岁那年,我开始找工作,给周围的邻居帮忙,因帮邻居做事付的钱很少,我必须多揽几家的活,每天都很辛苦。当时,我不能明白,为什么其他小朋友可以从父母那里拿钱随便买东西,而我却要自己挣钱,为什么我这么不幸?是父母不喜欢我吗?

工作以后,渐渐地明白人为什么要工作,人生的目的究竟是什么,开始懂得父母的用心,特别感谢他们给我上的最有价值的金钱课。

告诉孩子钱能买来什么,买不来什么,孩子就不会接受金钱肆无忌惮的折磨。

以生活为课堂,给孩子正能量金钱观

金钱不光负责购物交换,同时也能携带正负两种能量。正能量多,金钱就会助人;正能量少,负能量多,金钱就会毁人。雨奇在采访英国巧克力大使路易的妈妈时,专门和她探讨了关于如何给孩子正能量金钱观,他妈妈独创了很多方法,不但在路易身上获得成功,而且实践证明这也是一套可复制和广泛应用的财富教育模板,在这里特别推荐给年轻的父母。

学校缺少关于财商教育的课程,如果父母在家里不给孩子讲,等孩子走向社会后就会因为不会使用钱而惹来各种麻烦。给孩子正能量金钱观很容易,每天都有机会给孩子上这一课,课堂就在生活中。

我经常让路易看我的橱柜里缺少什么,让他列一个清单,然后让他去超市买。同时,我会告诉他这一周生活费的预算是多少。每次去超市,我都会带上他,让他去做决定什么样的食物我们要买。

先读食物标签上面的成分,然后,我们一起讨论这个食品上的某些成分我们是否该食入,比如棕榈油和其他化学成分。刚开始,这样

当孩子遇到钱
绕不开的财商

做对于母亲来说可能很麻烦，因为这样花在购物上的时间会很长，但是路易学得很快，不久就能分辨出什么食物该买，什么不该买。后来，他不但可以帮我购物，而且还会记账算账。

必须让孩子了解食物的成分，从哪里来的，以及合成食品的成分组成。

当决定用现金付账时，我会叫路易去付钱。其实，让孩子亲自购物，并不需要很长时间，孩子就能学会并掌握各种物品的价钱，我们的预算够不够。

还要让孩子了解平时的一般生活消费。例如：煤气和水电等。当孩子明白了生活的各种需要都不是免费的，都需要钱时，他对世界的态度和看世界的眼光就变了。

银行是财富教育的重要课堂，银行是怎么工作的，支票、信用卡和利息是怎么回事，每次去银行我都会给路易讲。

一个孩子从小学到大学，所学的不能仅是书本的知识，一定要让孩子在生活中懂得并理解世界是怎样运行的。方法很简单，只要让孩子明白身边的事物是怎样运行的就够了。购物时跟孩子耐心地讲物品的来源和交换，让孩子尊重钱，尊重劳动，知道钱不是树上生的，也不是地上长的。钱只有在你尊重它时，它才会实现其价值。

现在有很多年轻人之所以成为卡奴，只是因为他们以为花信用卡的钱很轻松，但是你总是要为你花的一切多付一些钱。

带孩子去超市的机会很多，如果年轻的父母像路易的妈妈那样，把每一个环节都设计成教育课，孩子从生活的大课堂里很容易学会管理钱，管理好钱自然就管理好了欲望和情绪。

在孩子和万物之间没有划清界限前，要啥给啥对孩子无疑是一种戕害，它不但能毁了孩子的生活，也会断送孩子的前程。

成就富孩子的好习惯

自控力的总开关内置在大脑里，看不见，也摸不着，但它却能控制孩子的行为，能管住嘴巴和手脚，这就是管理学讲的"以虚控实"的那个"虚"。大脑也有失灵的时候，当欲望和情绪膨胀时，大脑就无法实行管制。

斯坦福大学的"棉花糖实验"

美国斯坦福大学一项追踪研究发现：凡是成功者，童年都表现出很强的自控力。观察和培养孩子的自控力要从吃开始。吃是人的第一需求，对人的诱惑最强大，如果人能管住嘴巴，管住人的第一需要，自然能抵挡其他的外来诱惑。

1960 年末 1970 年初，美国斯坦福大学教授通过"棉花糖实验"，观察 60 名 4 岁的幼童的自控力，并跟踪调查，最后发现自控力是人获取成功的重要因素。身体健康、生活态度和事业发展都有赖于自控力的支撑。

在一次演讲中，心理学教授沃尔特·米歇尔描述了研究的全过程：

沃尔特·米歇尔找来 60 个 4 岁大的幼童，把他们留在一个房间里。

然后，他呼唤每个孩子的名字："强尼，我要给你一颗棉花糖，给你十五分钟。如果我回来的时候，这颗棉花糖还在这儿，你会再得到一颗。这样你就有两颗了。"

他告诉一个四岁的小孩，要等十五分钟才能享受他所喜欢的东西，就如同告诉我们大人："我们两小时后，会给你送咖啡来。"这是完全一样的事。

当教授离开后，房间里发生了什么事呢？

教授刚关上门，三分之二的小孩就把棉花糖吃了。

五秒，十秒，四十秒，五十秒，两分钟，四分钟，八分钟。

有些孩子坚持了十四分半。没办法不吃。等不了。

有趣的是，有三分之一的小孩看着棉花糖，盯着它，将它放回去。他们会走来走去，他们会玩自己的裙子或裤子。这些孩子，尽管才四岁，但已经懂得成功最重要的原则："推迟享受"的能力。

自律和自控是成功最重要的因素。十五年后，研究人员找到那些已经是十八九岁的小孩。跟踪调查研究发现：没有吃棉花糖的小孩全部都很成功。

他们学习成绩很好，人生发展得顺利。他们都很快乐，对未来都有自己的规划。他们和老师同学关系融洽，生活得很好。而吃了棉花糖的小孩中有很大一部分，都有些问题。他们没考上大学，成绩不佳，有些辍学了。另外一些虽然还在念书，但成绩很差。只有少数人成绩不错。

留下一颗棉花糖，推迟享受的自我控制能力，在未来的生活中会应用于生活的各个方面。每个 4 岁的孩子都想得到一颗留下来的棉花糖，就像每个成人都想得到两份财富一样。同一个目标，为什么有些孩子能坚持等待 15 分钟，而另一些孩子却做不到呢？

如果 4 岁前，孩子要什么，父母立刻满足他，几乎不给孩子留有等待、期盼的空间和时间，让孩子在等待中学会管理情绪和欲望；那么，这样的孩子就会因缺少目标而缺少耐心和坚持的训练，所以不愿为第二颗棉花糖坚守 15 分钟。

自律和自控力来自童年的教育。

雨奇曾采访 12 岁创业者英国的吉米·邓恩。

2012 年，吉米入围全球青年企业家 Top20。他的成功秘诀只有四个字：自我管理。从 9 岁起，吉米开始管理自己，合理饮食，有规律地生活，构建自己的人脉圈。

吉米的父亲在军队里服役多年，爷爷服役近四十年。从祖父和父亲身上，他学会了自律和把控生活规律。同时，他发现有很多人生活没规律，自控力差，因没法控制自己导致无法控制工作和事业。

从 12 岁起，为了自己设定的目标，吉米每天夜里 12 点半到凌晨 1 点之间上床睡觉，早上 6 点半到 7 点之间起来运动。醒来之后先跑步，然后游泳，再回家吃早餐上学。下午放学之后，先去踢足球，然后再跑步。合理而有规律的生活，给了他充沛的精力，让他一路遥遥领先。16 岁时，他放弃学业，在 28 名青年创业者中脱颖而出；21 岁时，他创建青年企业家商务系统与青年企业家基金会，同时成了《伯明翰邮报》撰写专栏的作者。

拥有同样的智商和情商的两个人，自控力强的人成功率高，而自控力差的人成功率低。自控力如同一艘扬帆远航的船上的舵，如果舵经常失灵，船就会随时被迫抛锚。

把控自己，从把控情绪开始

一个情绪不稳定，脾气暴躁，遇事冲动的人很难成功。

2—6 岁的孩子都会犯一个毛病，当一个欲望冒出来，想买一个玩具或其他东西时，如果父母不能及时给予满足，就会采取极端手段，通过威胁、要挟等方式迫使父母妥协。如果父母立刻满足孩子的要求，孩子得胜而归，下次将继续使用威胁武器。结果呢？随着年龄的增长，脾气会越来越大。

在福建，有三个妈妈问我同一个问题：我的孩子在学校是个好学生，可是回到家里就变得横行霸道，对我和他父亲一点都不客气。他想要什么，想干什么，如果我们不同意，或没及时满足他，他就会对我们大吼大叫，有时候摔东西，还威胁我们要跳楼自杀。

中国有句古话叫"习惯成自然"。在家里，孩子如果习惯了靠宣泄负面情绪来获得所要的好处，这种能力就被助长。离开家以后，自然会依惯性而为，继续使用这一武器，结果会不断遭到挫败。因为社会不需要眼泪，财富和成功从来不青睐负面情绪。

自控力既要控制欲望，也要控制情绪。4 岁之前，在孩子第一次使用哭闹等威胁手段时，父母一定要保持高度的警惕，并清醒地知道这是 6 岁前大脑发育过程中的一个自然现象，但一定不能心软，这是帮助孩子启动左脑，控制情绪的最好教育时机。

为什么女孩更愿意耍小脾气，利用坏情绪要挟他人，而男孩相对要理智？除了男孩和女孩大脑的生化结构差异，男女进化过程中存在的差异外，还有，在我们的文化里一直保留着一把随时帮男孩启动左脑的钥匙——"男儿有泪不轻弹，男子汉哭鼻子没出息"。

一个人不能控制负面情绪，永远长不大。负面情绪是造成心理疾病的祸根，焦虑症、抑郁症和人的心里积累了太多垃圾情绪有关。帮孩子启动左脑，管理负面情绪，培养自控力是早期教育不可缺少的一课。

给孩子平台，让孩子训练自控的好习惯

"自知者明，自胜者强。"两千多年前，老子说的这句话，在美国被一代船王哈利演绎出一个自控力教育经典案例，并创造了一句教育格言："你要先赢你自己！控制住自己，你才能做天下真正的赢家。"

有一天，老哈利对儿子小哈利说："等你到了23岁，我就将公司的财政大权交给你。"可谁也没想到，儿子23岁生日那天，老哈利竟然把儿子带进赌场，给了儿子2000美元，并叮嘱他，无论如何不能把钱输光，一定要剩下500美元。

小哈利拍着胸脯答应了父亲。但进了赌场后，很快赌红了眼，把父亲的话忘了个一干二净，最终输得一分不剩。

老哈利继续鼓动儿子："你还要再进赌场，不过本钱需要你自己去挣。小哈利打工挣到了700美元。当他再次走进赌场时，他给自己定下了规矩：只能输掉一半的钱。当他输掉一半的钱时，脚就像被钉子钉在地上抬不起来，他又输个精光。而老哈利则在一旁看着，一言不发。

走出赌场，小哈利对父亲说："我再也不进赌场了，我的性格注定了是个输家。"

没想到，父亲却鼓励他再进赌场："赌场是世界上博弈最激烈、最无情、最残酷的地方，人生亦如赌场，你怎么能不继续呢？"

小哈利只好再去打短工。他第三次走进赌场，已是半年以后的事了。他又输了。但他冷静沉稳地面对，当钱输到一半时，他毅然决然地走出了赌场。虽然他还是输掉了一半，但在心里，他却有了一种赢的感觉，因为这一次，他战胜了自己。

老哈利看出了儿子的变化，便对儿子说："你以为走进赌场，是为了赢谁？你要先赢你自己！控制住你自己，你才能做天下真正的赢家。"

从此以后，小哈利每次走进赌场，都给自己制定一个界限，在输掉10%时，一定退出牌桌。再往后，熟悉了赌场的小哈利竟然开始赢了。站在一旁的父亲警告他，马上离开赌桌，而小哈利正赢在兴头上，舍不得走。眼看手上的钱就要翻倍，形势却急转直下，小哈利又输得精光。

这时，他想起父亲的忠告。如果听父亲的话，他将会是一个赢家。

一年后，老哈利再去赌场时，小哈利俨然像个老手，输赢都控制在10%以内。即使是最顺的时候，也会退场。

老哈利毅然决定，将上百亿的公司财政大权交给小哈利。听到这突然的任命，小哈利倍感吃惊："我还不懂公司业务呢。"

老哈利却一脸轻松地说："业务不过是小事。世上多少人失败，不是因为不懂业务，而是控制不了自己的情绪和欲望。"

船王哈利给了儿子一个富有刺激和挑战性的平台，鼓动儿子去博弈，让儿子在输赢中领悟：一个人能够控制情绪和欲望，就意味着掌控了成功人生的主动权。

一个人能在赢时退场，等于能驾驭头脑和心灵。从小培养孩子的自控力，是帮助孩子赢得成功人生的关键。

和孩子图解"想要、需要、能要"三段式

美国对自控力做了专项的科学研究，研究对象覆盖1000名儿童，从出生一直追踪到32岁，研究的结果表明：在儿童期显示出良好自控力的孩子，成人后极少成瘾或犯罪，比那些冲动型、宣泄型的孩子更健康，更富有。

欧美的一项最新研究表明：小时候自控力强的孩子，到初高中阶段，学习成绩比同等智商的孩子要高 20%。同时提出：自控力比智商更重要。

培养孩子的自控力，首先要帮助孩子学会分辨自己对周围事物的欲望，在消费者行为学中，老师经常要求学生理解三个词："want" "need" "desire"，也就是"想要"、"需要"和"欲望"三个状态。财富教育需要父母帮助孩子划清"三要"的界限，避免孩子在成长中因辨不清自己的真正需求和缺少自控力而误入歧途。

在孩子的意识里，世界上所有的东西都是"我想要"的。"我想要"几乎成了孩子对父母发出的一道命令。所以，父母应该帮助孩子分清"想要"和"需要"的区别，不是所有想要的都是需要的。

对 2—6 岁的孩子，不能讲大道理，我创意了一种图解游戏法，先和孩子一起画出他想要的东西，然后进一步引领孩子思考，自己想要的 + 自己需要的 + 自己口袋里的钱 = 学会自我控制。

游戏 1：你想要什么? 画出你想要的东西

让孩子说出他想要的，写在纸上列个清单，然后和孩子一起画一张商品图。让孩子尽情地画，不会画的可以创意出一种符号来代替。等孩子画完了，可以用线连接起来，帮助孩子连成一个购物图。

一盒巧克力，一包饼干，一瓶酸奶，一个冰激凌

一双红舞鞋，一条粉色裙子，五本小人书，一盒彩笔

一个布娃娃，一顶小凉帽，一个书包，一把小伞

游戏 2：你现在最需要什么? 画出你需要的东西

告诉孩子他什么都可以想要，但不是什么他都需要。比如，他想要一个布娃娃，可他已经有了 3 个布娃娃。这个就是可要可不要的。然后，一步步引导孩子找出生活中最需要的东西，从"吃穿住行"四件事开始绘制家庭需要的商品图。

让孩子说出他最需要的，也写在纸上，和孩子一起画一张商品图。

数一数，每天我们需要哪些东西：

吃：食物是每天的第一需要，不吃饭就会饿，人饿了就没有力气。

穿：穿衣服是每天起床后要做的第一件事，衣服保暖，穿漂亮的衣服心里高兴。

住：每天要回家，家是睡觉休息的地方，家是一个房子。

行：每天除了走路，还要坐车，乘坐什么车费用不一样。

除此之外，家里还有电灯、电话、水、做饭的煤气，这些东西天天需要花钱来买。

游戏3：你能要什么？摸摸口袋里的钱，找出自己能要的

让孩子说出他能要的，他能要什么呢？这就要和孩子讨论钱：你能要什么，完全取决于口袋里有多少钱，而不是心愿和欲望。根据自己兜里的钱，和孩子一起画出可能购买的商品。

口袋里只有100元钱，让孩子从自己想要的东西里，找出可以买的东西。

通过3个游戏和3幅购物图，给孩子直观的记忆，让孩子懂得"我想要的"、"我需要的"和"我能要的"之间的渐变关系。人想要的很多很多，其实，真正需要的很少，因为受钱的制约，能要的就更少。

和孩子一起做这3个游戏，不但可以帮孩子启动左脑，理性分析和判断，还能帮助孩子管理消费情绪和欲望。

科学理财，首先要管理好情绪。不让孩子掉进盲目消费、追风跟潮，死要面子活受罪，被名牌和奢侈品牵着鼻子走的商业陷阱。

第二章
遇到钱，孩子就遇到选择

遇到钱，孩子就遇到选择

当孩子有了强烈的购买欲，父母该怎么办？

雨奇在 8 岁之前对钱没有强烈的感觉和需求。虽然偶尔也喜欢用零花钱去买冰激凌、糖果、作业本，但对金钱并不贪恋。自然，我也放松了关于钱的教育。

8 岁那年暑假，雨奇遇到钱了，购物欲和钱勾结起来开始折磨她和我。

去承德旅游，雨奇和 14 岁的表姐逛小摊位。开始她只是跟着看热闹，后来，看表姐一会儿从口袋里掏出钱买个包，一会儿买个帽子，她眼巴巴看着，不时流露出羡慕的表情。

走着走着，她好像突然开窍了，跑过来管我要钱。

"你要多少钱？"

"30 元。"

"你买什么要这么多钱？"

她拉着我的手，来到一个小摊前，指着两串蓝色的水晶手镯，说她特别喜欢，这对手镯是她看见的最漂亮的。

"太贵了，妈妈不能给你买。"

她站着不动，表示决心已定。

小摊的主人说情，孩子喜欢就给买呗，没多少钱的玩意儿。

我转身就走。

她看拧不过，也乖乖地跟着走了。

但一有机会，她就提那对手镯，那种错过的遗憾一直在折磨她。

一周以后，同事打来电话，说单位要组织职工孩子去承德旅游，邀请雨奇一起去。雨奇从我的对话里听出机遇来了。

"妈妈，你忙，这次我自己和小朋友一起去承德。"

"你不是刚刚去过承德吗？"

"我还想去再看看名胜古迹啊！"

我知道她心里惦记着那对蓝色水晶手镯。

"你太小了，不能自己出去旅游。"

她眨眨眼睛："你不经常跟很多妈妈说让孩子走出家门看看，孩子出去一次，就长大一次吗？"

"好吧，妈妈就让你长大一次。"

"那你能给我点钱吗？"

"要多少钱？"

"30元。"

我很痛快地答应了。我知道她去承德的目的，就是为了那对小手镯。我从口袋里掏出30元递给她时，郑重地对她说："现在，这30元钱属于你，怎么花、买什么由你自己决定。"

一听这些钱归她管，雨奇立刻跳起来。

"30元钱能买什么？"

"一对蓝色水晶小手镯。"

"对，还能买什么？你先算算，列出一个单子，看看30元钱都能买哪些东西。如果这次去承德，没有遇到你特别想买的东西，这些钱都归你。"

从承德回来，她什么都没买，那30元钱原封不动地放在钱包里拿回来了。

"你不是特别喜欢那对小手镯吗？怎么没买？"

"太贵了，不值那么多钱。"

"那你准备买什么？"

"我算了算，30元钱可以买很多东西呢。如果攒起来，以后还能买一个自己想要的大东西。"

同样30元钱，从我手里拿，女儿花起来毫不吝惜；在她的手里，变成她的私有财产，让她进行自由支配时，她就开始动脑子盘算，什么该买，什么不该买，就连曾经迷得她望眼欲穿的小手镯也能放弃。

在孩子看来花父母的钱是天经地义的，不心疼，也不需要计划；而某种意义上，当钱属于她自己，让她独立管理时，拿出来花就开始掂量了。这样做可以激发孩子的自主意识，调动孩子自我管理的欲望。

这个故事我在各地演讲时曾经给很多朋友讲过。在孩子心中，父母的钱是公家的，而给她的钱是私有财产。社会上的公款吃喝、公款消费的风气为什么刹不住，就是因为人骨子里喜欢贪占公家的便宜，人性的弱点会促使人徇私舞弊，乐于占有、吞噬和挥霍他人财物，贪恋享受不劳而获带来的快乐。

在中央电视台做嘉宾时，我讲了这个故事，有个研究生站起来质问我："作为一名教育专家，你不觉得你的行为，对一个8岁孩子是一种伤害吗？"

我给女儿的不是伤害，而是自控和选择的能力。

世界上有很多东西，但人不可能全部拥有。所以我们必须学会选择。

即便是世界顶级富翁，财富也是有限的。用有限的财富满足人无限的欲望，谁也做不到。但有了选择的智慧和自控能力，人就不会掉进欲望和金钱之间的陷阱。选择和自控力能帮孩子获得更多的利益，棉花糖的例子不是为了看谁能有毅力不吃，而是谁能为更大的利益控制欲望。

很多人因为只顾眼前的既得利益，无法控制自己"推迟享受"的能力；很多孩子步入吸毒的深渊不是他们不知道毒品的害处，而是不能控制自己内心满足好奇心的欲望；很多少年犯进行抢劫是因为他们没有分清"想要"和"能要"的区别；很多富二代挥金如土是因为他们没看到"想要"和"需要"的区别：这些问题的根源在于父母早期没有对他们进行自控力的训练。

为什么有些人活得不开心，活得纠结？不是因为缺吃少穿，而是因为欲望和金钱不断打破他们心理的平衡。

孩子成人后，面临各种独立选择，选择是因，拥有是果。选择力既决定穷富，又决定成败。

先懂钱，再懂选择

我找到了一个教孩子懂钱的简单方法，从认识"钱"字开始，然后再选一枚古钱币，教给孩子"外圆内方"的智慧。

　　雨奇不是在语文课上认识"钱"字的，而是在《说文解字》里同时认识两个钱，一个是简体的"钱"字，一个是繁体的"錢"字。这勾起她极大的好奇心，为什么繁体字"錢"有那么多笔画呢？

　　孩子的好奇和追问是父母施教的最好机会，抓住机遇，自然事半功倍。关于钱的利与弊，不需要长篇大论，只需要拆开一个"錢"字，跟孩子一起了解"钱"字的结构和寓意，就能让孩子懂得并把握"錢"和人的关系。

怎样对待钱呢？为什么古人造字的时候，会想到在"金"字右边加两个"戈"呢？

　　我把这个问题像踢足球一样踢给雨奇，发现她异常兴奋。因为孩子都有表现欲，特别喜欢证明自己有思想，有学问，所以，她深思熟虑地想了一会儿："如果说钱就是金子，大家都想得到金子。你最早发现了金子，可你忍不住想拿金子买东西，就招来另一个人，两个人讨价还价，总是谈不拢，就会发生争吵，等吵急了就开始动手，大动干戈，这就是钱惹的祸。"

不要小看孩子的智慧，只要给孩子一个题目，然后再给一个对话的平台，孩子就会开动脑筋，快速提升自己的思维能力和水平。和孩子一起讨论，钱给人带来哪些欢乐，能满足哪些欲望，再讨论钱给人带来哪些苦恼，哪些冲突。帮助孩子看清钱和人的关系，再遇到钱，遇到冲突和苦恼时，自然知道如何从钱的混战中站起来，而不是败在钱的脚下。

　　和孩子一起读钱，解析"錢"字，让孩子自己去发现和领悟：遇到钱，自然会遇到与他人的争斗，还有自我内心的冲突。要摆平钱带来的失衡和矛盾，必须正确对待钱：懂得什么是钱带来的利与弊，以及钱怎样花有价值。

读懂钱，读懂"舍得"之道。犹太人用敲金币迎接孩子出生，孩子一来到人间便和金钱相遇，当孩子3岁时便教孩子认识钱，从5岁开始，教孩子挣钱、花钱和管钱。

钱是用来花的。钱怎么花不但有学问，也有智慧。中国有句俗语叫"舍得"，意思是不舍不得，小舍小得，大舍大得。钱要先花出去，然后才能获得。所以，要教孩子先懂钱，再学会选择。

　　星云大师曾写过这样一个佛学小故事：有个人总想获得，总想坐享其成，阎罗王让他投胎做了乞丐，过着天天受人施舍的日子；而另一个人总想给予，时刻想着帮助别人，阎王爷让他投胎做了富翁，专门行布施，把钱财赈济给穷人。

舍什么？得什么？关键在于人的选择。让孩子选择不劳而获，等于父母鼓励孩子做乞丐；教孩子选择助人，等于父母教孩子如何做富翁。不论是谁贪图享乐，即使有钱，也是穷人；而去给予救助，即便贫困，也是富人。凡是大善之人都能舍，凡是大智之人都敢舍，因为他们谙熟"有舍有得，不舍不得"的哲学。

钱从哪里来？

当孩子遇到钱，就遇到各种疑问，钱不但会教孩子思考，还赋予孩子多种能力。日本电影明星高仓健曾写过一篇文章，说他的朋友井出太的妈妈和美如何教孩子在劳动中读懂钱。

　　井出太三兄妹很小的时候，妈妈和美每年秋天都会给他们买了两只小猪崽，让小井出带着两个妹妹每天早晚两次将沉重的泔水桶抬到猪圈喂猪。无论天多冷、多么辛苦，如果他们没给小猪喂食，妈妈就不让他们吃饭。

有一天，在凛冽的寒风中，兄妹三人抬着沉重的泔水桶，妹妹抬不动，哭着问："妈妈为什么让我们干这种事啊？"

春天来了，妈妈把两只小猪卖了，听着小猪呜呜的叫声逐渐远去，三兄妹流下眼泪。他们和小猪已经有了深厚的感情。几天后，妈妈给三个孩子每人一本存折，她把卖猪的钱平均分成三份，存入每个孩子的账户，告诉他们这是他们一个冬天的劳动所得。

秋天的时候，妈妈又买了两个小猪崽，他们三兄妹继续喂养，第二年春天，再将胖乎乎的小猪出售，孩子们的账户里又多了一笔钱，这样的生活持续了近10年。三兄妹每个人不但拥有一笔令同龄人羡慕的财富，还有了坚持数年做好一件事的耐心和毅力。

和美妈妈通过养小猪，在劳动和规定中让孩子读懂钱：如何挣钱和储蓄，以及坚持做一件事积累和创造财富的奥秘。

关于钱，孩子也在给父母上课。计划经济时代，中国人对金钱的知识是有限的，家里的钱仅够维持生活，所以我们不讲消费，也不谈投资。

市场经济时代，孩子一出生就面临消费，铺天盖地的广告在诱惑孩子消费，各种金融产品在鼓动家庭理财投资。所以让孩子懂钱，不能单向灌输，要和孩子互动交流，甚至要从孩子身上汲取知识和智慧。

在钱币博物馆，雨奇问我："为什么古人造钱都是'外圆内方'，而不是'外方内圆'呢？"

孩子喜欢有形有象的事物。古人借钱币之象，传做人之道。拿一个外圆内方的钱币，教孩子做人做事，简单易懂。不但能让孩子从小小的钱币中领悟出诸多道理，还能传递做人做事的正能量和成功之道。

"我们一起来想一想，世界上有哪些东西是圆的？"

雨奇一下子找出30多个圆形的事物和图像：太阳、眼睛、脑袋、篮球、足球、车轮子、碗、盘子等等。

太阳、眼睛、球和车轮子要是方的就转不动。钱币在人和人的口袋里转，钱和人发生关系，它要流动；买卖可以砍价，可以商量，买卖的价格是灵活的，根据市场和需要调整，不能定死价。

那古人为什么要在钱币里凿一个"方孔"呢？

"为了穿钱呗，电视里演的古代戏，有人口袋里背着钱串子。"雨奇用孩子的形象思维思考这个问题。

那这个方孔也可以叫钱眼呢！方孔就是法则，钱眼就是迷魂阵和陷阱，人一旦财迷心窍、视钱如命时，就会掉进钱眼。方孔也是规矩，物品价格可以变，但人心不能变，人不能赚黑心钱。方孔代表法则，做人做事要有法则，不能胡来，不该你拿的钱拿了，钱就能毁人。

中国有句俗语："人为财死，鸟为食亡。"这句话既讲了钱的魔力，也讲了人性的弱点。从小就应该让孩子知道钱象即万象，钱是双刃剑：予以正能量是福，予以负能量是祸；取之有道是义，取之无道则是恶。

后来，我和雨奇一起查找与钱相关的成语故事，如"一掷千金、千金一笑、一诺千金"。通过成语故事让孩子自己领悟和思考，从故事中获得启示。

传统教育特别重视开悟，"悟"字从"心"从"吾"，悟离不开心，只有"吾心"的参与才会有悟。有悟才能记住，凡是孩子自己领悟获得的智慧才会终生携带。灌输的知识只适合考试，考完便忘，这种一次性的记忆不会成为滋养生命的财富。

给孩子一枚古钱币，给孩子"智圆行方"的智慧，教孩子从小懂得法律和规则，不是对人的限制，而是对人的保护。保护你不越雷池，不出轨，不闯红灯，一生顺利平安。

唐朝名相李泌，幼时被称为神童。他七岁时被玄宗召进宫。当李泌入宫晋见时，玄宗正兴致勃勃地与魏国公张说下棋。玄宗想试试他的才能，便示意张说考考他。

张说以棋为题问道："方，好比是棋局；圆，好比是棋子；动，犹如使棋活了；静，就是棋死了。你能用方、圆、动、静四字来比喻弈棋的道理吗？"

七岁的李泌立即脱口吟道："方如行义，圆如用智，动如呈才，静

如遂意。"李泌的"方如行义，圆如用智"，道出了"外圆内方"的
"修行"办法。

为什么 7 岁的李泌如此聪慧？因为他从小接受了中国传统的"方圆智慧"，懂得内方就是要行道义，靠走正道挣钱，外圆就是要动用智慧，靠智慧做事。所以，面对君王，他才能融会贯通，从容不迫，挥洒自如，不但即兴创作出如此精妙的对子，还让我们看见一个 7 岁孩子敏捷的思辨力和表达力。

钱和人一样，有自己的模样和面庞。给孩子财富智慧一定要选最好的启蒙财商教材。拿什么做财富教育的教材和模板呢？

拿中国古代"外圆内方"的古钱币做教具和模板。

给孩子一个古钱币，或找一个古钱币图片，让孩子看见钱过去的模样。然后，和孩子一起讨论古人造钱币的时候是怎么想的：为什么钱币外面是圆的，而里面是方的呢？

通过疑问引发孩子对钱币造型的兴趣，引导孩子深入思考古钱币造型所蕴含的意义。这样可以一举多得，一箭多雕，帮孩子获取有关钱带来的智慧。

中国人早就发现了钱的哲学，并把"外圆内方"的智慧铸进可视可听，可触可感的古钱币里，随时随地传递钱的智慧，并给人以警醒。

当孩子遇到钱，财商之门就打开了，但走出来的不一定是智慧，也许是魔鬼。要孩子辨清钱的真实模样，一定要和孩子"读懂钱"。

选择抱怨，儿子变成病孩子

不怕家穷，就怕父母总在抱怨穷。因为抱怨会毫不客气地夺走人的志气，抑制或激怒大脑的神经细胞，造成双向情感障碍——躁狂症＋抑郁症，把本来聪明伶俐的好孩子变成病孩子。

面对金钱和贫富差异带来的困扰和冲突，父母如何选择，不仅影响家的兴旺，也影响孩子的命运。

东北一个母亲来找我，自称家里很穷，哭诉现在儿子又病了。我以前见过她儿子，一米八的大个，标准的明星脸，动作敏捷，属聪明伶俐型，看上去一脸阳光，怎么会突然患双情感障碍症呢？

她儿子高中毕业后，到北京做保安工作。开始她儿子很兴奋，一个月后就很沮丧，两个月后心理失衡，三个月后出现双情感障碍，被送进精神病院。

她说儿子从北京回来后，一会儿说北京好，高楼林立，到处可见豪宅名车，美女如云。然后，抱怨父母无能，不能在北京为他买房买车。抱怨升级到愤怒时，他就砸门砸窗，甚至要杀人。一会儿又说北京不好，人人满脸冰霜，没有热乎气，挤进地铁像掉进冰窖窿里。然后，抱怨父母不爱他，家穷没钱找媳妇。抱怨堆积如山后，他开始抑郁，声称要自杀。

一个看上去好端端的孩子，为什么来北京仅仅三个月，就患上双向情感障碍——"狂躁时想杀人，抑郁时想自杀"呢？

我采访了那家精神病院的医生并做了一个小调查，原来近几年，每年医院都收三十多个 16—18 岁的患有同样的病的农村孩子，其家庭背景很相似。

仅仅是因为穷吗？

过去中国的穷人比现在多得多，为什么孩子很少得这种病呢？

俗话说"家贫出孝子，穷人的孩子早当家"。这些话今天为什么不灵验了？

是什么酿造出"双情感障碍症"？

　　我去见他，他竟然认出我来，而且异常兴奋，滔滔不绝地抱怨起来：怨天地不公，让他生在穷人家；怨爹怨妈无能，让他一无所有；怨社会冷漠无情，让他无落脚之地；怨女孩子势利眼，只追大款，像他这样的帅哥都不看一眼。

他的怨恨从哪儿来？

从何时起，他选择以怨恨面对世界和自己？

　　和他妈妈聊天时，我找到了答案："我命苦，找了个无能的丈夫，生了个不争气的儿子。儿子小时，天天因钱吵架。我怨他爸没本事挣钱，不能送孩子进好学校，他不服，经常指着鼻子骂我，儿子来劝架，他就骂儿子，怨儿子不争气。从小到大，儿子听的都是怨恨的话。

　　"儿子 8 岁那年，去一个富裕的同学家回来，开始抱怨我们没本事。有时模仿他爸爸指着我的鼻子骂，有时模仿我抱怨爸爸的语调骂。后来，一看见谁家变富了或那个同学有电脑或高级自行车，他回家不是生闷气就是发脾气。直到把他送进精神病院，我才醒悟过来，可已经晚了"。

谁害了这个孩子？是贫穷吗？不是。

经济困难或暂时的贫困并不会给孩子带来疾病，而攀比和抱怨最致命。

面对贫困，父母有多种选择教孩子直面金钱和贫困。

　　山东乡村有个母亲，家贫如洗，可她经常对儿子说："咱们现在穷，不能老穷。咱们不缺鼻子眼睛，不缺少手脚，怎么能穷呢？人不怕穷，就怕志短。咱有土地，土地最公平，春天种瓜，秋天得瓜，种豆就得豆，不种就啥也不得。人活一口气，只要有志气，一切都会改变。"

这个母亲为什么不选择抱怨？她的底气从何而来？

因为她选择"接受"，同时又选择了"改变"。而这两项选择是一切成功的基点。她不抱怨命运，也不抱怨丈夫，通过身体力行，让儿子看见"志气"能改变命运；她起早贪黑经营家里的几亩地，省吃俭用鼓励儿子读书，不但养育了一个懂事有孝心的儿子，也激发出儿子一身的正能量，后来，走上致富之路。

同样贫穷，两个穷妈妈的选择不同，所以，两个儿子的命运也不同。生活在困境中的母亲，通过抱怨进行心理调节，宣泄负面情绪，想获得一种平衡似乎很自然；但抱怨一旦成为习惯，抱怨的病毒就会快速裂变，从大脑侵入全身。抱怨具有传染功能，从小生活在抱怨环境里，耳熏目染学会用抱怨发泄，以抱怨为不劳而获，不做事，不上进当借口，直至抱怨病毒侵蚀大脑神经的细胞，最后把一个好端端的孩子变成"双向情感障碍"的病人。

选择抱怨等于选择灾难。

为什么现实生活中，有那么多人喜欢抱怨？

抱怨是一种装饰，为懒惰做装饰；抱怨是一种推脱，为不担当做推脱；抱怨是一种借口，为不行动找借口，等别人担当、承受和行动，而自己可高高在上地说三道四。

抱怨是家教的禁忌。如果想培养一个有能力、有担当、有责任的孩子，父母一定要远离抱怨。

1. 以积极乐观的心态应对生活的变化，教孩子接受和承担责任；

2. 快速激活梦想和智慧，靠行动力去改变现状，相信定会柳暗花明；

3. 靠独立自主赢得生命的尊严，给自己和孩子生活的信心和勇气。

有弟兄俩，靠做手工陶艺为生，每年做上百个绘有精美釉彩的手工陶罐，从海上运往一个海滨城市，换来一年的口粮，再回到小镇上生活。

一次，兄弟俩出海，快到岸时，海上狂风大作，恶浪滔天，等靠近岸时，一百多个陶艺罐子打得稀烂，成了一堆废品。哥哥号啕大哭，而弟弟看着满地的陶片，沉默无语后，上岸考察，发现这个城市房地产业正火，家家都忙着买新房，忙着装修。

　　弟弟拎着一把大锤回到岸边，一边砸碎烂罐子，一边对哥哥说："咱不卖罐子了，改卖马赛克。"

　　结果，一船大大小小不规则图案的瓷片在集市上被抢空，挣的钱比卖陶罐的利润高出几倍。

　　因弟弟接受不幸的现实，并积极寻找改变的路径和方法，最后大获成功。

**　　抱怨是一种语言，而不是行动。当一个人被抱怨的情绪和语言围剿时，不但失去行动力，还会失去勇气。让孩子成为对社会有用的人，父母一定要远离抱怨。**

选择娇宠，女儿变成穷孩子

溺爱和娇宠是孩子成长的最大敌人，也是一个人独立性格形成的最大障碍。父母当然不会选择给孩子敌人或障碍，但如果父母选择了错误的教育方式，就等于拱手把孩子交给了敌人，亲手把孩子推进深渊。

有一个富爸爸相信钱无所不能的威力，从女儿上幼儿园开始，一路拿钱为女儿铺路，从中国铺到外国，一路绿灯之后，有一天，当女儿撞上红灯，他才发现：女儿不仅变成了一个地地道道的"穷孩子"，还变成了一个不可救药的坏孩子。

富爸爸的女儿叫明明，任性、自私、自控力差。在幼儿园吃饭，她不想吃的东西，挑出来强行让小朋友吃，不要就摔饭碗；她喜欢吃什么，就从别人碗里抢，不给就打小朋友。老师找家长沟通，富爸爸认为老师多事："不就浪费点粮食吗？我拿钱赔你行吧？"

读小学后，只要老师表扬谁，明明就妒火中烧，立刻把枪口对准谁。很多小朋友莫名其妙地被她踢一脚或打一拳，有的衣服被染上钢笔水或被笔尖捅个洞。老师跟富爸爸沟通时，富爸爸依然用对付幼儿园老师的态度："不就弄脏了几件衣服吗？我拿钱赔还不行吗？"

小学六年级，明明喜欢同班获奥林匹克数学金牌的男孩，那男孩考进某名牌中学，明明想追进同校同班，为了满足女儿的要求，富爸爸花高价送女儿进了名校名班。

读中学后，明明的目光整天聚焦在男孩身上，偶然发现，那男孩喜欢另一个女孩儿，她愤怒至极，选择在楼梯口等待"情敌"。当"情敌"一只脚迈向下一个台阶时，她用力一推，女孩儿摔倒，从楼梯上滚了下去。事发后，富爸爸仍不以为然，不就是几个医药费吗？

明明从富爸爸那里发现，金钱可以搞定一切，从此更加胆大妄为。有一天，她拿钱雇了几个外校高年级女生，围追堵截"情敌"，让她发毒誓不再抢自己的男朋友。

整个初中三年，明明所有的心思都用在对付"情敌"上，结果初中都没能毕业。富爸爸继续拿钱铺路，一直铺到新西兰。

到了新西兰，她因听不懂英语，就拿钱买作业、买答卷，最后升级到拿钱买"乐"，以赌博为乐，以吸毒为乐。

就这样，富爸爸用钱一步步把女儿推进深渊。

孩子进入群体学习后，会面临各种问题。如：独立能力，与人交往，得不到承认或欣赏，遭受打击或伤害，等等。如何引导孩子，父母有多项选择。如果父母相信，钱可以买来一切，摆平一切，选择用钱来溺爱和娇宠孩子，早晚会害了孩子。

因为过分溺爱和娇宠的孩子不但性格脆弱，害怕挫折，而且任性、自私、以自我为中心，好逸恶劳或贪图享受。当欲望得不到满足时，必然做出错误的选择，要么害人害己，要么违法犯罪。从李天一身上，国人无不看见娇宠式教育的恶果。

从进幼儿园开始，孩子不仅面对竞争，竞争带来的嫉妒和仇恨，也面对伙伴之间的暴力，父母选择教孩子什么，孩子自然选择走什么路。

父母拿钱娇宠和溺爱，这一错误的教育模式将教孩子做如下选择：

1. 选择骄横跋扈，因父母有钱给撑腰。

2. 选择任性自私，以自我为中心，相信钱可以摆平一切。

3. 选择天上掉馅饼，不劳而获，因父母给的钱够花几辈子。

4. 选择对抗和拒绝良好的教育，因父母有钱帮着买自由。

5. 选择敌意嫉妒来报复他人，因缺少独立生存能力。

6. 选择放任自我，甘心堕落，因从小被钱摧毁了自控力。

7. 择轻易放弃，因无目标无动力，习惯了躺在钱上睡大觉。

8. 选择暴力或逃避，因缺少责任感，习惯一切靠父母。

父母选择用什么方式教育孩子，孩子就回报父母什么。父母选择娇宠和溺爱，孩子必给父母制造意想不到的问题。父母选择用暴力对付孩子，或教孩子暴力对付他们，孩子必听信父母做出错误选择。

　　包头市某中学班主任在全班40多名同学中做了一个调查："如果有同学欺负你，你将怎么办？"

　　半数以上的学生回答说："打他！"或"跟他拼了！"

　　老师问为什么？谁告诉你的？

　　学生回答："父母教的，父母常说'人在社会上要厉害些，绝不能受一点窝囊气'。"

　　所以，一些中小学生遭到"欺负"后，选择"以眼还眼，以牙还牙"，富家子弟拿钱拉帮结伙实施报复。父母若希望孩子未来能适应社会，独立生活和工作，拥有良好的人际关系，成为对社会有用的人，请做如下选择：

1. 给孩子独立生存的能力。

2. 教孩子仁爱、宽容、敬畏。

3. 教孩子自我克制，培养自控力。

4. 教孩子担当，有责任感，敢对自己的行为负责。

5. 教孩子不抱怨、不妒忌、不仇恨。

6. 教孩子尊重生命，平等待人。

7. 教孩子诚实守信。

8. 教孩子遵纪守法。

　　家庭教育时时处处都会遇到选择，父母选择什么，不仅决定孩子的成败，也决定家庭的兴衰。钱可以买房买地买车买所有的物质，但千万不可拿钱保护孩子或给孩子铺路。

父母的选择，决定孩子的命运

父母用什么态度对待"金钱"，绝不仅仅是一种理财教育，而是对孩子的长线投资，哪怕是摆地摊，也是品尝生活的真实味道，寻找人生的坐标和榜样。

走出家门，孩子会遇到钱；走出国门，孩子不但会遇到钱，还会遇到钱带来的各种冲突和痛苦。中国式的无偿给予，中国式的要啥给啥，等孩子走向世界才发现，中国式溺爱扼杀了孩子的财商和独立能力，让在家里饭来张口，衣来伸手的孩子变成了低能儿。

我有一位生活在中国的韩国朋友，创业十几年，企业越办越红火，她还独创了企业经营理论。但她从不和儿子谈钱。为了让儿子上最好的学校，她花了十几万赞助费。儿子高中毕业没考上大学，要求出国留学，她便送儿子去了英国；还没等儿子到英国，她便在银行给儿子开了账户，一次打进 20 万元。

儿子到英国刚半年就来电告急，她又立刻打入 10 万元。后来，儿子的同学从英国回来，经了解她才知道原来在英国一年的生活费 10 万元就够了。可儿子为什么竟然花了近 30 万元呢？

她决定让儿子独立赚钱，尝尝没钱的滋味，儿子再来电话要钱，她说企业负债，没钱给他，要想读完，自己打工吧。

从那天起，她儿子开始遇到钱的问题。口袋里没钱吃饭，同屋的外国同学轻蔑地说："你那么有钱，连面包都吃不上，我借你一个，但明天必须还。"他去玻璃厂打工，不小心打了玻璃，一分钱没挣来，被罚干了一周的义工。

她三个月不接儿子的电话，直到有一天，儿子发来短信说："妈妈，我挣钱了，能养活自己了，磨难让我学会了独立。"她说那一瞬间，她觉得儿子获得了重生。

孩子早晚要遇到钱，在家里，父母花很少的时间可以教会孩子挣钱管钱，但离开家，遇到钱不但要付出更多的时间，还要付出更大的代价。

孩子不能选择父母，但父母可以选择如何教育孩子；孩子无法选择父母的教育方法，但父母可以选择给孩子最好的教育。

全球最著名的"富二代"，股神巴菲特的儿子彼得·巴菲特写了一部自传《做你自己》。读这本书时，免不了有个疑问：财富大亨巴菲特为什么不向儿子传授赚大钱、发大财的秘诀，而只告诉彼得去选择"做你自己"？

巴菲特给儿子唯一的财富，是教他选择"流自己的汗，吃自己的饭；活着不是为了钱，而是为了做你自己"。

巴菲特选择不和孩子谈钱，只和孩子谈如何"做你自己"。巴菲特把自己的财富和孩子的独立人格完全分开，他只鼓励孩子选择做自己，既不让孩子靠在父亲的背上，也不让孩子站在父亲的阴影下。

父母选择打骂式教育，孩子在打骂中学会通过宣泄释放坏情绪和负能量，学会用暴力解决问题，在日常生活中，从不启用智慧之门。

父母选择放任自流式教育，孩子自然会跟着感觉走，缺少人生的方向感和目标，容易误入歧途。

父母选择离异怨恨，孩子因生活出现空缺而没有安全感；父母选择恩爱互助，孩子因家的温暖而幸福快乐。

选择助人，告诉孩子助人就是助己

钱和利无法分割，当孩子遇到钱，自然会遇到利。利益有大有小，有显性的肉眼看得见的，也有隐性的肉眼看不见的。追逐利益需要选择。为什么钱对有些人来说越花越少，而对另一些人越花越多？钱是怎样流动的？即使在你的银行账户里、银行卡里，它依然在流动，钱为何会流动？

在市场经济的环境下，人与人强调竞争，竞争把人的目光引向看得见、摸得着的利益点上。同时，竞争观念又给人带来诸多错觉和担心，认为竞争就是拼杀、争夺，竞争不需要讲道德；担心传统道德推崇的给予、分享、助人等道德教育，让孩子在未来的社会竞争中吃亏。

生活中随时都会遇到利益，大利或小利，如何选择？以什么做选择的尺度？这是家庭教育的必修课。传统道德教人选择敬人、助人、爱人时，同时赋予哲学智慧："敬人敬己，助人助己，爱人爱己。"道德是双向的、互动的，钱和利也是双向和互动的。

美国有个叫弗兰克的农民，经营着一家农场，他对耕种非常在行，经常在各种农业比赛中获得大奖。每年秋天的种子交易会上，他家的粮食和蔬菜种子卖的价格最贵，即使这样，还经常供不应求。

后来，他年纪大了，决定把农场交给儿子管理。

有一天，他跟儿子交代好了农场大大小小的事情后，非常严肃地对儿子说："还有一件非常重要的事，你一定要牢记在心。每年秋天，无论咱们家的种子多么紧缺，你都要挑一担最好的种子送给邻居们。"

儿子听了很不理解："爸爸，我们家种的粮食蔬菜远近闻名，每年秋天，我们家的种子也是最抢手的，卖的价钱也是最贵的，您为什么放着高价不卖，反而要免费送给邻居呢？"

"孩子啊，你知道我们家的蔬菜和粮食为什么越种越好吗？"儿子摇摇头。

"有一个秘密，现在必须告诉你。因为每年我都把最好的种子送给邻居们。"

"为什么要送给他们，而不卖给他们？"

"你知道风是花粉的媒介，每年植物开花时，风从一片地里把花粉吹到另一片地里。如果邻居用了劣质的种子，劣质种子的花粉被风吹进咱们家的田地，咱家的蔬菜和粮食就长不好了。记住，给邻居好的种子，分享是助人，更是助己。"

这就是弗兰克大叔教给儿子的生财之道。财富从哪里来？来自"学识"。如果弗兰克大叔不懂植物生长的秘密，也许因为爱心会和邻居分享种子，但不会持久地这样做。

道德是双向的，不是单向的只给不收；分享是互利的；不是变少而是变多。弗兰克大叔教孩子分享，传递的不仅是爱心，还有智慧。爱心也许在现实的竞争中受到伤害时，或大打折扣，或让人缩手缩脚；但智慧不同，智慧能超越现实，超越眼前利益，让人看得更远，赋予人高瞻远瞩的能力。

选择智慧，给孩子 1+1 大于 3 的法宝

很多年以前，在奥斯维辛集中营里，一个犹太父亲对他的儿子说："现在，我们唯一的财富就剩智慧了。记住，当别人说 1 加 1 等于 2 时，你应该想到 1 加 1 大于 3。"

纳粹在奥斯维辛毒死了几十万人，他们父子俩却奇迹般活了下来。

1946 年，他们来到美国，在休斯敦做铜器生意。

父亲问儿子："一磅铜的价格是多少？"

儿子答是 35 美分。

父亲说："对，整个得克萨斯州都知道每磅铜的价格是 35 美分，但作为犹太人的儿子，应该说成是 3.5 美元，你试着把一磅铜做成门把看看。"

20 年后，父亲死了，儿子独自经营铜器店。他做过铜鼓，做过瑞士钟表上的簧片，做过奥运会的奖牌。他曾把一磅铜卖到 3500 美元，这时他已是麦考尔公司的董事长。然而，真正使他扬名的，是纽约州的一堆垃圾。

1974 年，美国政府为清理给自由女神像翻新扔下的废料，向社会广泛招标。但好几个月过去了，没人应标。正在法国旅行的他听说后，立即飞往纽约，看过自由女神下堆积如山的铜块、螺丝和木料后，未提任何条件，当即就签了字。

纽约许多运输公司对他的这一愚蠢举动暗自发笑，因为在纽约州，垃圾处理有严格规定，弄不好会受到环保组织的起诉。就在一些人要看这个犹太人的笑话时，他开始组织工人对废料进行分类，然后他让人把废铜熔化后铸成小自由女神像，把水泥块和木头加工成底座，把

当孩子遇到钱 绕不开的财商

废铅、废铝做成纽约广场的钥匙。

最后，他甚至把从自由女神像上扫下来的灰包装起来，出售给花店，不到 3 个月的时间，他使这堆废料变成了 350 万美元现金，每磅铜的价格整整翻了 1 万倍。

在集中营里，这位犹太人的父亲没有哀叹命运多舛，而是和孩子分享数字的智慧："当所有人都说 1+1=2 时，你要想到 1+2 大于 3。"这个数学公式或数学概念，在很多人看来，既不是救命的稻草，也不是发财的工具。但在这位犹太人的父亲眼里却是智慧，能帮人逃脱死亡魔爪的智慧，能帮人发现和创造财富的智慧。后来，他们不断地使用这个小小的数学公式，居然创造出惊人的财富数字。

罗伯特·清崎在《富爸爸，穷爸爸》一书中说："假如你学会了生活这门课，做任何事情都会游刃有余，你会成为一个聪明、富有和快乐的人；如果你学不会，你只会终生抱怨工作、低报酬和老板，你终其一生都希望有一个大的机会，帮你解决你所需要的钱的问题。"

财富智慧藏在生活中，财富无处不在。有很多财富小故事，可以开启孩子的心智，与其给孩子讲一小时的大道理，不如读一分钟智慧小故事。

父母可以根据孩子的年龄到网上搜索，每天花 2 分钟的时间，和孩子分享一个小故事。一周下来，收获 7 个财富智慧；一个月下来，收获 30 个财富智慧；一百天后，收获 100 个财富智慧。

2012 年诺贝尔文学奖获得者莫言，小时候听过 300 多个民间故事，他是带着那些故事走出高密东北乡，最后走向全世界的。和孩子分享智慧，在孩子心中播撒智慧的种子，这些种子总有一天会开花结果。

选择分享，教孩子为智慧保鲜

生活即教育，财富无处不在，关键看父母怎样运用财富资源赋予孩子选择的智慧。韩国有一位父亲创意了独特的教育法。有一次，他给三个儿子提出同一个问题，要求每个人选择并说出自己的答案。

"如果送给你两筐容易腐烂的桃子，你该怎样吃，才能使容易腐烂的桃子不浪费掉一个呢？"

大儿子说："先挑熟透的吃，因为那些容易烂掉。"

"可等你吃完那些熟透的，其余的桃子也要开始腐烂了。"父亲立即反驳道。

二儿子思考再三说："应先吃刚好熟的，先拣好的吃呗！"

"如果那样的话，熟透的桃子会很快烂掉。"

父亲把目光转移到一直沉默的小儿子身上，问道："你选择什么方式吃？你有更好的办法吗？"

小儿子沉思了片刻，说道："我把两筐桃子分给邻居们，让他们帮着我吃，这样就会很快吃完，而不会浪费一个桃子。"

父亲听完小儿子的回答，对他的选择表示十分满意，不住地点头称赞。

这个乐于和邻居分享桃子的孩子就是现今联合国的秘书长潘基文！

潘基文曾在不同的场合讲分享桃子的故事。他的选择为什么得到父亲的赞许呢？因为他选择了人类共生的分享智慧，因为他从传统文化中领悟到，做任何事都有上、中、下三种选择：为大多数人的利益而选择为上策，为一小部分人的利益而选择为中策，为自己的利益而选择为下策。

如果经常想到世界上有很多人需要帮助，你就不会挥霍浪费，就能找到最好的保鲜办法。资源是有限的，浪费是一种罪过，让心灵和食物保鲜的最好办法，不是独享，而是分享。潘基文从小拥有分享的智慧，正是这种智慧将他一步步推上联合国秘书长的舞台。

选择快乐，给孩子金钱买不来的财富

钱能买来食物，但买不来健康；钱能买来房子，但买不来睡眠；钱能买来书本，但买不来知识；钱能买来学具，但买不来快乐。

我在广州演讲时，有一个母亲，见到我就哭，边哭边倾诉："每个来广州的专家讲座，我都来听；凡是书店有的教育图书，我都买。为了让女儿受到好的教育，我在越秀区买了一套价格贵，格局不好的房子。从她3岁开始，我就送她到少年宫学钢琴、绘画、舞蹈、英语，该学的都学了，谁想到，女儿的学习成绩却一直不好，上中学后，竟然四科不及格。我不明白，我投资那么早，付出那么多，为什么女儿会这样？"

"你为女儿做这些时，感到发自内心的快乐了吗？"

"你想，选一个格局不好，价格又贵的房子，能快乐起来吗？再说，每次考试看不到孩子有进步，能快乐起来吗？"

"你给了孩子时间、金钱，还有自己的心血，但有一样特别重要的东西，你没有给孩子。"

"什么东西？"

"快乐！"

"快乐？快乐有那么重要吗？"

"有！当你带着孩子快乐地去做每一件事，快乐地去拥抱新的事物，快乐地与别人分享时，你的心里、脸上洋溢的是幸福和喜悦；当你对孩子的行为不满、抱怨时，你的心里、脸上流淌的是痛苦和泪水！从现在开始，你选择快乐，三年之后，你会收获更多的喜悦。"

"让我选择快乐，比选择房子还难呢！"

"为什么？"

"因为我妈妈从来没给过我快乐。在我童年的记忆里，好像没见她笑过。这是不是遗传呢？"

这不是遗传，是传染。抱怨和不满是一种侵入心灵的病毒，这种病毒一直没有引起医学界的关注，所以我们从来没有制造和寻找治疗的药物；但可以预防，通过启动左脑，激活每个孩子的选择智慧来预防。

一些父母以为自己拼命挣钱，把孩子送进好学校，接受最好的教育，就算尽了父母之责；却不知钱能买的东西很有限，只能买来看得见的各种物质，无法给孩子带来能力、智慧和快乐。

选择快乐，给孩子金钱买不来的财富，从孩子懂说话开始，就要和孩子做选择游戏，孩子天生具有追逐快乐，远离悲伤的选择力。任何事情都有好与坏、喜与忧、乐与悲的两面，如果把两面摆出来，让孩子自己选，孩子百分百不会选错。

　　每次组织孩子的活动，我都留心观察每个孩子的反应。有个小女孩在一次群体游戏中，玩了一会儿就自动退场了，可能她觉得自己不是主角，遭到冷落。为了引起成人的关注，她故意噘着嘴，眼睛里放射出不满的光，躲在一个角落里，一边生气，一边观察和搜索周围人的反应。

　　游戏照样进行，我故意发给孩子饼干，和他们边吃边玩。

　　等小女孩的坏情绪快升级到燃点时，我开始和她做选择游戏。

　　"刚才你不开心，退出游戏不玩了，对吗？

　　"你生气的时候，他们在快乐地玩，还吃小点心和饼干，对吗？

　　"你早晨进来时，欢笑着，特别漂亮，刚才你生气时，噘着嘴，一下子变丑了，你知道吗？

　　"你想和他们一样快乐吗？你想像早晨时那样漂亮吗？

　　"你是一个聪明孩子，你知道该怎样选择。"

　　下一场游戏时，她就主动回到群体里来了。

　　孩子天生知道该选择什么，但需要父母和成人及时的提醒和暗示。随时随地教孩子选择，选择快乐，远离坏情绪。因为智慧和财富之神从不垂青浑身散发怨气的人。

当孩子遇到钱
绕不开的财商

选择"货币"为教具

2011 年，我选择"货币"为教具，给幼儿园和中小学的家长和孩子上财富课。从寻找货币到帮孩子"创建货币王国"，短短的 3 个课时，通过货币带动起语文、数学、历史、地理、外语等多学科的互动式学习，把平时看似离孩子很远的市场学、经济学、金融学、心理学等知识借助货币传递给孩子。

货币天天在我们身边流动，但它却一直被家庭和学校教育排斥在外，因为它的另一个名字叫"金钱"。

中国传统教育不主张和孩子谈金钱。因为我们对钱爱恨有加，心里矛盾，情绪混乱，几乎"羡慕嫉妒恨"俱全，眼睛惊叹"有钱能使鬼推磨"，鼻子高度警惕金钱的铜臭味，怕孩子被诱惑。我们采取隔离法、屏蔽法，结果，蕴藏在金钱世界的学问、智慧和财富，也被我们关在教育的大门之外。英国人和美国人，从孩子 3 岁起就开始传授货币知识。

认识货币，给孩子世界眼光

认识货币是开启财商智慧的方便法门。货币不但和生存需要密不可分，也和财富知识、世界经济紧密相连。经济学看似深奥，但用小小货币就可以敲开经济学、金融学、市场学等诸多专业的大门。

美国人认为，在日常生活里教孩子管理金钱，给孩子正确的金钱观，让孩子从小在运用金钱的过程中学习尊严、独立、选择、责任是人生中最重要的事。所以，美国教育政策委员会为此发表了关于教育需要的声明，确定了财商启蒙和少儿理财教育的目标：

3 岁：能辨认硬币和纸币。

4 岁：知道每枚硬币是多少美分，培养孩子对价值的感知。

5 岁：知道硬币的等价物，知道钱是怎么来的。

6 岁：能计算数目不大的钱，能数大量硬币。

7 岁：能看价格标签。

8 岁：知道可通过做额外工作赚钱，知道把钱存在储蓄账户。

9 岁：能制订简单的一周开销计划，购物时知道比较价格。

10 岁：懂得每周节约一点钱，以便大笔开销使用。

11 岁：知道从电视广告中发现事实。

12 岁：能制订并执行两周开销计划，懂得正确使用银行业务中的术语。

13 岁至高中毕业：进行股票、债券等投资活动尝试及商务打工等赚钱实践。

英国、法国、德国的一些教育机构和媒体还邀请著名经济学家、金融学家和作家为孩子撰写有关货币、财富知识方面的教材。像法国的《货币》、德国的《小狗钱钱》、英国的《货币转转转》，还有《货币上的名人》《货币上的动物》等等。通过这些书，让孩子从多种角度了解货币与经济、政治、商业、文化的各种联系，通过货币给孩子开辟财富的大视野、大格局。

一个人的视野多宽，格局多大，在于他对世界的认知世界有多大。所以，英国人在给孩子讲货币时，会把货币与转动全球经济联系起来。

"什么是货币？货币是交换媒介，我们可以用它买东西。"

"货币是储值手，我们可以把货币存起来，以后用它来买东西。"

"货币是计量单位，可以用货币来表示物品的价值。"

"钱是如何让各国的商品交流互动起来的？"

"钱又是如何让整个世界转动起来的？股票交易、经济贸易、金融市场、创业之路、全球经济等。"

18—19 世纪，转动地球的是英国人的手。

20 世纪，转动地球的是美国人的手。

21 世纪，转动地球的应该是中国人的手。

选择货币为教具，激活多元智能

地球上有哪些货币的载体和等价物？

纸币、硬币、信用卡、支票？

地球上有多少种货币？

货币为什么以世界名人、珍稀动物、植物及著名建筑为图案？

小小货币真的可以为孩子做"数学、地理、历史、外语"的入门导航吗？

钱币是购物和交往的媒介，世界各国的钱币都有自己独特的设计，蕴含各国的历史文化。在地球村时代，通过认识各国的钱币，可以帮助孩子轻松地了解世界地理历史和经济文化。

1. 通过认识钱币，让孩子了解在物品之间有一个媒介叫"钱币"，带孩子走进世界钱币王国。

2. 通过货币做媒介，轻松掌握世界各国的国花、国鸟、国树及世界名人。

3. 借助地图和地球仪寻找货币家园，帮孩子建立初步的地理概念。

4. 通过货币游戏，让孩子尝试买卖和货币兑换，帮助孩子了解钱币的用途和价值。

5. 通过认识货币，了解世界各国的历史地理。

小小的货币里，不但蕴藏着丰富的学问，还集合了世界宝藏。比如，美元从 5 美分硬币到 100 元纸币的图案连接起来就是美国的简史。如 100 美元面值上的人物富兰克林，他是 18 世纪美国最伟大的科学家，著名的政治家、文学家和航海家。他一生最真实的写照是他自己所说过的一句话："诚实和勤勉，应该成为你永久的伴侣。"

读货币上的人物，由此认识各个国家的名人。

读货币上的动物，由此认识世界上的濒危动物。

读货币上的植物，由此认识各个国家的珍奇植物。

读货币上的建筑，由此认识世界上的经典建筑。

读货币上的花鸟，由此认识各个国家的国鸟国花。

以货币为媒介，激活孩子的求知欲和学习乐趣。通过货币帮孩子构建"联动世界地理和历史"的学习模式。

选择货币为钥匙，开启数学之门

一些孩子学数学困难，父母总觉得是孩子大脑不灵光。世上有数学天才，但那是万人挑一，多数人要靠训练，训练的方式不当，孩子会厌倦数学。

让孩子喜欢数学，必须让孩子感到数学有趣；有趣的事物都在生活中，都具有流动变化的特点。所以，带孩子走进"货币王国"，根据不同年龄的孩子的特点，以兑换货币的方式，和孩子一起做数学游戏，以货币为载体进行财商启蒙，试一试，你就会发现，这种学习方式，可以一举多得。

古今中外的钱币多种多样，与钱币有关的数学课不但丰富多彩，而且趣味无穷。以流通的人民币为例，家长可以和孩子一起来讨论与钱币有关的各种问题：

A——认识硬币的面值：1角、5角和1元。同时，记住图案，玩快速记图游戏，训练孩子的记忆力。

B——认识纸币的面值：1角、2角、5角、1元、2元、5元、10元、20元、50元和100元。同时记住图案。到网上搜索有关图案的故事，延伸孩子的思维触角。

为什么货币的面值里没有3、4、6、7、8、9这些数字呢？

这个问题，孩子一定非常喜欢，用硬币、纸币和孩子一起做数学游戏，跟孩子一起寻找答案。

和孩子做数字组合游戏，让孩子研究1、2、5怎样变成3、4、6、7、8、9。

$3 = 1+2 = 1+1+1$

$4 = 1+1+2 = 2+2 = 1+1+1+1$

$6 = 1+5 = 1+1+2+2 = 1+1+1+1+2$

$7 = 1+1+5 = 2+5 = 2+2+2+1 = 1+1+1+2+2$

$8 = 1+2+5 = 1+1+1+5$

$9 = 2+2+5 = 1+1+2+5 = 1+1+1+1+5$

这组数字的结果回答了前面提到的问题：为什么货币的面值里没有3、4、6、7、8、9这些数字呢？

　　货币上的面值是一组与实用数学有关的组合。人们通过数学计算发现在实际应用中 1、2、5、10 元面值的货币，能够组成所有数额货币换算找零的最小面值差额，而 20、50、100 等大额面值货币组合则更加方便了实际生活中的现钞使用。

　　告诉孩子印刷钞票也需要很高的成本，同时还需要很多的人力，所以国家印钞票尽量做出最优化的方案，只印刷最必需的面值。

　　第一组游戏玩完了，和孩子玩寻找 50 元面额的钱币兑换成若干张 1 元、2 元、5 元钞票的多种方法。

　　带孩子走进"货币王国"，以货币为师，和孩子一起行走天下，让小小的货币引领孩子构建"地理＋经济＋历史＋文化"的世界财富圈。

选择"超市"为课堂

超市是一个商品集散地，信手拈来的购买方式，以及仿佛所有商品都属于你的亲近感，让人购物欲望大增。可口袋里的钱有限，在众多可自取的商品面前，如何选择，如何管理欲望，超市可谓最好的课堂。

雨奇第一次进超市，兴奋不已，提着一个大篮子，满超市转，不一会儿，篮子就装满了。结账时，我给她50元钱，让她自己结账，她篮子里货物的总价是115元。结账员让她从篮子里挑出65元的商品，她犹豫着伸手摸摸这个，放回篮子里，摸摸那个，又放回去，足足折腾了大约5分钟才结完账。

回家的路上，她闷闷不乐。

超市里的货品让孩子眼花缭乱，欲望膨胀，选择什么、舍弃什么很折磨人。哪些东西该买，哪些不该买，拿有限的钱，怎样满足无限的欲望，如何制订购物计划，如何限制和把控孩子不乱花钱，走进超市这些问题全来了。

超市开放式和自助式取货模式，时刻在挑战孩子的自控力和选择力。购物即学习，如何把超市购物变成财商启蒙，只需要父母花一点时间，做一点准备，有一点耐心，把每次去超市都当作帮孩子长学识、长财商的机会，教孩子在购物中学会计划和选择，学会取舍和自我管理。

第二次带雨奇去超市，我让她列一个购物单，不超过60元，每一项都写出购买理由。她不愿意写，说脑子里都记着呢。结果，结账时，这次选的商品总价只超出8元钱。在结账台边，她求助似的说："我特别喜欢那个小杯子，只有8元钱，你出钱帮我买了好吗？"

我知道，这次选商品时，她不但认真看了价签，边选还边做计算，8元钱小杯子是她的一个计谋，试探说服能否成功。

雨奇的行为给了我很大的启示：原来孩子会节制自己的欲望，关键在于父母怎样引导。后来，我创造了一系列的方法，并跟很多父母分享。

走进超市前，先准备一些单据，让孩子认真填写：

1.购物单：购物单可以根据你的"吃穿住行"四件事或学习用品划分区域填写。比如：吃——食物单，穿——服饰单，住——用品单，行——旅行单等等。购卖物品和价格可与父母商量填写。

2.预算单：每月的大型购物活动，去超市前，父母和孩子一起做经费预算，让孩子帮忙填写预算支出表格，这样可以快速激活孩子的左脑，通过写物品名称和做经费预算，在纸上训练管理能力。

3.记账单：每次回来，要计算购买各项物品付出的金额，根据孩子的年龄选择计算方式，用笔计算或计算器均可。比如：1条毛巾（5元）+1盒饼干（15元）+1双鞋（30元）=50元。

4.分析：在记账和分析的过程中，把孩子的期盼、游戏、实物变成一个快乐的数学游戏，通过购物学会理财。

这个方法很简单，从孩子读小学一年级开始，通过填单可以把数学、语文课学的知识连接起来，让孩子学会在生活中应用。

超市集合了全世界各国形形色色的商品，购物是最好的财富教育活动。去超市，一定不要错过这个世界级别的创意财富课堂。货架上的每个商品，可以说都是创意作品，商品的色彩、形状，商品包装上的图案设计，精美、时尚，吸引眼球。

对于幼儿和小学生，可以把商品名字、价格、柜台摆放方式当作最好的创意教材，引导孩子去发现商品美学和生活美学。

1.买商品，学语言。读商品名称，学习母语，学习外语，每个商品都有两种语言标注。比如买苹果、柠檬、芒果、樱桃等水果，一遍用中文说，一遍用英文说"apple、lemon、mango、cherry"等。这样既复习了课堂外语知识，又在生活中实际应用过。买一样商品，一定要查找字典，记住商品的英文名字。

2.买商品，学数学。每个商品都有标价，先说出商品价格，然后一边选商品，一边做计算，调动左脑快速运算的能力。同时，调动右脑的联想力和照相记忆，右脑记录商品图片，左脑计算商品价格。

3. 买商品，学理财。进超市，先调查，看哪些商品有打折。按原价一斤苹果只能买 4 个，打折后可以卖 6 个，让孩子先到各个货架做调查，把调查结果告诉父母，再和父母一起做出选择，快速列出清单，提供给父母参考，做家庭购物的高级理财参谋。

4. 买商品，学创意。财商启蒙不但要开发左脑计算、管理的能力，也要开发右脑的创意思维，在购物中学习创意，让左右脑互动起来。父母可以设计各种和孩子一起玩的创意游戏，让孩子选出自己最喜欢的商品创意，并说出理由。然后，和父母一起绘制超市课堂创意商品游学图。

"超市"本身就是一个创意媒介，走进超市，在购物中学习，孩子会获得意想不到的财富：

1. 选择和做决定的能力，培养孩子的自信心。

2. 帮助孩子认识金钱是有限度的，要购买必须做出选择。

3. 教孩子认识价签，商品产地、保质期和原材料。

4. 引导孩子进行购物分析，比价。

5. 训练在多种诱惑的购买环境中量入为出。

金钱和人如影随形，怎样攒钱、花钱，理财需要从小学习。在家里，要求孩子主动向父母提家庭财富管理建议，帮助父母查找相关资料，制订家庭财务、旅行管理计划，鼓励孩子帮忙管理家庭财务：列表、记账、创意家庭购物单和账单等等。

在生活大课堂里获得的本领和学识可终生受用，因为它储存并内化成生命能力。不论学什么，一旦转化成某种能量，就可以成为终生携带的财富。

选择"大自然"为老师

我经常带孩子到大自然里，捡拾种子或移栽小树，让种子和树木告诉孩子：成长和成功都需要时间，等待和坚守是所有生命的成长之道。

生活中有很多人抱怨命运不公，习惯把自己的失败归罪于他人，甚至爹娘，"拼爹"拼不过就轻言放弃，不论做什么都希望立等可取：

今天投资，明天就发财；

今天开店，明天就赚钱；

今天亏本，明天便放弃。

美国著名成功学大师拿破仑·希尔说："穷人有两个非常典型的心态：一个是永远对机会说'不'，一个是总想'一夜暴富'。"

这种心态和习惯导致很多人失败，原因是早期教育中缺少一种来自大自然和生活的启蒙，缺少在漫长的等待中学会坚持不懈地做一件事。

到哪儿去找这样一位老师，不需要花一分钱就能激发出孩子的好奇心和求知欲，不需要任何言辞就能教会孩子耐心做一件事。

在大自然里，随处可以遇到这样的老师，它的名字被称为"种子"。

一粒橡树种子和千万座森林

曾经有科学家做过两个实验：把种子埋在瓦砾之下的土里，按时浇水，种子居然顶着巨大的压力，从瓦砾下钻出来；把种子和泥土一起装进坚硬的头盖骨里，按时浇水，种子能以惊人的力量，将头盖骨分开钻出，生长、开花、结果！

2010 年上海世博会上，英国人展出了创意的晶莹的蒲公英花似的种子圣殿：

在 6 万根透明的白色亚克力管子里装了 48 万粒种子。以此让人们重新认识种子带给人类的智慧和财富，唤醒人们对大自然的尊重。

英国教育家赫伯特·斯宾塞在《快乐教育》一书中写了这样一段故事：

> 有一天，我告诉小斯宾塞要送给他一件非常有趣的礼物，但必须猜一猜才能得到。
>
> 是什么呢？巧克力？弹子球？夹心饼干？
>
> 不，都不是。我送的礼物在白天和夜里都会发生变化，并且随着时间的推移，这件礼物会变出一些很有趣的东西来。
>
> 小斯宾塞急不可耐地打开礼物，一看，原来只是一些形状和大小不同的植物种子。
>
> "别小看这些小颗粒，它们会在你的手中变出惊人的东西来，但需要时间和耐心。"
>
> 接下来的一个下午，我和小斯宾塞在后花园里用小铁锹把土翻开，把种子分类撒在土里。左边是西红柿，右边是莴苣，中间一个小圆圈是青椒。然后在旁边竖了一块牌子："小斯宾塞的农田"。
>
> 时间一天天过去，小斯宾塞经常跑到农田看变化。但土地非常平静，似乎什么也没发生。小斯宾塞有些等不及了。
>
> 我告诉他，种子发芽生长需要时间。一座钟，时针从早走到晚，每小时当当地响一次，这就是时间。
>
> 种子种进地里，直到有一天它们从土里冒出来，也需要时间。但只要你等待、坚持，它们一定会出现。
>
> 果然，有一天，小斯宾塞惊喜地大喊大叫："它们冒出来了，它们冒出来了！"

自然界的许多事物与人世间的道理是相通的。为什么种子会在春天发芽？为什么它们需要漫长的时间？为什么它们需要空气、水和阳光？这些知识不仅和植物相关，和人的成长有关，也和成功学有关。不论做什么都需要有时间，做一顿饭，烧一壶水，完成每一件工作都需要耐心和等待。

现代人做事不专注，没有耐心，急于求成，很容易放弃，最重要的原因就是童年缺少体验和亲证。比如，等一粒种子发芽、等一锅水烧开等。这些小事既考验耐心，又挑战坚持力。

胡萝卜种子和一个孩子的坚守

有一本小书叫《胡萝卜种子》，全书只有30页，每页最多只有3句话。但这本书却被美国教育机构推荐为小学生必读图书。书里描述一个小男孩在花盆里种了一颗胡萝卜种子，天天精心管理，盼胡萝卜长出来，时间过去一个月，也没见胡萝卜的影子。

> 爸爸说，别再费心了，它不会长出来。他依然浇水。
>
> 妈妈说，别等了，它不会长出来。他还是天天观察。
>
> 哥哥说，明明知道它不会长出来，你为什么还坚持呢？
>
> 两个月过去了，小男孩精心管理的胡萝卜终于长出来了。

种一棵胡萝卜，让梦想成真。小男孩坚守梦想，亲力亲为终于种出胡萝卜的故事，长出来的看似只是一个胡萝卜小苗，但它真正的价值是在播种和培育过程中，让一个孩子学会耐心等待，赋予孩子不放弃、不动摇的坚定信念，这是一笔看不见的资产，一笔终生可以享用的财富。

鼓励孩子想到了就去做，种一棵胡萝卜或朝天椒，让孩子在经历等待、打击和挫折中学会坚持，坚持力是无形的财富。

鼓励孩子把梦想变为行动，空想和空谈浪费时间，只有行动才会有所作为。"精神变物质，物质变精神"的哲学只有通过实践，在体验中孩子才能领悟其深奥的道理。

和孩子一起种棵摇钱树

在都市孩子的眼里，钱是藏在银行的取款机里、藏在父母口袋里的信用卡里的，只要刷一下，钱就自动出来。这就更需要家长带孩子一起种一棵摇钱树，发现"种子"的价值。

> 很久以前，有一个诚实勤劳的农夫，有一天他遇到一个白发白

眉白胡须的老人，老人给了农夫一颗种子，叫他每天挑七七四十九担水浇灌，每天要在水面滴七七四十九粒汗珠，当树快开花时，还要滴七七四十九滴血。

农夫接过种子，照着老人的话做了。结果，在他精心培育下长大的树，竟然是棵摇钱树，只要轻轻一摇，便能掉下铜钱来。

后来，很多人听说此事，来找农夫，要看他的摇钱树。农夫没让看，他把摇钱树编成歌谣和谜语，唱给来的人听：

摇钱树，两枝杈，

两枝杈上十个芽，

摇一摇，开金花，

创造幸福全靠它。

我曾在很多城市演讲时和父母们讲过这个故事，并一起寻找生命的摇钱树。在北京航天幼儿园，有一次，我给孩子讲完这个故事，让孩子们猜谜底。没想到，这个故事极大地激发了4岁孩子的想象力。

"谁知道农夫说的摇钱树是什么？"

孩子们兴奋起来，然后就开始乱猜：苹果树、梨树、桃树等。

摇钱树的答案是现成的，但我不能告诉孩子。

不论是家庭教育，还是学校教育，答案不重要，寻找答案的路径和过程最重要。当孩子脑子里装满问号的时候，大脑的所有神经细胞都处于最活跃的状态，如果轻易地得到答案，孩子脑子里的各种问号，立刻会变成一个大大的句号，覆盖兴奋着的问号，锁住大脑，求知的乐趣顿时减半。

追问和猜想是激励孩子探究寻找最简单有效的方法。要让孩子自己找答案。对于4—6岁的孩子，找出摇钱树的答案并非容易，这就需要家长和教师创意教学方法，启发和引导，最后让孩子自己揭秘，这样可以训练孩子的思考能力，同时给孩子成就感。

"到哪儿去找农夫说的摇钱树呢？"

"现在，请小朋友们闭上眼睛，伸出手来，把手轻轻地按在纸上，拿起笔，沿着手的边缘画线，先画左手……好，再画右手。"

　　"两只手都画完了吗？请睁开眼睛，拿一支粗一点的笔，画一条粗粗的线，把刚才画好的两只手连起来。"

　　孩子们一一照着做了。

　　"大家仔细看看，你画的两只手像什么？"

　　"像一棵大树。"

　　"再仔细数数，你的大树上有几根树杈？"

　　"10 根树杈。"

　　"农民种的摇钱树有几根树杈？"

　　"也是 10 根树杈。"

　　"快来找一找，你的摇钱树长在哪儿？"

　　一个小男孩站起来："摇钱树长在我的手上。"

所有的孩子顿时恍然大悟：我也有摇钱树。他们把手举得高高的，展示自己的摇钱树。用手画摇钱树，和孩子做一个画画游戏，在游戏中，让孩子自己发现和领悟，找到摇钱树的谜底。

这个寻寻觅觅的求知过程，一定不能省略；省略了，孩子就不会动脑琢磨，也不会思考。轻易得到答案的孩子，就会变懒。

原来，我们每个人都有一棵摇钱树。

原来，财富是靠劳动创造出来的。

"勤是摇钱树，俭是聚宝盆。"这是中国古老的财富智慧，但它永远不会过时。不管今天用电脑、磁卡，还是别的科技手段管理金钱，摇钱树都不会变，就是我们的双手。

美国人让孩子帮助父母做家务，比如修茸草坪、倒垃圾、洗碗等，然后付给孩子钱，要求孩子做收入账单，用自己劳动换来的钱买喜欢的文具或参加朋友派对。钱是通过劳动得来的，劳动要靠双手，懒得动手，钱不会从天上掉下来。

财富教育不需要生硬的理论，也不需要深奥难懂的经济学、金融学的名词，只要和孩子一起种一棵"摇钱树"，就等于给了孩子一把财富钥匙和一笔终生携带的资产。

1. 准备一个小花盆。

2. 买一袋朝天椒种子。

3. 让孩子仔细观察种子，说出种子的形状、大小、颜色。

4. 让孩子自己数出 10 粒种子，播撒在土里。

5. 按时浇水、观察，报告情况。

6. 等种子破土，数一数长出的秧苗，然后和孩子一起做一道数学题。10 粒种子，种进土里，长出 5 棵，丢了几棵？

7. 观察朝天椒开花、结果的过程，进行拍照记录。

8. 等朝天椒红透了，摘一个打开，和孩子一起数里面的籽，同时算一笔账：1 粒种子，长出 5 棵秧苗，一棵秧苗结 6 个尖椒，1 个尖椒里有 20 粒种子，算一算，1 粒种子能生出多少个尖椒？一棵小小的朝天椒，就像一棵摇钱树，1 粒种子撒进去，就能长出很多很多朝天椒……

这种近乎游戏式的学习，符合孩子的心理需求，因为只要动手参与，就能从植物的生长中，直观获取到经验。这样做既能激活左脑的聚合思维，学会计算推理，又能激活右脑的发散思维，在参与中自然调动孩子的想象力和创造力；同时，轻松自然地把减法、加法、乘法带进生活的经验里，让财富教育变得生动有趣。

钱从哪里来？世上什么能生钱？和孩子一起种棵摇钱树，从生活中体验和领悟衍生的智慧。

选择"吃穿住行"为载体

让孩子学会管钱，从餐桌开始；让孩子少花冤枉钱，从怎样买穿戴衣物开始；让孩子做计划和预算，从如何住和行开始。

人一生面对各种选择，成功来自正确的选择，而选择能力来自早期生活中所受的教育。在日常生活中，如何引导孩子自主选择和做决定？

从"吃、穿、住、行"四件事开始。

"吃"遇到钱时，人最容易贪婪，因贪吃而选择挥霍和浪费。

"穿"遇到钱时，人最容易奢靡，为满足虚荣心选择不惜血本包装。

"住"遇到钱时，人最容易炫富，为证明富有常常选择炫耀。

"行"遇到钱时，人最容易混乱，因"行"需要确定目标后选择路线。

人生这四件事一刻都离不开钱。小时候，如果父母以"吃穿住行"为载体，给孩子独立选择的机会，鼓励孩子自己做决定，并承担决定带来的后果，让孩子看见钱在生活中怎样流动，如何用口袋里有限的钱，满足更多的需要，这样的选择训练，不但能增加孩子的判断力、责任心和行动力，还能教会孩子在众多选项中做出最佳选择。

吃的选择——餐桌上的财富

吃饭是天天重复的事，也是全家人团聚的时刻，餐桌是父母教孩子选择和传递财富的最好课堂。

父母经常问孩子：你想吃什么？

如果孩子点的菜家里没有或买不起，孩子开始抱怨家穷，父母跟着抱怨孩子不懂事，于是抱怨开始流动。所以，父母在让孩子选择前，一定要做思想准备。

问孩子吃什么，等于让孩子选择，可孩子选择的食物如果家里没有，或一时买不到，或没有钱买，父母该怎么办？

> 雨奇小时候，每次问她想吃什么，她不是点电视广告上的食物，就是点"天下美食"上的菜谱。比如她点"狍子肉"或"黄花鱼"，而家里没有，我就反问："你是想吃山珍海味，品尝山上的珍奇和海里的宝物对吗？"

> 她的眼睛告诉我，她被"山珍海味"四个字吸引了。"那让我找一找，变一变"。等我把木耳和海带端到桌子上时，她呆住了：这哪是狍子肉和黄花鱼？

> 可它们都是山珍海味呀。今天，咱们找一找家里有多少山珍海味。

孩子乐于参与调动想象力的活动，如果父母把小餐桌变成大课堂，孩子就能从小饭碗里看见大世界。我经常建议年轻父母以餐桌为课堂，至少给孩子上 5 种必修课。

1. 餐桌上的自立课：选择孩子独立进餐

1 岁至 1 岁半时，孩子开始喜欢自己用汤匙喝汤吃饭。孩子想自己进食是独立的标志，标志对"人格独立"的向往。自食其力不是从大学毕业开始，而是从自己用餐开始。日常生活中，很多父母端着饭碗追着孩子喂食，剥夺了孩子自主进食的机会和能力，从根上养成被动依赖、偏食、挑食的坏习惯。餐桌上对孩子的这种迁就，不仅会影响孩子摄入全面充分的营养，更可怕的是会让孩子养成任性、自私、缺少自控力等人见人厌的性格。

2. 餐桌上的数学课：创意幼儿数学游戏

有些孩子上小学后，学数字计算常常遇到困难，原因是入学前大脑里没有储备足够的数的概念，没有受过相关训练。餐桌上有很多的数学题，饭前父母让孩子摆餐具，饭后让孩子收拾碗筷，可在游戏和劳动中，轻松自如地学习数学。

A. 教孩子数数：数一数就餐人数，根据人数，放多少把椅子，摆多少筷子、盘子、碗、杯子、勺子、刀子、叉子等，然后做相加或相减。

B. 教孩子归类：给餐桌上的食物归类，如水果、蔬菜、肉食、点心、主食、干果等，激活孩子的左脑。

C.教孩子秩序：餐桌上菜也有秩序，先上什么，后上什么，有约定俗成的规矩，也有养生科学排列的秩序，凉菜、热菜、汤、酒水、主食、水果，哪个先上，为什么？

餐桌上的数学既是游戏，又是家务劳动，既轻松又不露痕迹地教孩子学数学。

3.餐桌上的财务课：帮父母计算家庭开销

吃时刻离不开钱，吃什么和怎么吃大有学问。餐桌上的财务谁来管？如果孩子上小学了，父母可以郑重地请孩子来帮父母管餐桌上的财务。这是一个看似琐碎复杂又麻烦的工作，父母怕耽误孩子学习，浪费时间，不愿意让孩子来管。殊不知，如果父母花一点时间，和孩子一起计算餐桌一周的花销，然后列一个账单，可以极大地激发孩子学习数学的兴趣。生活中的数学是流动而富有活力的，不是书本上抽象的符号，有形有象，可视可闻可触摸，容易记忆。

A.餐桌上账单：早餐＋中餐＋晚餐，每人每顿花销 × 人数 × 一周7天。

B.菜篮子账单：以一周为计算单位，根据餐桌上的账单设计菜篮子购物计划，然后带孩子走访三家超市，进行价格和食品质量比较，最后确定菜篮子购物单。

每次进超市，我都做调查，发现年轻父母带孩子进超市只做最简单的事：自己买东西，孩子跟着玩，给孩子买几样好吃的就回家了。带孩子购物可以激发孩子多学科学习兴趣，餐桌和菜篮子里有数学，有财务管理，有经济学和金融学，如果父母意识到这一点，就会创意出各种方法教孩子。

4.餐桌上的道德课：选择环保光盘行动

人以食为天，古今中外流传着餐桌上的道德。中国传统家庭餐桌上的道德课可谓"1首诗＋1个故事＋1碗福根"。

一首诗："锄禾日当午，汗滴禾下土；谁知盘中餐，粒粒皆辛苦。"

一个故事："千人糕"的故事，让孩子尊重他人的劳动，不浪费粮食。

一碗福根：不让孩子剩饭，吃干净每一粒粮食，目的是保住自己的福根。

我有个德国朋友，每顿饭前，必和孩子一起站起来，很庄严地说："感谢上帝赐予我们食物！"通过这个小小的仪式，每天提醒自己珍惜大自然馈赠的一切。

受过这样教育的人不会奢靡，更不会挥霍浪费。

从孩子 5 岁开始，英国父母就教孩子哪些是经再生制造的"环保餐具"，哪些塑料袋可能成为污染环境的"永久垃圾"。外出郊游时，指导孩子自制饮料，尽量少买易拉罐等现成食品，如何节约用水用电，让孩子懂得"滥用资源即意味着对环境的侵害"。

5. 餐桌上的礼仪课：选择进餐礼仪

中国文化讲究"吃相"，吃相是教养。吃相是餐桌必修课，要从小在家里修这一课。吃相好，彬彬有礼意味着有家教，与人交往受欢迎；吃相不好，狼吞虎咽，不顾及别人意味着没家教，影响人际关系。所以，中国古代特别重视进餐的礼仪训练和学习。

英国家庭，在孩子两岁时，就开始系统进行用餐礼仪训练，4 岁时基本学会了餐桌上所用的礼仪。英国家庭至今保持着这一教育传统。

穿的选择——服饰上的财富

小的时候，孩子穿什么是父母给选；上中学后，孩子有了自己的审美和对时尚的追求，喜欢自己选。淘宝的出现，网上购物给了孩子以新的选择空间和平台。如何教孩子选择穿？这里大有学问，汇集市场学＋数学＋美学＋心理学。

为什么同样的衣服在南方买 100 元，到北方买要 200 元？

为什么同样的衣服在淘宝网上买更便宜，而在商场买要贵？

为什么年轻人喜欢追名牌？市场假名牌泛滥？

在购买衣服时，父母和孩子一起探讨这些问题，让孩子了解穿的学问，从购物中学会观察社会变化，市场行情，流行走向，给孩子大视野大格局。通过"穿"了解市场学、美学和心理学。

算一算，从春到夏你身上的财富：春装＋夏装＋秋装＋冬装的总价。

算一算，从头到脚你身上的财富：帽子＋围巾＋上衣＋裤子＋袜子＋鞋子的总价。

算一算，从小到大你身上的财富：从 1 岁到 18 岁，你穿的大小服饰的总价。

通过这样的计算游戏，帮孩子建立立体思维，把目光从点、线、面引到一个立体运行的思维轨道。

住的选择——房子里的财富

比起吃和穿，房子里的财富可以让孩子了解更多金钱流动走向和社会不断推出的各种创新产品。

在曲阜农村一所小学的调查中，我发现孩子的选择根据钱的数量不断变化方向。当你有 10000 元钱，你会做什么？在这个选项里，很多孩子选择给家里装修或买电视、冰箱等大物件，这说明孩子关心家的建设。激发孩子的责任感可以从算一算房子里的财富开始。

让孩子列一张现有房子里的账单，联系大数字的计算：

1. 房子的总价：多少平米乘以现价。

2. 各种物品的总价：柜子 + 沙发 + 桌椅 + 冰箱 + 彩电 + 电脑等总价。

3. 房子里的财富总价：房子 + 物品的总价。

同时，让孩子想象 10 年后房子里的财富，列一张想象中的财富清单，不要限制孩子的想法，让孩子把能想到的尽情地写出来。财富大亨巴菲特 7 岁时写出"我未来财富的一大串数字"，后来，他用行为兑现了。孩提时的想象一旦成为求知和获取财富的动力，就势不可挡。

行的选择——行走中的财富

每天行走都遇到钱，行走和目标、路线、工具密切联系在一起，只要出行，就一定会和钱打交道。中国有句古话叫"穷家富路"，为什么出门要富路，因为"行"中有出乎意料的变数，所以，"行"中遇到钱最容易纠结。因此，从小就要训练孩子行的选择：

1. 选择目标：近距离的目标和远距离的目标。

2. 选择路线：省钱 + 省力 + 省时 + 省工。

3. 选择交通工具：行走、骑车、坐公交、乘出租、乘火车、乘飞机。

网络经常推出"最省钱的环球旅行"，让孩子上网搜索一下，在了解旅行线路时了解地理和历史，同时学会花最少的钱去最多的地方，享受最好待遇的行走学习。

　　美国父母鼓励孩子做生意，买卖图书和玩具，不是要求孩子都去选择经商和当老板，而是通过做生意的方式培养孩子的多种能力，因为做生意需要动用智商、情商和财商。即使卖一筒饮料或一盒火柴这样小的一个买卖行为，也涉及"沟通、选择、计算、决策、讨价还价、承受失败、承受风险压力"等多项训练。

　　以"吃穿住行"为载体，可以赋予孩子一箭多雕的选择智慧。在日常生活中和钱打交道，获取的财富能力可终生受益。

孩子的 100 种选择

面对同一件事，孩子和成人的选择不同，孩子的选择背后藏着很多秘密，每个秘密里都写着孩子的心思、意愿和希望。读懂孩子的选择，就能读懂孩子。

从出生到 18 岁，遇到钱，孩子会做出至少 100 种选择，但归结起来，不外乎三大选项。

第一选项：买，还是不买，为什么？

雨奇两岁多，就知道有一种东西叫"钱"，知道拿钱去商店取东西叫"买"，买什么，不买什么都由我和爸爸说了算。但很快她发现，凡是买吃的和玩的，我们常常听她的。所以，再进商场，她就点各种吃的，或各种玩具，买的欲望不断膨胀。

有一次，她选了一个非常贵的洋娃娃，我说不能卖。

她问为什么。

我脱口而出："太贵了，买不起"。

她刨根问底："为什么买不起？"

"我没有那么多钱？"本想这样一说她就放弃了，没想到，她变着法子来说服我："你口袋的钱不够，家里有，咱们回去取吧。"

这时，我突然意识到，遇到钱和买东西的事，不该简单地拒绝孩子或草率地应付，这样做看似省事，但会留下隐患，因孩子知道家里明明有钱，父母却撒谎，说买不起，这种行为必定要给孩子带来不解和困惑。跟孩子讲不买的理由，不但需要父母做出正确选择，更需要耐心地跟孩子沟通。

103

我蹲下身，看着雨奇的眼睛："刚才我说错了，咱们不是买不起。你说得对，家里有钱，但咱们不需要买它。"

"你不需要，我需要啊！"孩子很善于发现成人思维和语言的漏洞。

"我知道你需要，你不仅需要洋娃娃，还需要小钢琴、新疆鼓那么多玩具呢！一个洋娃娃120元钱，如果120元能买10种你没玩过的玩具，你选择买什么？"

雨奇想了想："买10种没玩过的玩具。"

通过这件事，我发现，对于3岁的孩子，钱不是单纯的货币，钱一旦和"买"的选择联系在一起，不但挑战孩子的判断力，也挑战父母的选择力——选择用什么方式和孩子沟通，选择站在什么立场跟孩子对话。

遇到钱和买东西的事，父母一定要通过各种方式告诉孩子：为什么这样选择。孩子渴望父母说出不买的理由，以及家庭开销计划，最怕听父母用"买不起"和"没有钱"来搪塞。

"买不起和没有钱"是父母拒绝孩子要求常用的挡箭牌，但这个做法仅挡住孩子一时的欲望，从根本上对孩子没有任何帮助。相反，这样做会给孩子制造出自卑感和怨恨，把自己的不快乐归结为"没有钱"，这种怨恨积累多了，早晚会让孩子成为钱的牺牲品。

第二个选项：钱做什么最有价值？

当孩子遇到钱，孩子会怎样选择呢？我曾跟很多孩子做过这样的一项选择调查：假如你有100元，你会做什么？假如你有1000元，你会做什么？假如你有10000元，你会做什么？

在写这本书的日子里，山东曲阜王庄镇康桥小学校长孔庆华，在87个孩子中帮我做了这项调查。调查的结果再一次证明孩子选择的背后写着成长的需要、爱心和责任。

A.当孩子遇到100元钱的时候，他们的选择很少，而且非常接近。购买学习用具和储蓄是多数孩子的选择。

在87个孩子中，有56个孩子选择购买学习用品，有10个孩子选择攒起来，有 6 个孩子选择给妈妈买衣服，有 6 个孩子选择给自己买衣服，有 2 个孩子选择给教师、父母购买节日礼物，有 4 个孩子选择捐助留守儿童，有 3 个孩子选择给家人买东西。

B. 当孩子拥有 1000 元钱的时候，孩子的选择增多了，并且拉开距离。储蓄和捐赠变成孩子的首选。

在 87 个孩子中，有 22 个选择到银行存起来，有 8 个选择交给家长，有 14 个选择给爸爸妈妈买生活用品，有 4 个选择捐助贫困学生图书，有 10 个选择捐助希望工程，有 4 个选择购买零食，有 4 个选择购买学习用品，有 3 个选择帮助救灾，有 10 个选择购买衣服，有 2 个选择给家人看病，有 6 选择买手机。

C. 当孩子拥有 10000 元时，他们的选择项目增多，眼界开阔，思路广，爱心被激活，想捐助和帮助家庭解决问题的孩子多了起来。

在 87 个孩子中，有 18 个孩子选择捐助希望工程，14 个孩子选择攒起来，12 个孩子选择购买家具，16 个孩子选择购买电脑，2 个孩子选择给班级购买学习用品，6 个孩子选择交给家长，6 个孩子选择给父母购买生活用品，6 个孩子选择给家人购买衣物，2 个孩子选择装修家，2 个孩子选择给家人治病，1 个孩子选择开个小卖部做生意，2 个孩子选择去迪斯尼游玩一趟。

第三个选项：花销计划和家庭收入

父母要和孩子一起谈论商品的价钱，以及花销计划和家庭收入。如：买一根冰棍儿要多少钱？一支笔多少钱？一个水杯多少钱？

从这些天天碰到的小钱中让孩子了解家庭的花销。通过谈论价钱，让孩子逐渐明白 1 瓶矿泉水 1 块钱，很容易买，但要买一个电动玩具需要攒几个月的零花钱。

父母可以设计制作玩具货币，让孩子了解家庭收入和开支项目。对读小学的孩子，可以告诉他爸爸妈妈的月收入，并列一张清单告诉孩子钱的去向：

1. 全家人吃、穿、住、行四件事的花销账单；

2. 家里购置各种物品的花销账单；

3. 孩子的学费和各种学习用品费，以及每月的零花钱；

4. 家庭对外交往的花费清单；

5. 家庭每月储蓄的清单。

在美国家庭中，有 76% 的父母会选择和孩子谈论自己的收入，告诉孩子从他出生，到他上幼儿园、小学，父母不同时期花了多少钱，并告诉孩子父母为什么这样选择。

美国父母认为，一个人挣钱和花钱的健康心态和好的习惯是从小养成的。跟孩子讲家庭开销和收入，可以从生活中培养孩子正确的金钱观。在家中，不论谁买了什么东西，一定要通告全家，并一起讨论商品的价值，购买的理由，给孩子营造一个健康、透明、公开的家庭经济环境，让孩子学会正确消费。

父母常常感叹如今的孩子不好管，有些年轻的父母说自己刚满周岁的孩子"简直成精了，不但会揣摩父母的心思，还会调动父母围着他转"。另一些父母抱怨，过去父母带 10 个孩子，也没有今天带 1 个孩子这么累。累在哪儿呢？

累在父母不懂孩子的选择。

累在孩子成长期不断冒出的想法父母读不懂。

从出生到 18 岁，每个孩子至少向父母展示过 100 种选择，而被父母读懂的不超过 50 种。

刚出生的孩子趴在妈妈怀里，就能找到乳头，选择自食其力，自己进食。可妈妈却给孩子一个奶瓶，剥夺了孩子的选择权，让孩子被动进食。

1 岁的孩子刚会拿住汤勺就选择自己吃喝，而父母怕孩子弄掉了饭菜，追赶着喂孩子吃饭，继续让孩子被动进食。吃是人生第一需要，当吃变成被动需要时，一个人的主动性和自立能力就会随着减退。

1 岁多刚会走的孩子，遇到门槛和楼梯特兴奋，选择自己迈门槛和爬楼梯，而父母却怕孩子累着摔着强行抱着走。

为什么今天的孩子缺少求知和学习动力，总是被动地等父母督促？

为什么今天的孩子喜欢跟父母拧着或对着干？是叛逆期提前了吗？

孩子的选择动机一是来自本能，二是来自父母的态度和回应暗示。

父母什么都替孩子做，凡事包办代替，孩子会做出怎样的选择呢？

1.幼儿期就会选择等着父母喂饭，等着父母穿衣服、穿鞋；

2.儿童期就会选择等着父母装书包，忘了带学习用品等着父母送；

3.少年期如果父母不满足自己的愿望就选择发脾气，摔东西威胁父母；

4.青年期如果工作不如意就选择抱怨，怨爸妈没本事，然后甘心情愿去啃老。

父母放手，相信并鼓励孩子大胆尝试，自己的事情自己做，别人的事情帮着做，孩子会做出怎样的选择呢？

1.幼儿期会选择自己进食，穿衣服、穿鞋，收拾房间；

2.儿童期会选择自己装书包，自己忘了带学习用品自己承担责任并反省；

3.少年期想法和父母发生冲突时，会选择主动沟通交流，化解矛盾；

4.青年期工作遇到困难，会向父母和其他成人请教，寻求帮助，改变境遇。

孩子的每一项选择都是父母选择的翻版。

孩子的选择离不开"吃穿住行"四件事，离不开"爱心、梦想、尊严、创造"的精神追求。在孩子的每个选项背后，真实地记录着孩子成长的身心需求。

远离"选择困难症"

有一种心理障碍叫"选择困难症"。

选择困难症是一种心理障碍，患上这种病，不论你有多高的智商、情商，都会不知不觉地被犹豫不决和后悔制造的困境所惑，既难做大事业，也难成为富人。

"选择困难症"的直接后果为：不论做什么事，总是犹豫不决、颠来倒去、徘徊不定。得了这种病，不论你有多聪明，有多高的学历，做事都很难成功，也很难成为富人。因为机会就在你观望和犹豫中一个个擦身而过。

雨奇7岁那年，有一天，从小卖部回来对我说："妈妈，我今天发现了一个新的问题：人有时用大脑想事，有时用心想事。心和大脑想的不一样，它俩经常闹矛盾。大脑和心拧着。有时候，不知道该听谁的。"

"你这个想法是从哪儿来的？"

"今天，我在小卖部买东西，货架上有很多东西，心说：多买几样吧。大脑说：这要花很多钱。大脑舍不得花钱。可心又一直鼓动我买吧，买吧。你猜最后怎么样？听大脑的，心埋怨我，顺从内心，大脑又不买账。因为大脑和心总想不到一块，所以，我在小卖店走来走去，最后什么也没买，结果大脑和心一起纠结。妈妈，能不能想一个办法，让大脑和心想到一块呢？"

我一边专心听雨奇讲，一边心里暗自高兴。7岁的孩子已发现了人会产生矛盾的现象，而且能分清大脑与心灵各有指令，互不相让，这种自我冲突给她带来烦恼，也让她开始寻找帮助。选择困难从那一刻开始了。

这是孩子心智发展非常重要的一个环节，也是绝好的激活孩子选择智慧的机会。"选择困难症"让许多青年无所适从，其根源在于童年时缺少选择和做决定的训练。1—12岁是训练孩子自主选择的关键期，如果遇事让孩子自己做决定，并说出理由，就能轻而易举地激活孩子的选择智能。

选择困难来自内心的纠结。不光买东西时会这样，学习和做事，跟小朋友一起玩也经常会出现选择困难。听心的，还是听大脑的，用有限的钱满足无限的欲望，必定遇到选择，有选择就有纠结，有纠结必有痛苦。

如何挣钱？花钱？管钱？

这些疑问和思考自然在头脑里安装了一个针对"钱"的专属信息处理器。钱能激发孩子的潜能，也会带来各种问题：人际关系、情感割舍、如何做决定等等。不论成人，还是孩子，遇到钱，必会遇到烦恼、冲突和选择。

选择是人与生俱来的一种能力，而这种能力一岁左右就开始彰显。中国民间有一种习俗叫"抓周"：孩子满周岁那天，父母在孩子面前摆放一些具有象征意义的东西，诸如笔墨纸砚、珍宝玩具、服饰胭脂、瓜果点心等，看孩子抓取何种物件，以此预测孩子一生的性情和志趣。这种由父母导演的小孩子周岁仪式——叫"抓周"。抓周考验一岁孩子的选择力和决策力，而选择决策是成败的关键。

　　我有一个智商、情商极高的朋友，40岁时还不会购物，特别是买衣服，原因是从小到大她的衣服都是姐姐给买。当她40岁想自己买时，发现不会买了，在商店里走来走去，买还是不买，总犹豫不决，对衣服的好坏缺少判断，价钱合不合算不知道，她经常把自己并不十分满意的衣服买回家，穿身上试试，只要先生和女儿说不好看或太贵了，她就跑回商店去退货。然后，再买，再退货。

很多人的时间都浪费在犹豫不决上。拿不定主意跟缺少决策力有关。如果从小到大很少独立担当和做事，遇到事情就会犹豫不决。同样，一个40多年没有自己购物经历的人，面对商场里琳琅满目的商品，智商再高也会挑花眼，掏钱时更难以做决策。

选择是一种能力。12 岁前，孩子凭本能选择，这种原始的选择里深藏着孩子的天赋优势和兴趣爱好。有的孩子对造型艺术或绘画敏感，证明他空间智能强；有的孩子喜欢唱歌，听一两遍就能模仿，证明他音乐智能高；有的孩子对数字敏感，证明他数学智能高。尊重孩子的选择，其实是尊重孩子的人权。

钱每天都在用不同的形象和言辞施教。钱有思维，钱有时能控制人的思维；钱有眼睛，钱可以引导你的视线；钱有双脚，钱经常会管着你向左走，还是向右走。

做事犹豫跟性格有关，最重要的是跟早期的训练有关。生活中天天都会遇到选择，只要父母留心训练孩子，选择能力就会提升。在雨奇小的时候，我经常和她做这样的游戏：

当你口袋里只有 5 元钱，你选择买一个玩具，还是选择买一套图画书？

当你受到打击挫折时，你是选择生气和愤怒，还是选择寻找帮助和支持的路径办法？

当你做错事时，你是抱怨别人，还是反省自己？

每次选择都要求说出选择的理由。

有一天，放学路上，我和雨奇一起做选择游戏：咱们现在到家还要走三站地，你有三个选择——

1. 坐公共汽车；

2. 打出租汽车；

3. 走着回家。

你先选，但一定要说出选择的理由。

"妈妈，你能告诉我，走着、坐公共汽车和打车各需要多长时间吗？"

"走着大约 30 分钟，坐公共汽车中间要停两站，最快大约要 15 分钟，乘出租车最快要 8 分钟。"

"如果我急着回家做作业，我就选择坐出租车，但要花很多钱；走着回家最省钱，但时间太长；又省钱又省时间的就是坐公共汽车了。那我选择坐公共汽车吧。"

花一点时间和孩子做选择游戏，每个选择都一定让孩子说出其理由，这样可以调动孩子快速动脑思考，训练大脑快速自动构建选择模板：

分析——面对现状和有限的三项条件。

比较——时间价值？金钱价值？

衡量——时间成本？金钱成本？

取舍——省钱？省时？

选择——省钱又省时。

7岁的孩子在自主选择的过程中，大脑会自动运行一种分析程序，这个程序是孩子通过思考一步步构建的。如果不让孩子选择，就没有这一思考过程；如果没有这样的思考过程，大脑就无法构建选择的模板；如果大脑没有构建选择模板，决策时就容易掉进自我折磨和自相矛盾的陷阱。

孩子具备选择的智慧，所以，雨奇最后的选择是两全其美的"省时又省钱"的上策之举。

有个母亲问我，要是孩子选择坐出租车呢？

那就让他讲出选择的理由，比如"孩子说为了省时间"，那就借此机会，一边表扬孩子懂得珍惜时间，一边和孩子讨论为什么说"时间就是金钱"。

不论孩子做出怎样的选择，最重要的是讲出选择的理由，这是游戏中非常重要的环节，因为讲理由的过程，自然帮助孩子完成了"心脑合一"的训练：

1. 训练大脑高速运转，自动构建选择模板和立体思维网；

2. 训练大脑筛选信息、比较和归纳整理的速度；

3. 训练"心脑协调合一"的速度；

4. 训练准确表达和果断决策的能力。

每个孩子都有选择能力，每个孩子都拥有选择的智慧。由于父母经常代替孩子选择，所以这种能力没有机会长出来。等孩子长大步入社会，面对多种选择时，才发现已经患上"选择困难症"。

要让孩子知道，任何一个选择都有上策、中策、下策三种。上策就是中国成语描绘的境界：两全其美、一箭双雕、一举多得、一石多鸟。

中策和下策也许是父母不愿意接受的，但必须面对。

"选择困难症"的病根就是童年时无数次重复"听大脑的，心后悔；听心的，大脑后悔"的经历。其结果，不论怎样做都后悔。

爱后悔的人喜欢裹足不前，缺少冒险和挑战精神。

爱后悔的人易患焦虑症和抑郁症。

爱后悔的人经常和机遇失之交臂。

所以，爱后悔的人总是和财富无缘，和成功无缘。

当你受到打击和挫折时，你是选择生气、愤怒、抱怨，还是选择寻找反省、寻找解决问题的办法？人生的路来自正确的选择。

让孩子远离"选择困难症"，就要在记忆里删除"后悔"这个词。但这并不容易，因为"后悔"中含有负面情绪和消极心态，久而久之，会变成引诱的陷阱，一旦掉进去，便不能自拔。所以，在日常生活中，要通过一件件小事训练孩子选择，给孩子自己决定的机会。

让孩子学习自己做决定，一个人的选择能力，是在生活中训练出来的，而家庭是最好的课堂。

第三章

遇到钱，孩子就遇到智慧

遇到钱，孩子就遇到智慧

中国有句俗语："一分精神一分财，无精打采财不来。"为什么无精打采的人难以招财进宝呢？

有心理学家从每个人走路的姿态来判断其运气和财富，做了两组观察记录：一组是走路无精打采，慢慢腾腾，懈怠散漫的人；一组是精神饱满，神采飞扬，大步流星的人。调查的结果证明，第一组的人远不如第二组的人事业成功，家庭幸福。

为什么无精打采财不来呢？

中国天人合一的哲学帮助每个人找到了人生定位和生命财富：宇宙有三星——日月星；天地有三才——天地人；生命有三宝——精气神。

"精气神"是每个人都拥有的生命三宝。当一个人"精气神"十足时生命呈现什么模样？读读下面这9个成语，便可以清晰地读出"精气神"十足时生命呈现的形象：

精——精神饱满，精力旺盛，精力充沛

神——神采奕奕，神气活现，神气十足

气——气势磅礴，气壮山河，气冲霄汉

当一个人"精气神"羸弱时呈现什么模样呢？读读另9个成语，便可看见完全不同的生命形象：

精——精神萎靡，无精打采，精力不足

神——神志不清，神魂颠倒，神情恍惚

气——气喘吁吁，气血两虚，气力不足

从众多成语的描绘中可以看出：当人无精打采时，"眼耳鼻舌身"五大感受器官处于闲置状态；当眼睛视而不见，耳朵听而不闻，嘴巴食而无味时，人自然要和财神和幸运之神擦肩而过，因为身体的智慧之门关闭了。

0—15岁前，人的"眼耳鼻舌身"五大感受器官如果有过高度密切的合作，比如"眼手心、眼口心、眼脚心"的高度协调训练，做到眼到、心到、手到和眼到、心到、脚到等等，通过训练孩子身体的每个感受器与大脑的快速连接，从而创造美好的生命形象："目光炯炯""耳聪目明""眼疾手快""健步如飞"。

激活身体智慧＝"眼耳鼻舌身"总动员：

动眼——看、望、瞧、瞅、瞄等观察活动，开启眼睛和大脑的信息通道

动耳——听、记、想、模仿等学习方式，激活耳朵的记忆力和专注力

动口——问、说、诵、唱、读等开口学习方式，快速实现左右脑的互动连接

动手——抓、拿、捏、掐等创造性活动，训练"眼手心"的协调能力

动脚——走、跑、跳、蹦等多样性运动，舞动末梢神经身心和谐训练

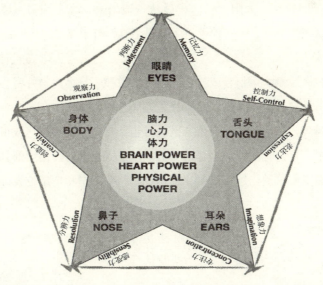

美国加州心脏数理研究院科学家研究发现："心脏的磁场比大脑磁场强五千倍，范围可以从你的身体延伸出好几英尺远。"心脏控制着身体的节奏和韵律。心乱了，生命的节奏就乱了，焦虑、抑郁、抱怨等坏情绪和负能量就会增加；心不在焉时，就会出"视而不见、听而不闻、食而无味"。

一个人的财富、成功和命运不仅取决于头脑和内心的力量，还取决于身体五大感受器官的接受能力和灵敏度。

巴菲特和比尔·盖茨曾经在华盛顿大学商学院与 350 名学生对话，有个学生问："你们是如何变得比上帝还富有的？"

巴菲特说："这很简单，原因不在智商，而在心灵。我一直把智商和智力比作发动机的功率，但发动机的效率则取决于心灵。许多人都有 400 马力的发动机，但是只有 100 马力的输出功率。为什么聪明人会阻碍自己的发展呢？因为心灵堵塞，自己挡住了自己的路。"

比尔·盖茨接着说："人的心灵一旦受到制约，它就会变得狭小，正如巴菲特所讲，你虽然有 400 马力的发动机，但却只能输出 100 马力。"

哪些因素会制约心灵，影响一个人开足马力勇往直前呢？

身体有很多门，每扇门原本都是自动敞开的。孩子对世界充满好奇，看见什么或想到什么总喜欢刨根问底，在追问中求知。

有个孩子问爸爸，太阳为什么早晨从东边出来，晚上跑到西边去了，第二天，怎么又从东边出来了呢？他爸爸听了很生气，打了儿子一巴掌："净问些没用的，自己看书去。"很多时候，当孩子开启生命之门去看去听去问时，因为成人的冷漠和无视，或草率敷衍，或打击伤害，导致孩子身体内被好奇心和求知欲激活的细胞，不是被自动修剪掉，就是因受伤而关闭。

同样的道理，如果孩子的自信心遭到打击，自信立刻会转化成自卑，变成负能量堵塞心灵，自然无法输出全部的马力。孩子天生具有输出全部马力向前奔跑的心，但是如果心灵遭受过多打击，淤积过多的负能量和情绪垃圾，输出的马力就会变小。

当孩子遇到钱，心灵会长出什么？

孩子的心灵是一片空地，种什么，长什么。种善结善果，种恶结恶果，种瓜得瓜，种豆得豆。如果在孩子的心灵种下卑微的种子，只能收获卑微；而种下高贵的种子，你必将收获高贵。高贵的心灵具有决定一切的力量。无论身处环境如何恶劣，地位如何低下，只要拥有一颗高贵的心灵，就绝不会甘于碌碌无为。

当孩子遇到钱，身体会自动识别哪些密码？

遇到钱，眼睛最先遇到诱惑，用什么样的眼光发现财富，看待钱，给孩子一双善于发现财富的目光，还是"见钱眼开"的双眼，完全看父母在日常生活中如何对待钱。前者，将让孩子终生拥有财富；而后者，容易让孩子被金钱所困。

芬兰青年创业家威廉的爸爸，每次带他出去旅行，都想尽办法让威廉了解读成功企业的精英人物，而不是了解企业赚多少钱，因为他知道给孩子发现财富的眼睛和追逐大师的心灵，比给金钱重要。

"眼耳鼻舌身"五大感受器官与大脑之间各自有数据线连接，在传输信息和接受指令时联网。所以，财商启蒙和智商、情商一样，要从激活身心和谐开始。

如果把孩子比作刚出场的新车和电脑，身体的各个器官和机器的部件一样需要磨合。比如，大脑和眼睛的连接，眼睛把看到的图像转化成大脑能够处理的电子信号储存在大脑里，同样，耳朵、嘴巴、双手、双脚也向大脑传递可储存的电子信号，通过筛选和转化，最后储存。

遇到钱，孩子的头脑、心灵和身体都参与和钱相关的事情。所以，当孩子遇到钱，父母就遇到了最好的教育时机。抓住机遇，等于事半功倍；错过机会，等于浪费能量资源。15 岁前，孩子的身体里充满正能量和丰富的待开发的资源。父母都知道教 3 岁孩子学游泳比教 6 岁的孩子快，把新生儿扔进泳池，扑腾几下就会了。从 4 岁开始学钢琴、杂技等于拥有童子功。

人的先天能力和后天训练结合越早，越省时省力，而且会终生不忘。

当孩子遇到钱，"眼耳鼻舌身"五大感受器官自动开启，快速激活三种内动力——脑力＋心力＋体力，帮孩子激活生命的财富智慧。

眼睛发现的财富，让孩子眼观六路

"人为什么长两只眼睛？"雨奇 10 岁那年提出这个问题。

有一天，她画了一个月亮，金红的月亮，我批评她："月亮不是银色的吗？你怎么画成金红的？重画！"

她反驳我："我看见的月亮就是金红的。"

我耍起大人的威风："不行，画错了，重画！"

她掉了几滴眼泪，突然发起反攻："你说，人为什么长两只眼睛？"我一下被问住了，因为我从来没想过这个问题。

这时，她得意扬扬地看着我："小孩子和大人的眼睛不一样，小孩子知道用一只眼睛看外边，用一只眼睛看心里。月亮在我心中是金红的，我就画出来了。你没见过，就说我画错了。"

从那天起，我开始仔细研究儿童画，通过看儿童画，可以找到快速走进儿童内心的路径。孩子的眼睛和心相通，孩子很多时候画的不全是眼睛看的，也有心里想的。孩子的心居住在两个世界，一半是现实世界，一半是想象的世界。

"人为什么长两只眼睛？"带着这个问题，我走进了大连长岛小学。这是一所岛上学校，学生都是农民和渔民的孩子。我和 4 个班 360 个孩子一起"寻找开启生命之门的密码"，邀请美术老师在黑板上贴一张大白纸，然后画出孩子各种新奇的想法。

人为什么长两只眼睛？

一个小男孩儿站起来："人的一只眼睛像照相机，把看见的照下来，另一只眼睛像录像机，把看见的拍摄下来。"

当孩子遇到钱 绕不开的财商

他的话音一落，教室里突然鸦雀无声，好像憋在大家嘴里的话，一下子被他全说完了。

有个依窗而坐的小男孩，眨动着大眼睛，深深吸了口气："人的一只眼睛像望远镜，能看很远很远，远到天上的星辰；另一只像显微镜，能看很近很近，近到身体里的细菌。"

这时，小朋友纷纷举起手，争抢着说："眼睛像扫描仪，像 B 超，像雷达，像千里眼，像……"

孩子们凭借想象力发现了眼睛的秘密，眼睛把看见的照下来，储存在大脑里，拍摄下来，也储存在大脑里。来自生活的记忆帮孩子们发现了眼睛的秘密，人类所有的这些发明，无论是 B 超、雷达、千里眼、望远镜还是照相机，其原理都是来自我们对眼睛的发现，以及从眼睛那里获取的灵感。

人为什么长两只眼睛？

"一只用来发现世界，一只用来发现自己。"如此说来，每个人的眼睛都拥有两个使命：眼睛的使命 = 发现宇宙奥秘 + 发现自身奥秘。

孩子的慧眼

人的发现能力与早期训练有关。而 12 岁之前，孩子观察事物的方式和态度，以及如何引导孩子观察身边和遥远的事物，全靠父母把关。

两千年前，在中国河南南阳，有一个 7 岁的孩子，天天夜晚仰望星空，用手指一颗一颗数星星，一次能数几百颗星星。

有一天，奶奶问他："你能数清吗？"他回答："能看得见就能数得清，星星动，可不乱动。"他发现一颗星和另一颗星之间距离不变。

后来，爷爷指着北边的星星告诉他："天上那七颗星，连起来像一把勺子，古人叫北斗星。离它们不远的那颗星，叫北极星。北斗星总是绕着北极星转。"那一夜，这个孩子几次爬起来看星星。终于，用自己的眼睛发现和证实了"北斗星绕着北极星转动"的天象。

这个数星星的孩子名叫张衡，后来成为中国东汉时期的天文学家、科学家、发明家、政治家。数星星是孩子喜欢的游戏，为什么张衡却数出如此多的成就

119

呢？因为他的祖父祖母一直鼓励他动眼学习。

现代陶艺大师周国桢4岁时迷恋上湖南乡村的糍粑，他第一次看见惟妙惟肖，生动逼真的糍粑小动物时，忍着饥饿，一直把糍粑攥在手里，反复观看，尽管肚子咕咕叫，但就是舍不得吃。后来，那个糍粑被他连续看了15天。因怕风干后糍粑变硬，就把它放在水碗里，每天起来，第一件事就是拿起来观察，直到第16天，妈妈提醒他，再泡糍粑就不能吃了，他才让妈妈放到锅里蒸了吃掉。

仔细观察给了他一双慧眼，在上海动物园里，他曾经住过8个月，昼夜不停地观察各种动物的神情、举动，动物饥饿和愤怒时的表情，快乐和悠闲时的神态，食草动物和食肉动物在捕捉食物时，眼睛怎样眨动，快速用速写记录下来，像画连环画一样，画出眼睛分镜头的动作神态。然后，他花了40年时间，用陶泥创作出他见过的和想象的动物世界。

周国桢发现"所有食草的动物眼睛都长在两侧，食肉的动物眼睛都长在中间。食草动物要寻找草地，必须视野开阔；食肉动物要寻找猎物，瞄准目标，眼睛要快速聚焦"。这一发现深深地影响了他的陶艺创作，他的作品既秉承了中国千年的陶艺文化，又独具个性特色。

孩子喜欢仰望星空，喜欢亲近大自然，从小培养孩子享受自然之美的习惯，让孩子从宇宙万物身上获取创作灵感，因为大自然的花草树木、飞鸟鱼虫都充满正能量。

给孩子最好的财富投资项目是培养孩子爱美的鉴赏力，爱美不但能给人带来快乐，还能培养高尚的品格。人的品格的形成，靠眼睛和耳朵吸收能量，也就是"耳濡目染"的结果。自然界中的鸟唱虫鸣、潺潺溪水、呼啸的风、芬芳的花草是最好的美学老师，如果一个人没有通过耳目从自然中获得美的启蒙，生命将变得枯燥无味、粗暴和缺乏吸引力。

发现财富的眼睛

美国的狄奥力·菲勒出生在一个贫民窟里，他和伙伴一样喜欢逃学。但他有一双发现的眼睛和一双巧手。

有一次，他从街上捡到一辆旧玩具车，拿回家自己动手修好后，拿到学校给同学们玩，向每人收 0.5 美分。一周之内，他竟然赚回一辆崭新的玩具车。

菲勒的老师深感惋惜地对他说："如果你出生在富人的家庭，你一定会成为一个出色的商人。但是，这对你来说已是不可能的，你能够成为街头商贩就不错了。"

中学毕业后，菲勒真的成了一名小商贩。他卖过电池、小五金、柠檬水，每一样都经营得得心应手。一个偶然的机会，菲勒打破了老师的预言，靠一批丝绸起家，一跃成为一个富商。

有一天，他家乡的港口运抵了一批日本丝绸，约 1 吨之多，因为在轮船运输当中遭遇风暴，这些丝绸被海水浸染了。货主很头疼，想卖掉却无人问津；想扔到港口，又怕被处罚。于是，货主打算在回程的路上把丝绸抛到大海里。

港口有一个地下酒吧，菲勒经常到那里喝酒。那天，当他走过几位日本海员身边时，海员们正与酒吧的服务生说那些令人讨厌的丝绸。说者无心，听者有意，他感到机会来了。

第二天，菲勒来到轮船上，指着停在港口的一辆卡车对船长说："我可以帮你们处理掉那些没用的丝绸。"他几乎没花任何代价便拥有了这些被浸染过的丝绸。然后，他用这些丝绸制成迷彩服装、迷彩领带和迷彩帽子。几乎一夜之间，他拥有了 10 万美元的财富。

菲勒的发迹致富史，在许多人的眼中一直是个谜。而他却在别具匠心的碑文上帮后人揭开谜底："我们身边并不缺少财富，而是缺少发现财富的眼光。"

菲勒善于发现别人的需要，善于在别人遗弃的废旧物品上发现创意和商机。一个孩子修理一个破玩具车给朋友玩，一次只赚 0.5 美分，这样的游戏一般不会引起父母注意，但这个行为已经证明了孩子具有的潜质——"善于发现的眼睛＋灵巧的手＋商业头脑"。

吉田正夫是日本的一名小商人，有一年夏天到菲律宾度假，他和夫人一起沿着海滩散步，见一群孩子正在海滩的石头缝中寻找着什么，就走近前去观看，只看到他们从那些石头缝隙中挖出了一些小虾。

这些小虾很奇特，它们成双成对地紧紧抱在一起。即使把它们从石头缝中捉出来，也无法将它们分开。再一细看，原来它们的身体已经紧紧连在一起。这些小虾怎么会长成这样呢？

出于好奇，吉田正夫向一位渔民请教才知道，原来这些虾生活在热带海域，很小时被海浪冲进海滩的石缝里，等海潮退去之后，这些小虾留了下来，渐渐长大，以至于雌雄连体，再也无法分开。捉虾的孩子看吉田正夫喜欢，高兴地把自己捉到的小虾送给他。

吉田正夫回到住处，晚上他对着灯光细看那些神奇的小虾，这些通体透明温柔可爱的小东西，成双成对地紧紧拥抱在一起，很像一对对坚贞不渝的情侣。这个一闪而过的联想，使吉田正夫的眼前为之一亮，他看到了其中蕴含的巨大商机。

回到日本后，吉田正夫就筹办了一家结婚礼品店，专卖这种小虾。经过巧妙加工，精心装饰造型，并给小虾起了个动听的名字："偕老同穴"。在礼品盒上，有一段精彩的说明文字，介绍小虾从一而终，白头到老，至死不渝的生命历程。

一时间，这种小对虾成为东京市场上最畅销的结婚礼品之一。吉田正夫也因此声名大振，成为商业巨子。

吉田正夫的财富就是来自他的敏锐观察，他对小孩子感兴趣的小虾进行深入观察，他的眼睛传给大脑的信息有三个关键词："连体虾""雌雄同体""一辈子生活在洞里"。正是这三个关键词通过和大脑联想产生出商业点子。所以，在我们训练孩子观察力的同时，一定要训练联想力。通过"边看边想，边说边做"等方式训练孩子敏锐的观察力和想象力。

让孩子眼观六路，既要给孩子一双善于发现财富的眼睛，更要给孩子善于发现美的心灵，因为慧眼会带孩子走正道。

耳朵听来的财富，让孩子耳听八方

孩子会不会听话，听了能不能记住？一方面来自遗传基因，一方面来自后天的训练。耳朵是早期学习最重要的通道，耳朵是语言之门，也是财富之门。

世上有一种财富是听来的。音乐家靠耳朵感知旋律和节奏，能听出财富；文学家靠耳朵阅读历史和民间故事，能创造财富；企业家靠耳朵能听来商机，把信息转化成财富。这就是耳朵的传奇，保护孩子的耳朵，也是在保护孩子的财富。

> 在山东高密，有一个穷孩子，他天天吃不饱饭，饿着肚子到处听故事，听祖父母讲动物、植物的故事。比如一把扫地的笤帚、一根头发、一颗脱落的牙齿怎么变成精灵，在家里听完了，他就跑到邻居家接着听，鬼怪、妖精和英雄的故事天天敲打他的耳鼓。
>
> 他的耳朵不但会听，还会读，民间戏曲"猫腔"，池塘里的青蛙，林子里的飞鸟，通过他的耳朵一读，再经过他的嘴巴讲出来，神秘的大自然和民间文化，就变成一部又一部的文学传奇。
>
> 他就是 2012 年荣获诺贝尔文学奖的作家莫言。

莫言童年时用耳朵听来的故事，不仅成了滋养他的巨大财富，整个世界也因他登上诺贝尔领奖台而开始倾听中国的声音。莫言曾写过一篇文章《用耳朵阅读》，在没有书读的年代，他靠耳朵听来的财富赋予我们太多的启示。

耳朵听来的第一桶金

2004 年 4 月 5 日，对于多数人来说，这只是普通的一天。但就在这一天，有一条关于财富的报道，仿佛让世界发生了一场"地震"：瑞典最大的财经杂志

《商业周刊》发布了一条消息，由于受美元贬值的影响，瑞典著名家具企业"宜家"的创始人英格瓦以近 526 亿美元的个人资产，超过拥有 466 亿美元身家的微软创始人比尔·盖茨，成为世界新首富。

他拥有第一桶金时才 5 岁，他不像巴菲特，做游戏似的在自家的过道摆小摊，他是靠一双财富耳听来的商机。他是从小伙伴的需要中发现的商机，这一发现，彰显了一个孩子的财商智慧。

英格瓦的第一次商业之旅只卖了一盒火柴。

那年，他刚刚 5 岁。

有一天，坎普拉德的一个小伙伴想要让他陪着去买火柴。一路上，小伙伴一直在抱怨，去商店的路途太远，跑这么远的路去买一盒火柴实在不划算。小伙伴说："我宁愿搭上自己的零花钱，花高价买一盒火柴，也不愿意走这么远的路，只为了买一盒火柴。"

英格瓦没有和小伙伴一起抱怨，而是在专注地倾听小伙伴的讲述。当小伙伴说到愿意花高价，用自己的零花钱买火柴时，英格瓦这个 5 岁的孩子发现了商机，他记得自己家里有多余的火柴，于是，他就和小伙伴说："我可以帮你，不需要走远路，就能买到火柴。"

小伙伴一听特别高兴，就这样，他的第一笔生意做成了。这是英格瓦·坎普拉德赚到的"第一桶金"。

在成人的眼里，买一盒火柴是一件微不足道的小事。但 5 岁的英格瓦表现出的是对别人的需要的敏感，以及快速做出决策的能力。在这次小小的交易中，一个 5 岁孩子有了挣钱的成就感，有关交换、金钱和财富的意识同时被自我激活了。

后来，这一盒小小的火柴，不但成为他财富人生的起点，也成为他获取财富的动力源。

在幼儿的世界里，没有惊天动地的大事，但每一件小事都蕴藏着生机，展示出生命内在的潜能。如果顺其自然地生长，日后就会开花结果；如果遭受打击和破坏，就会像春天遭受冰雪袭击的花朵，提早枯萎凋零……

英格瓦出生在瑞典首都斯德哥尔摩南部一个叫艾姆赫特的农场里。他的祖父是个农场主，因经营不善而开枪自杀。父亲也不怎么会经营。英格瓦自从有了第一桶金，家人也发现了他的财商智慧，他的生意范围开始扩大，他卖过圣诞卡，他还骑着自行车到处兜售自己抓来的鱼。

11岁那年，他做成了一笔大买卖：卖掉了一批花种。他用赚来的钱买了赛车和打字机。从那以后，他简直是迷上了销售这个行当。他曾用父亲给的钱和银行汇票去进货，卖掉500支巴黎钢笔。

他读高中时，床底下放了一个纸箱，里面塞满了他的"货物"：皮带、皮夹子、手表、钢笔。他买卖的都是一些小东西。英格瓦有句格言："我将用我的一生来证明，有用的东西不一定是昂贵的。"

1943年，英格瓦已经17岁了，父亲支持他创业，决定送给他一份特殊的毕业礼物，就是帮助他创建自己的公司。就这样，宜家（IKEA）诞生了。"I"代表英格瓦，"K"代表坎普拉德，"E"代表出生的农场艾姆赫特，"A"是自己所在村庄的名字——阿根纳瑞德。

谁都没有在意一个17岁的孩子创办的公司，但是让所有人出乎意料的是，那盒小小的火柴，5岁时一个孩子的交易，不但点亮了一个人的财富梦，也点亮了整个世界，宜家后来竟成了全球知名企业。

英格瓦和巴菲特一样，好像巧合，都从5岁起步，一生不停地追逐财富，尽情地展示自己的财商智慧。两位世界级别的财富大亨，他们的童年故事揭示了一个规律，财商在7岁前，也和音乐绘画才能一样自然彰显出来，比如音乐天才莫扎特、贝多芬，绘画天才毕加索、达·芬奇。

耳朵的传奇和三个小金像

从前有一个国王，他给邻国的苏丹送了三个外表、大小和重量都完全一样的金雕像，并且告诉这位苏丹，它们的价值是不一样的。国王是想拿这几个东西来试一试苏丹和他的臣民究竟聪不聪明。

苏丹接到这份不寻常的礼物，感到很奇怪。他要王宫里的人找出这三座雕像的差别来，可是大家围着它们看了又看，查了又查，怎么也找不出来。

关于这三个金雕像的消息很快就在城里传开了，从老人到小孩，没有一个不知道的。一个被关在囚牢里的穷小伙子托人告诉苏丹说，只要让他看一眼这三个金雕像，他马上就能说出它们之间的区别。

苏丹吩咐把这个青年带进王宫。他围着这三座金雕像前前后后地看了一遍，发现它们的耳朵上都钻了一个眼。他拿起一根稻草，穿进第一个雕像的耳朵里，稻草从雕像的嘴里钻了出来。他又把稻草穿进第二个雕像的耳朵里，稻草又从雕像的另一只耳朵钻了出来。他把稻草穿进第三个雕像的耳朵时，稻草被雕像吞到了肚子里，再也出不来了。

于是，青年人就对苏丹说：

"陛下！这几个金雕像都有和人一样的特点。第一个雕像就像是一个快嘴的人，他听到什么，马上就要说出来，这种人是不能指靠的，所以这个雕像值不了几个钱。第二个雕像就像是一个左耳进、右耳出的人，这种人不学无术，没有什么本事，值的钱也不多。第三个雕像就像是一个很有涵养的人，他能把知道的东西全部装在肚子里，所以这个雕像是最值钱的。"

苏丹听了小伙子的话，这才恍然大悟。

三尊小金像讲了三种耳朵模板：第一种是耳朵和嘴巴连通，不入心；第二种是左耳和右耳连通，也不入心；只有第三种耳朵和心连接，再由心决定说还是不说。

很多孩子上学，父母经常重复的一句话是"专心听讲"，以为这样告诉孩子，孩子就能做到了，但听说的训练如果上小学才开始就太晚了。

6岁之前，如果没有"专心听讲"的训练，上学后，就会出现这样的情况：听老师讲五句，能记住两句，耳门不是经常关闭着，就是虚掩着，或左耳朵听进来，右耳朵冒出去。所以，训练孩子眼耳和口耳密切配合非常重要。

打开耳朵，打开神奇的记忆之门

为什么有的人能从一件小事中听出大的商机，为什么有的人听两三遍就能记住，有的人却要听十遍或更多遍才能记住呢？

除了遗传基因外，还有两个很重要的原因：一是大脑里储存的信息量少或没有，新进来的信息不能快速和原有信息接通；二是光动耳朵，不动心，也没动口，不交流和沟通，那么耳朵就剩下一个功能——录音，而没有刻盘保存，更谈不上反复播放。如此的话，耳朵也就真的变成了聋子的耳朵——摆设。

耳朵是大脑的第二门户，早期教育要特别注意孩子的听力训练。在研究如何训练之前，先研究一下耳朵的信息通道。

耳朵比较谦虚低调，长在脸最不显眼的两边，不像眼睛和嘴巴，抢占整张脸上最引人注意的部位，但耳朵的设计堪称精妙绝伦。

耳朵和身体有 76 个对应各个器官的反射区，因为耳朵负责接收声音信息，是掌管录制各种声音的门户，所以，造物主在创意设计耳朵时，把它的结构设计得如此完美：

> 耳朵的主要部分像一把竖琴，
>
> 有 64 根长短不等的弦，按顺序排列，可以接收各种声音，
>
> 由于空间有限，成螺旋形状，像一个海螺，
>
> 是什么在拨动这些竖琴上的弦呢？
>
> 原来琴前面有一层像鼓面一样的共鸣膜，
>
> 只要声波触动共鸣膜，琴弦就跟着一起振动……

经常听家长朋友说：我的孩子小时候很聪明，为什么一上学却学习不灵，总有些困难呢？问题出在哪里呢？

有的孩子问题出在耳朵上。耳朵是早期学习最重要的通道，也是最容易忽视的通道。早期记忆主要来自眼睛和耳朵，语言之门就是耳门，如果听力有障碍，学语言就困难。

两千多年前，荀子在《劝学篇》里有一段精彩的论述："君子之学，入乎耳，着乎心，布乎四体，端而言，蠕而动，一可以为法则。小人之学也，入乎耳，出乎口，口耳之间，则四寸耳，曷足以七尺之躯哉。"

《劝学篇》讲的用耳学习法，翻译成今天的计算机语言，就是学习程序。一个人要变"耳聪"，平时学习时一定要设置两个程序。

第一个程序：耳心嘴组合 = 耳听 + 心记 + 嘴说

耳听—接受信息—反复背诵

心记—录音刻盘—烂熟于心

嘴说—编辑播放—脱口而出

训练0—12岁的孩子的记忆力，首先要训练他的专注力。要求孩子听话时，第一要看着眼睛，不走神，第二听完了要复述出来。如果听三句，复述出一句，就再教一遍，要求孩子完整地复述；如果还有丢失，就再教一遍，耐心教，直到能准确完整地复述出来。复述是最后一道程序，但如果没有复述，前边学过的就缺少有意识记忆。耳听＋心记＋嘴说＝"耳心嘴组合"，这三个程序一个不可少。

第二个程序：心嘴耳组合＝心想＋嘴说＋耳听

心想—编辑信息—编故事和讲话稿

嘴说—播放信息—诵读讲述说和唱

耳听—分辨信息—倾听自己的声音

动耳＋动心＋动口，让整个生命参与记忆。跟孩子讲话时，一定要设计好程序，让孩子跟着程序走，养成专心听话的习惯。6岁之前，要求孩子做任何一件事情都是教孩子听话。训练孩子听话能力的方法很简单，但是家庭教育往往忽略了这一环节。

摸准耳朵的脾气，调控耳朵的开关

如果3岁的孩子开始捂上耳朵，拒绝听父母说话，这是一个信号，父母要高度引起注意，要调整讲话的时间、地点和方法，摸准耳朵的脾气。只有把控住孩子耳朵的开关，才能有效实施教育。

胎儿成长发育的280天，一直居住在母亲的音乐宫殿里，我们身体的每一个细胞都是伴着心脏的鼓点和血液韵律裂变生长的。所以，耳朵听到优美动听的声音就自动打开，听到刺耳的噪音就自动关闭。

耳朵偏好自然之声，带孩子到大自然中去"练耳"

大自然一年四季都演奏着美妙的交响曲：鸟的鸣唱，燕子的呢喃，田野里蟋蟀的轻吟浅唱。这些声音悦耳，耳朵乐于打开收录，而都市里每天灌进耳朵的除了汽车、电车的轰鸣声，还有房间里的空调、抽油烟机的噪音。耳朵不喜欢噪音，而且对噪音特别敏感。所以，一听见噪音或刺耳的声音，我们就本能地捂上耳朵。

耳朵偏爱优美动听的声音，训练耳朵的记忆，一定要顺着耳朵的脾气，经常到大自然里去，倾听春夏秋冬四季的声音。

耳朵偏好赞美，乐于选择性倾听

耳朵有一个偏好，人都会犯这个毛病，就是喜欢听好话，夸奖的话爱听，指责批评的话不爱听。孩子上学后，学习不好，注意力不集中或专注时间短，跟早期家庭语言有关。

孩子不喜欢家长唠叨。成人喜欢听唠叨吗？也不喜欢。父母该怎样跟孩子讲话？要认真想好了再说，要说完整的句子。要孩子做事，不要翻来覆去地说，一句话只说一遍，说之前告诉孩子，注意听，我只说一遍，如果你照着做了，才可以玩下一个游戏，孩子为了玩就会专注地听。

早期教育中，父母不可以随便想说什么就说什么。在家里，如果父母说话孩子不在意，上学后，听老师讲话也会心不在焉。

6岁前，父母的话孩子全盘接收，但选择性存盘，如果父母指责、抱怨、不满的话说多了，孩子就选择关闭耳朵，进行自我保护，上学后，只要老师说的他不感兴趣，也会本能地选择关闭耳朵。

我细致观察过"80后"和"90后"，发现很多年轻人有个共同特点，不喜欢跟成人打交道，探讨问题，他们对成人喜欢逃避和远离。为什么会这样子呢？因为小时候，他们被大人唠叨怕了，对来自大人的教导厌烦，不管对错通通拒绝。与成人保持距离，注定会失去成人的帮助，也会失去很多机会，但他们习惯了躲避，以躲避来进行自我保护。

早期教育中，怎样跟孩子说话，不是小事，而是大事。因为这直接影响到孩子的视听习惯。耳朵选择听好话，让心灵愉悦的话，激励的话，肯定和赞赏的话，而一听挑剔、指责的话就会选择关闭。家庭语言和孩子的注意力密切相关。

耳朵偏好听真话，不喜欢听假话

现在流行"你真棒""你能行"的教育口号，很多年轻的父母不分场合地点地使用这些词，结果孩子上瘾了。

北京的一个4岁女孩，早晨上幼儿园不穿鞋，理由是妈妈没说"你真棒"。如果笼统地欣赏，盲目地表扬，孩子一定会分不清何为对，何为错。孩子的行为需要家长及时地讲评，但要有的放矢，就事论事，要有看得见、摸得着的具体事例，要把孩子置身在生活中，在有画面、有情景的生活中评价其言行的对错和好坏。

夸孩子要具体，不要泛泛地说：你能干！你聪明！你真棒！

> 我妈妈创造了一个"优点定格法"，我们八个兄弟姐妹幼年时都有一个经典故事。我四姐六岁那年，有一天，哥哥姐姐搬桌子，桌子太宽，从门里搬不出来，她站在边上，看着看着就发现了窍门，开始指挥，先把桌子腿伸出来，再搬。哥哥姐姐不听，"你懂什么，有本事你来搬"。后来，在毫无办法的情况下，他们按照她说的办法试了试，果然桌子搬出来了。

> 我妈妈就事论事，开始夸她，她会动脑子，才6岁就发现做事的门道，将来走到哪儿都错不了。这件小事从6岁开始夸，直到今天，一路把四姐夸成大学教授。

> 我妹妹5岁那年，偷偷地把一个偏襟小褂给剪了，自己缝上了3个扣子，还剪了3个扣眼。妈妈发现时，不但没批评她，还夸她心灵手巧，然后就不停地给她做广告，她才5岁，就会动脑子，把不喜欢的衣服改成喜欢的样式，自己能打扮自己，长大了也是一个巧手。就这样反复地夸，把妹妹一路夸成新华出版社高级编辑。

小时候，每个孩子都表现出各种各样的才能。父母的赞美一定要来自孩子的行为，小事可以放大，优点可以放大，但不可随便草率地使用概念化口号。

动耳学习，让耳朵听来财富

让孩子专注地听。快速记忆需要训练，没有训练，耳朵记忆就差。关于耳朵的记忆，中国民间有个词——"拿话"，"拿"字生动可视。拿话是什么意思呢，就是说你把这个话抓住了，然后握在手里了，抓住了握在手里就变成你自己的。

孩子的各种行为都源自大脑发出的信号，关注孩子的生长时刻表，顺时而动，借力借机借劲，耐心地和孩子一起阅读，讲故事，大声诵读，让耳朵动起来，给孩子全神贯注和快速记忆的能力。

耳朵的记忆，来自反复训练。无论在家还是在外边旅行，跟孩子讲话一定要耐心。2—6岁的孩子有一个特点，喜欢重复问一个问题，或翻来覆去地听一个故事。比如给孩子讲《猫和老鼠》的故事，讲一段停下来，他就会问：那后来呢？如果接着讲，他还会反复问：那后来呢？第二天晚上，他还会要求讲《猫和老鼠》。而且要求从头来，第三天、第四天还要听《猫和老鼠》。

小孩子为什么喜欢翻来覆去地重复呢？这和孩子的大脑发育有关，孩子听故事时，左脑输入的是语言信息符号，右脑快速互动连接，将语言符号转化成图像符号。由于孩子大脑储存的语言信息有限，左脑输入的语言信息量不够，右脑无法快速转化成图像记忆，所以第一次听故事，大人讲了十句话，孩子只记住四句话，这四句话组成的图像画面只是片段记忆，就像动画片被剪辑了一样。

孩子每重复听一遍故事，都等于把片段图像连接一次，再听一遍，再连接一次，听到十遍以后，脑子里的图像连接完整了，可以把故事像动画片一样播放时，孩子才满足，才会要求听下一个故事。

训练孩子的听力，让耳朵变得灵敏，不但能快速捕捉信息，还能准确地分辨事物的轻重缓急，培养孩子的专注力和判断力。

让孩子耳听八方，最重要的是保护孩子的耳朵不受污染，通过训练听和说产生记忆链，自动开启财商智慧与大脑和心灵连接的通道。

嘴巴说出的财富，让孩子能说会道

一个人是否具有感召和唤醒大众的能力，主要取决于表达力。出口成章是一个人在众人中脱颖而出最快捷的路径。

嘴巴能创造财富吗？在眼耳鼻舌身5个财富密码里，嘴巴是最具魔法和魅力的，它能吸引成千上万人的耳朵。健谈、口才好的人能快速引起别人的兴趣和关注，能说会道的人三五分钟就能搞定一桩生意，即便一贫如洗，凭口才也能衣食无忧。如果在战争期间，一个弱小的国家只须派一个能言善辩之人，仅凭三寸不烂之舌，不费一枪一炮，就可赢得百万雄兵。

大家都熟悉《毛遂自荐》的故事，毛遂凭三寸之舌，陪赵国的平原君去楚国谈判，用今天的话说就是公关，不花一分钱，就凭一张嘴，大获全胜。回国后平原君说"毛先生以三寸不烂之舌，强于百万之师"，立即提拔毛遂为一级智囊人物。

1971年，基辛格博士为恢复中美外交关系秘密访华。在一次正式谈判尚未开始之前，基辛格突然向周恩来总理提出一个要求："尊敬的总理阁下，贵国马王堆一号汉墓的发掘成果震惊世界，那具女尸确是世界上少有的珍宝啊！本人受我国科学界知名人士的委托，想用一种地球上没有的物质来换取一些女尸周围的木炭，不知贵国愿意否？"

周恩来总理听后，随口问道："国务卿阁下，不知贵国政府将用什么来交换？"

基辛格说："月土，就是我国宇宙飞船从月球上带回的泥土，这应算是地球上没有的东西吧！"

周总理哈哈一笑："我当是什么，原来是我们祖宗脚下的东西。"

基辛格一惊，疑惑地问道："怎么？你们早有人上了月球，什么时候？为什么不公布？"

周恩来总理笑了笑，用手指着茶几上的一尊嫦娥奔月的牙雕，认真地对基辛格说："我们早在五千多年前就公布了，就这位嫦娥飞上了月亮，还在月亮上建了个广寒宫，我们还要派人去月亮上看她呢！"

周恩来总理机智幽默，谈笑风生地应对国际间唇枪舌剑的谈判，为中国在世界面前赢得泱泱大国的威望和声誉。

语言能力是一个人对外交往和建立人脉的重要财富。中国有句俗话："好人出在嘴上，好马出在腿上。"语言表达能力强，可以帮助一个人注入三种能量：吸引力＋影响力＋传播力。

好口才，能帮人改变命运

2010 年，英国影片《国王的演讲》荣获奥斯卡 4 项大奖。影片根据英国女王伊丽莎白的父亲乔治的故事改编。乔治六世艾伯特童年时口吃，因照顾他的乳娘喜欢他哥哥，讨厌他，经常惩罚他，因学语言关键期遭受压抑，所以一开口说话他就恐惧，不停地结巴。

他不喜欢王位，更不喜欢在公众场合演讲，可他即位后必须面对公众演讲。但他依然口吃，他的妻子找来语言治疗师莱昂纳尔·罗格医生为国王治病。医生从物理治疗着手系统解决口吃问题：运动、加强呼吸、放松嘴部肌肉、加强舌头的力量、绕口令，并通过心理疗法排除心理障碍。

1939 年 9 月 3 日，当德国冲破防线进攻波兰，英法被迫向德国宣战时，乔治六世国王决定向国民发表演讲："在这个重要的时刻，我们被迫卷入冲突，我们必须保护自己，保护国家。如果你愿意，请拿出你的力量。我们必须坚强起来，抵抗世界上缺乏道德，没有人性的人，一定要抗战到底。"全国上下、城市乡镇、贵族平民、男女老少，都在倾听国王的声音。国王最后说道："任务很艰巨，也许前方一片黑暗。如果大家都坚定信心，我们就一定会胜利！"

国王成功了。演播室门打开的那一瞬间，全国在为国王的演讲鼓掌，而他从此改变了口吃带来的羞辱和恐惧的命运，开始用演讲鼓舞英国人民保家卫国的士气。

让孩子能说会道，从动口学习开始

语言能力连带一个人的多种能力，诸如"判断力、理解力、想象力、表达力、沟通力"等等。所以，让孩子富起来，让孩子自信，先让孩子积累语言财富和当众演讲的能力。

从雨奇会说话开始，我给她实施各种语言能力训练，甚至鼓励她模仿小猫小狗以及其他动物的叫声，锻炼耳朵细腻的分辨力和语言的模仿力。

10岁之前，孩子很少因数学、美术、音乐分数低而自卑，语言能力差，直接导致孩子自卑。语言是思维的载体，语言贫乏和单调影响思维的速度、深度和广度；语言是人际沟通的载体，不善于表达或不会表达容易制造隔阂和误解；语言能力是建立自信和勇于面对外部世界的内在力量。

在新加坡有位华裔女教师听完我的演讲，走上台与听众分享她的经验："我有3个孩子，大女儿小的时候，我特别重视语言能力的训练，用中国私塾的传统诵读法教女儿背诵古代经典篇章，背诵英文，经常和朋友聚会，组织孩子讲故事、朗诵、演唱。大女儿的双语能力都很强，上小学后，自信大方，当众讲话从不怯场。所以，学习不费力，工作后人际沟通能力强，职场发展也一路顺利。

"二女儿和儿子出生后，我的工作比原来忙，他们两个的事都交给保姆管。上学后才发现，他俩因早期缺少语言启蒙和训练这一课，学习比大女儿费力，胆子小、不自信，人际沟通能力也差。

"我一直在反思，三个孩子的天赋优势自然有差异，但问题不是出在天赋上，而是出在后天的训练上。大女儿上学前能诵读近百首古典诗词、英语短文，二女儿和儿子上学前的知识储存量几乎不到她的三分之一，比起姐姐来，他们进校门的时候，可以说是'穷孩子'。"

大声诵读，用富有节奏的语言朗诵，让孩子倾听自己的声音，声音从嘴巴里出来，由耳朵录制，这个看似简单的说和听的过程，能激活大脑神经细胞中的神经元，以神速来传递信息，并且警醒神经突触的快速链接，创造听说的语言链。

大声诵读时，左脑输入语言信息，转化成语言符号进行储存，听见自己的声音后，右脑快速转化成图像符号进行储存，左右脑快速建立互动连接。大脑和心灵的能量高度汇集，激活脑神经元进行信息联网，完成大脑的高速公路的建立。

现在孩子没有诵读、朗读，学语言和英语都是哑巴学习法，只写不说。语言学习靠耳朵，耳朵听不见自己的声音，不让孩子开口学习，等于让耳朵闲起来。

雨奇上幼儿园时是个胆小害羞的孩子，见到人不爱说话，开故事会让她讲故事她的声音跟蚊子声一样小。上小学后，每天放学，不论我在做饭，还是洗衣服，都让她做一件事：大声朗读中文或英文课文。开始她读的声音很小，很快，像念经一样，只是为了完成任务。

有一天，她领回两个同学来家里玩，我请她们背诵古诗，她们说背不下来，后来改成大声朗读，三个孩子打开书本，声音特别小。我终于明白她们为什么没有记忆，因为平时不动口学习，没有大声朗读。我为她们提供了一套"动口＋动耳＋动脑"的联动式学习方法，很快，她们就背下 5 首诗词。

在家里，我经常设计各种主题，鼓励雨奇即兴演讲。如：用英语介绍父母亲家族的历史；开车遇到雨天，让雨奇即兴用英语介绍北京的天气；如果她提出一个要求，必须一口气说出 5—8 个理由来说服我；等等。后来，我把教雨奇诵读、演讲，动口学习的方法带进全国 336 所学校和幼儿园。

在山东曲阜书院街中心小学，戴荔老师的班是一个"乱"班，用她的话说："40 个人，来自 8 个村庄，八路八仙，每天过着同样的海，却各有神通，一上课就像徐庶进曹营，一言不发。台上老师声嘶力竭，台下无动于衷，几乎所有的老师都含蓄地'夸奖'这个班的学生'老实'，实际上就是'死'，一潭死水。"

戴荔老师采用了我的"动口学习法"，在诵读"月亮口袋书"时，注重动口、动耳、动脑的联动式学习，在参与月亮创意活动时，鼓励孩子学会"动眼、动耳、动脑、动手、动脚"的参与。不到一年，这些孩子的嘴巴灵了，课堂变成一湖吹皱的春水，浪花涟漪不断。

这个班有个写手，叫颜廷义。他母亲说，他从一年级开始写日记，现在已写了 16 本。可他在课堂上不发言，平时不说话，第一学期的才艺展示会，他的声音像蚊子声那么小，本来背得滚瓜烂熟的长篇诗歌，背诵时磕磕巴巴，脸憋得红红的，手和腿从开始一直哆嗦到结束。

戴荔老师第一个选他做"小月亮人"，晨读领诵。第一周由他全权负责，每天一首，还要发现并推选下周的"诵读之星"。他很快琢磨出快速诵读法，先培训班干部，由班干部带小组，再举行小组诵读竞赛，朗朗书声成了这个班美妙的晨曲。

第二年六一儿童节，由他自编自导了一个小诗剧《我们在一起》，还组织了 12 个同学一起参与表演，台上他声音洪亮，淡定从容，与第一次登台表演判若两人。

一些孩子学习有困难，胆子小、自卑，不是智力出了问题，而是早期积累不够，缺少语言能力训练。

3 岁前，一个积累 500 个词语的孩子，与一个积累 200 个词语的孩子，差距自然就出来了。

6 岁前，一个读过 30 本儿童读物的孩子，与一个只读过 10 本儿童读物的孩子，已经不在一个起跑线上了。

12 岁前，一个读过 50 本课外书的孩子，与一个只读过 20 本课外书的孩子，面对中学新加的课程、信息库，思考力和联想力已经不在一个平台上。

15 岁前，一个涉猎过古今中外自然和人文科学领域知识，阅读过 100 本课外书的孩子，比一个只读过 30 本课外书的孩子，在接触高中课程时，不但要省很多力气，还会遥遥领先。

另外，据科学家研究，女孩子大脑的语言中枢神经比男孩子大 23%，所以男孩子语言发育比较晚。因此，早期语言学习中，鼓励男孩子开口非常重要。通过各种有趣的语言学习，让男孩儿和女孩儿一起训练嘴巴的反应能力。

1. 练大声诵读（所有的孩子都能做到，激活左右脑互动连接）

2. 练说快板（快板是有节奏的语言，训练孩子的记忆力和表达力）

3. 练绕口令（舌头的反应能力和咬字吐字的精准性）

4. 练讲故事（富有感情，入情入境的语言表达能力，激活左右脑的互动连接）

"有声记忆、有声思维、有声创作"训练法

让孩子大声诵读古典诗词，可以帮助完成多种训练，比如记忆力、联想力、表达力、专注力，还可以帮助孩子内置一个创意驱动盘。有的家长朋友问："诵读古诗词和激发创意思维有关系吗？"有关系！

中国人早就发现，人的创意思维，通过文字语言可以保留在纸上，一首诗，就是一个创意思维导图。诵读或书写一首诗，就是在大脑里内置创意思维导图。

中国两句古话："熟读唐诗三百首，不会作诗也会吟。"还有一句"腹有诗书气自华"。

一首诗就是一个创意思维模板，诵读你喜欢的大诗人的作品，随时启动左右脑互动连接。比如，我们一起读宋代大词人辛弃疾的《西江月·明月别枝惊鹊》。

> 明月别枝惊鹊，
>
> 清风半夜鸣蝉。
>
> 稻花香里说丰年，
>
> 听取蛙声一片。
>
> 七八个星天外，
>
> 两三点雨山前。
>
> 旧时茅店社林边，
>
> 路转溪桥忽见。

读辛弃疾的诗，好像跟着他的脚步走进月夜，他边走边看，边听边说，追随他的视线，你看见了什么？听见了什么？在这首词里，诗人的眼睛好像一个大穹幕，立体拍录和放映哪些景象？

在很多所学校，我让孩子拿出笔来，边诵读边快速绘制与诗人大脑联网后的创意思维导图。

1. 诵读说画——有声记忆训练

婴幼儿在学习语言时，独创"有声记忆＋有声思维＋有声创作"的语言学习模式。上学后，被格式化的教学模式给删除了一半。

什么叫"有声记忆"？有声记忆就是大声诵读，让耳朵听见自己嘴巴发出来的声音。记忆声音，这是学习语言最简单最好的方法。

为什么会有"哑巴英语"？为什么学了很多年英语，还是张不开口讲话？问题出在耳朵和嘴巴之间的通道被堵塞。如果学习语言，只动眼睛看单词，记句子，动手写单词和做试卷，口耳不联动，耳朵听不见自己朗读说话的声音，自然要变成哑巴。

2.听诗说话——有声思维训练

什么叫"有声思维"呢？有声思维就是让心和大脑的想法发出声音来，通过声音语言表达自己的想法。比如，大声叙述一件事，绘声绘色地描述一个人物，声情并茂地表达自己的思想和感情。再比如，当众进行自我介绍，和同学一起讨论问题，课堂发言，即兴主持。在这些活动中，你要快速地把心里想的说出来，需要大脑快速帮助你编辑处理信息，该说什么，不该说什么，怎样说生动，怎样说有趣，边说边想的过程，不自觉地完成有声思维的训练。

3.听诗编故事——有声创作训练

什么叫"有声创作"？张开嘴巴即兴讲述故事，即兴演讲，可以激发想象力和创造力，还有快速组织语言的表达能力。平时多读故事，然后练习当众讲故事和即兴编故事，看见什么，即刻进行联想创作。比如，春天带孩子春游，看见被春风拂动的花朵和树木，即兴创编故事。

大声朗诵、放声歌唱时生命呈现开放状态，身心律动，血液参与记忆。有声"记忆＋思维＋创作"的过程，快速启动左右脑连接互动，以最短的时间实现"叙述＋整理＋加工＋创作＋表达"的五项思维训练。

经常有一些孩子，觉得写作难，拿起笔来搜肠刮肚，像挤牙膏那样硬挤，问题出在哪里呢？用老百姓的话说，巧妇难为无米之炊。如果肚子里没货，没有读过和背诵过大量的篇章，自己的大脑没有和名人的大脑接轨和联网，自然是下笔无神。

口为心之门，动口学习是训练孩子多种能力的最佳途径。既输入富有节奏和韵律的语言信息，又能给孩子自信和当众讲话的胆量。

双手创造的财富，让孩子心灵手巧

如果一个人的双手经常做精细、灵巧的动作，便能激发手指和大脑相连的细胞群的活力，使手的动作和思维的活动保持有机联系后反应更灵敏。所以，手的动作越复杂，就越能积极地促进大脑的思维功能。

前苏联著名教育家苏霍姆林斯曾说过："儿童的智力发展体现在手指尖上。"并且，他还把手比喻成大脑的"老师"。

日本有位学者曾说过："如果想培养出智力开阔、头脑聪明的孩子，那就必须经常锻炼手指的活动能力。由于手指的活动而刺激脑髓中的手指运动中枢，就能促使全部智能的提高。"

现代医学研究也证实了人体内的各个器官，每一块肌肉，都在大脑皮层中有着相应的"代表区"，而手指的运动中枢在大脑皮层中又占据了较为广泛的区域，这些区域的神经中枢都是由神经细胞群组成的。

在日常生活中鼓励孩子动手，想到了就去做，学会快速把想法变成现实，把想象变成创作。让手创造财富必须解放双手，让"手眼心"协调合作，做到眼到手到心到。财富滚滚 = 发现的双眼 + 创造的双手。

动手学习，孩子的手指计算器

财富教育离不开数学。让孩子爱上数学并不难。从"手指计算器"开始，把身体中的数字和生活中的数字随时当作教材，让孩子在游戏中亲近数学。

3—6岁的孩子数数时，喜欢使用手指。一些家长阻止干预，不让孩子掰手指，怕孩子上学后继续掰手指，影响对数字的记忆。

孩子为什么喜欢用手指记数呢？这个程序需不需要删除？

人类早期开始记数时，和孩子一样使用的是手指，因为每个人都有十个手指，所以十个十个地数（十进制）就演变成现代的记数体系。至今为止，英语中仍在使用拉丁语的"手指"（digit）一词来表示"数字"。

科学家伽利略曾经说过："宇宙万物是用数学语言写成的。"数学帮助我们揭开了宇宙奥秘，帮助我们了解了居住的地球和其他星球。从纸牌游戏到天气预报，从算盘到计算机，从小小棋盘到卫星飞船飞向太空，数学无处不在。但有些孩子畏惧数学，一上数学课就头疼。

用手指数数方便简单。"手指计算器"是开启数学之门和财富之门的钥匙。

还有用身体来记数的。在巴布亚新几内亚的部落里，至少有900种不同的计数体系，但是并不是"十进制"。有一个部落手指脚趾并用，使用"二十进制"的计数系统，在他们的语言里，"十"就是两只手，"十五"就是两只手和一只脚，而"二十"则是一个人。

这是孩子身体发育的一个原始编程，直观记忆的学习方式是孩子自然的一种选择。让孩子爱上数学，必须尊重孩子原始的学习方式。用手指计数是孩子学习数学的开始。

为什么人类发明"十进制"记数体系，而不是八进制或九进制呢？十个十个地数数并没有数学上的原因，应是生理上的偶然。人类第一次开始记数时，是不是使用手？

如果了解一下现代记数体系（十进制），就会知道这和人类的童年很相似。远古时期，在还没有发明数字语言之前，原始人喜欢用手指做记数工具。记数时，通过掰手指向大脑多渠道传递信息，有利于增强记忆，甚至有时直接用手指表达数字信息。

孩子对数字的记忆需要直观的形象，所以在记数时，孩子自然把手指当作计算器。中国传统教育重视熏陶，用现代语讲就是营造环境。仔细观察孩子的学习爱好，除了天赋之外，很多来自童年的学习环境。

不管你做什么都需要数学。如果没有数学，我们的生活将会怎样呢？

日常生活中，数字几乎无所不在，墙上挂的钟，手腕上的表，手机里的日期和时间，电话数字，汽车牌号，吃、穿、住、行一切都和数字连在一起。

动手创作，让手长智慧

手有智慧吗？手的智慧从哪儿来？

智慧不仅来自头脑，也来自身体，来自生命的每一个器官接受信息的能力和速度，还有精确逼真的表达。查查字典就会发现让手长智慧的秘密，关于手的动词和手掌、手腕、手指紧密连在一起。手的大动作——撑、举、托、拽、扯、拉，牵引臂力、腕力和整个身体。手的小动作——捏、掐、抓、拿、握，训练手的精准能力，训练小肌肉的灵敏度，给孩子一双巧手。

手的智慧来自劳动和创作，比如动手搭积木、捏橡皮泥、剪纸、堆沙雕、编织、绘画、做算术题。动手的时候，大脑指挥手动，心在控制着手动，所以一动手，智慧就出来了。

手的学习，智商的启蒙

有人说"手是人的第二大脑"，大脑能调动身心，手也能调动身心。手动脑动，手动心动。6岁之前，让孩子弹钢琴、画画、做泥塑，最重要的不是将来成为钢琴家或画家，而是用手激活心脑的控制、创造和专注力。

为什么现代社会出现"感觉统合失调"？都市孩子很少动手动脚学习，手脚被无形地捆绑着，第二大脑被闲置起来。人的手心、手掌、手指，包括每一个关节都和肌肉、骨骼、神经系统、消化系统密切相连。

孩子不动手学习，12岁之前缺少"手眼心""眼脚心""口眼心"的训练，因此动作协调性差。上学后，眼手心不配合，就被视为感觉统合失调。

手的创造，世界的传奇

世界上所有文明奇迹都是一部手的传奇。从黄帝的手、张衡的手、毕昇的手到郭守敬的手，他们创造了一个又一个文明的高峰。

郭守敬是中国元代的天文学家、数学家、水利专家和仪器制造家，他为什么一身多能？

因为小的时候，他有太多自由时间和空间动手创作。他制作各种玩具，还有器具。无论看见什么新鲜玩意，他都立刻动脑思考，然后动手去做。

13岁的郭守敬得到了一幅"莲花漏图"，莲花漏是一种计时器，由好几个部分配制而成，仅仅依据一幅图，想掌握莲花漏的制造方法和原理非常难，他对图样做了精细的研究，居然发现了制作方法。

20 岁时，他凭着对地理现象的细致观察，由他做现场设计总指挥，修复了的石桥令人惊叹不已。后来，郭守敬设计和监制了很多新仪器：简仪、高表、候极仪、浑天象、玲珑仪、仰仪、立运仪、证理仪、景符、窥几、日月食仪以及星晷定时仪等共 12 种之多。

郭守敬的创造力从哪儿来？从他的故事里会发现，他有极好的天赋才能。然而，18 岁之前，如果他像今天的孩子一样，每天从 7 点到晚上 22 点都在忙着做各种作业，没有时间动手学习和创作，他的天赋才能得不到滋养生长，就像春天的树苗不能及时得到阳光和水一样，即使后来给他机会和平台去创造，他能有如此的作品吗？

动手创作，让手长财富

成人喜欢通过言语来宣泄，而孩子却喜欢用想象和创造来解决现实中遇到的各种难题，通过动手创造一个物件寄托思念，创造一个玩具来驱赶恐惧。

成人看见一件东西，先想它是什么，能做什么，而孩子则先想它能变成什么，怎样变得更好玩更有趣，怎样创意才能带来快乐。孩子的创作想法从哪儿来？来自看待世界的眼光和对待事物的态度，还有心灵深处的记忆。

有一笔教育财富，一直被忽略和摒弃，那就是对手的早期开发。大家都熟悉"心灵手巧"这个成语，也可以反过来说"手巧心灵"。决定手巧与不巧的是 12 岁之前"眼手心"的协调训练，巧手巧在小肌肉的发达和高度灵敏上。

每个孩子都朦胧地意识到自己的天赋，并以多种形式不断地彰显，向父母传递信号：看看我灵巧的手，神奇的手。

美国汽车大王、开创汽车史上不老神话的亨利·福特，他比爱迪生晚出生 16 年，他的童年、少年有许多与爱迪生相似的地方。

亨利·福特有一个"百宝箱"，装着自制的小刀、螺丝刀等各种工具。有一天，小朋友鲍伯拿着一块漂亮的手表找福特玩，向他炫耀哥哥赠送他的最新礼物。福特接过表仔细看了看，发现表针都是不动的，原来是一只坏表。

5 岁的福特认真地说："让我来帮你修理一下吧。"鲍伯不相信："我哥哥在城里找钟表商都没修好，你怎么可能修好呢？"

"相信我，拿过来，我一定能修理好。"福特小心翼翼地打开表，取出一个个零件，依次放在白手帕上，盯着零件沉思片刻，忽然兴奋地大叫一声，"我明白了。"然后，开始组装零件，上紧发条，银表神奇地嘀嗒嘀嗒响起来了。

"天哪，福特真的把表修好了。"鲍伯逢人便说。

从此，福特把家里的钟表一只接一只地拆开，拆开之后再照原样重新装好。拆了装、装了拆，从不厌倦。后来，他帮左邻右舍和整个村庄修理钟表。

上小学后，小福特上课时，经常将书本竖在课桌上，躲在书本之后继续进行他喜爱的钟表匠的活计。不断的拆装，使小福特掌握了许多钟表的机械原理，从而小小年纪就可以为村里的人们修理各式钟表了。

12 岁那年，小福特生平第一次看到了不用马拉动的蒸汽车。他惊奇至极，围着汽车看了又看，提出了一连串的问题。当小福特明白了是煤将水烧开产生蒸汽，蒸汽以其自身的力量推动车轮转动时，他表现出了从未有过的兴奋与激动。他第一次意识到钢铁的动力可以代替人类血肉之躯的体力劳动，同时也可以取代畜力了。

从这时起小福特就立下了志向，一定要造出不用马拉而靠机器推动行走的车辆。

12 岁之前，孩子的动手学习能力不但表现出某种个性才华，更重要的是在近乎游戏式的动手学习过程中，彰显出以下五种能力和成就大业的特质：

1. 敏感——一看就会，领悟力强

2. 精准——高度的模仿力和精确的表达

3. 痴迷——心无旁骛，静心创作

4. 专注——废寝忘食，一玩就是半天

5. 坚持——有计划地坚持做一件事

中国也有很多这样的孩子，但由于父母喜欢跟着社会流行的成功学理论走，比如"学好数理化，走遍天下都不怕"，因此父母常常会武断地封锁孩子自主学习的机会。再比如，学计算机或学金融容易找工作，父母不管孩子是否具有这方面的才能，都逼着孩子放弃自己喜欢的学科，选择流行科目。

世界的财富都是由从小心灵手巧，长大后不断探索的发明家创造的，而巧手的孩子需要父母发现的眼睛和给孩子提供发展的空间。

竖起拇指，锁住食指

手不但有智慧，还有丰富的表情，可以帮助我们传达思想感情，也可以进行交流沟通。例如：聋哑人用手交流，称为"手语"；下棋人用手对话，称为"手谈"。

在家庭教育中，我们总是不自觉地用手表达喜悦、快乐、激动、愤怒、敌意、仇恨、蔑视、赞美、决心、沉思、庄严、成功等思想情绪。有时候，理性告诉我们不要指责孩子，嘴巴被管住了，但眼睛和手却泄露了真情。

快乐、感谢、兴奋时的手语——双手鼓掌

一定要为孩子鼓掌，鼓掌是给孩子加油打气；也一定要教孩子给别人鼓掌，支持鼓励别人；还要学会时刻给自己鼓掌，因为人生的路上，我们一直需要给自己加油打气啊！

生气、愤怒、指责时的手语——伸出食指

千万不要用食指指着孩子的鼻子尖讲话，你指责孩子，孩子会模仿家长的行为，指责和挑剔别人。这种不尊重不友好的待人态度，会赶走财富，而不是招来财富。不论在商场、职场，只要"锁住食指，竖起拇指"，就会迎来机会。

欣赏、赞美、称颂时的手语——竖起拇指

请发现孩子的优点，看见孩子进步，哪怕是一丁点的进步，一定别忘了竖起大拇指。竖大拇指就是欣赏、鼓励和赞美，竖大拇指就是给阳光、给空气、给水，滋养孩子快乐成长。还有，大拇指像黏合剂，能把人立刻拉近，而食指是分离剂，喜欢把人拉远。

手是人的第二个自我，手能传达内在的思想和情感，人类在进化中，创造了一系列手的语言，手可以代表大脑表达思想、情感、意愿和承诺。

证明属于自己的诺言时，不需要语言，只需要按下手印。全世界没有相同的手印，所以每个人的手印都是独一无二的。

在家庭教育中，手语在无声地发挥着作用：经常对孩子竖起拇指，孩子自信开朗；经常对孩子伸出食指，孩子就自卑胆小。

如果手脚闲着，大脑也跟着闲着；屋子不住就会老旧，脑子不转也会生锈。如果手脚都不动，一直呆着，会造成什么结果呢？

在日常生活中，说某个人傻，前面一定要加一个"呆"字，如这个人"傻呆呆"的，或者说这个人"呆傻呆傻"的。人是怎么变"傻"的？顾名思义，是"呆"出来的。

尽管年轻父母都意识到了动手学习的重要，但孩子依然没有动手学习的时间，每天依然只动手做两件事：写字和计算。手指的发育也有关键期，中国传统教育重视童子功。童子功第一讲究时间性，主要是讲 12 岁之前手脚骨骼、肌肉、韧带的可塑性强，还有细胞的记忆力；第二讲究"功力"，功力讲的是受训的时间，不论学钢琴，还是学二胡，没有三年以上的训练不算有功底。童子功为一生的成长打底，也为成功奠基。12 岁之前习得的能力，将终生不忘，所以有了童子功法，可终生受用。

手巧的人行动力强，手笨的人行动力弱。任何一项发明都是靠手做出来的。给孩子灵巧的手，给孩子随身携带的财富。

双脚舞出的财富，让孩子行走无疆

如果说人体是一棵摇钱树，那双脚就是摇钱树的根。根深才能叶茂，脚的每一个神经末梢都像树根的根须一样，从行走奔跑跳跃中获取能量。

脚能踢出财富，跑出财富，舞出财富。

富人喜欢行动，富人勤奋，勤在脚上；穷人爱说空话，穷人懒惰，懒在脚上。

民间有句俗语："眼睛是懒蛋，手和脚才是好汉。"手脚是大脑最好的执行团队。

人生是一场马拉松，跑完全程的功臣是每个人的双脚。

足球之王贝利，用脚踢出冠军

在里约热内卢的贫民窟里，有个小男孩衣不蔽体，光着脚，啃着黑黑的面包在街头巷尾或空地院落奔跑，他的脚不停地踢着汽水瓶、塑料盒、椰子壳，他就是足球之王贝利。

贝利小时候家境贫困，没钱买足球。他总是帮妈妈打水、买菜，只要是他能够做到的，他总是尽心尽力去做。一有空，他的脚就随处钩住一个东西，当足球踢。

有一天，在干涸的水塘边，贝利兴致勃勃地踢着一只用猪膀胱做成的足球，他富有节奏和章法的脚步，深深地吸引了一位路过的足球教练，教练送给贝利一个足球。

自从有了足球，贝利开始创造出各种踢法，进步神速。为了训练射门的精准度，他找来几个破水桶当球门，拉开一定距离，练习射

当孩子遇到钱
绕不开的财商

门。经过一番苦练，无论将水桶摆在哪里，他都能够准确无误地把球踢进去。

怎样去发现孩子的天赋才能？从孩子的游戏中可以发现。游戏和兴趣连在一起，不感兴趣的事，孩子不会乐此不疲地玩。在孩子的兴趣里藏着某种天赋才能，比如动手捏橡皮泥的孩子，从动作的灵巧和作品的逼真，可以发现眼手心的协调，以及手的灵敏度和精准度。再比如贝利踢足球，他开始踢的不是球，但表现出脚的高超技能。

贝利后来成为球王，不光靠一双灵敏的脚，还有他那颗感恩的心。圣诞节前，贝利想报答那位教练的知遇之恩："妈妈，我们买不起圣诞礼物送给教练，但我们可以为他诚挚地祈祷！"母亲抚着他的头笑着说："是的，孩子，别人帮助过我们，我们一定要记住才行。"平安夜那天，贝利带着一把铲子，来到教练家。他没敲门就进去了，他在教练的花园里，找了一个地方，开始挖坑。他不停地铲着，累得满头大汗。就在坑快挖好时，教练正巧从屋里走出来。

"孩子，你这是在干什么呢？"

贝利擦了擦额上的汗水，笑着说："先生，就要过圣诞节了，我拿不出礼物送给您，只好替您挖一个栽圣诞树的树坑！"

教练被贝利的举动深深地感动了，他把贝利从坑里拉了上来，然后郑重告诉贝利："今天，我有幸得到了一生中最好的圣诞礼物。孩子，明天就来我的训练场吧。"

从此贝利开始了他的足球之旅。3 年之后，17 岁的贝利第一次为巴西拿到了世界冠军。在第六届世界杯赛上他打进 21 个球，一举成为闻名世界的超级足球明星。贝利用脚踢出了未来。

跌倒了，爬起来

脚是人直立行走的功臣，最具有行动力。脚是生命的一个信息门户，一直在参与着学习和记忆，小孩子是最懂得怎样用脚来学习的。

孩子学会走路的秘诀——跌倒了，爬起来

孩子刚刚站立，用双脚支撑起整个身躯时，喜欢动脚，用脚来学习。当孩子大胆地向前迈出第一步，遇到的最大挑战就是"跌倒"，第一个本能反应就是"爬起来"，然后继续向前迈步。

有一次在飞机上，我看到一个外国小孩，戴着一个头盔，在飞机的过道上把着扶手学走路。走两步，跌倒了，爬起来，继续走，再跌倒，再爬起，连续走了十几分钟，飞机上的乘客都在看他。

孩子为什么能快速学会走路呢？因为孩子牢记着"跌倒了，爬起来！"的成功名言。跌倒了从不抱怨，也不退缩，爬起来，继续前行。这就是孩子与生俱来的精神，也是人类繁衍生息的智慧。

长大以后，为什么遇到一点困难，遭受一点失败或挫折，人就不愿意爬起来了呢？是什么改变了人类遗传基因，让我们遗忘了自己创造的生命格言——跌倒了，爬起来？

"跌倒后，为什么有些孩子爬不起来？"

走进日常生活，我们到处可以看见这样三组镜头：

第一组镜头：小孩子跌跌撞撞地学走路，突然摔倒了，有的父母轻轻地笑着说一句："跌倒了，爬起来！想一想，为什么会跌倒？是不是跑得太快了？"父母的话是命令，也是提醒，如果小孩子摔得不重，他一定会快速爬起来，继续往前跑。

第二组镜头：有的小孩子跌倒了，父母急忙跑过来，边喊："宝宝，疼了吧，快看看摔坏了没有。"或者他的爷爷奶奶，会立刻蹲下身来非常紧张地说："哎呀，宝贝，摔倒了，疼不疼啊？"孩子一听说疼不疼，就哇一声大哭起来。

第三组镜头：孩子跌倒了，爷爷奶奶慌慌张张地跑过来："哎呀，宝贝，摔疼了吧，都怪这草地太滑，奶奶打它，快别哭。"奶奶不停地拍打草地，边打边自言自语："都怪你！都怪你！让宝贝摔倒了！"

从以上三组镜头，我们可以找出为什么有些孩子长大了有成就有财富，有些孩子成人后不但贫穷，还怨声载道。

第一组父母，轻松地保护了孩子的本能，通过命令和提醒的方式，让孩子快

速遗忘痛苦，反省自问为什么跌倒，然后记住不在同一个地方跌倒。"跌倒了，爬起来"为孩子日后追逐财富和成功加注了正能量。

第二组父母，夸大了摔倒的后果——疼。父母的紧张和惶恐像病毒一样快速传染给孩子，很多孩子不是因为疼而哭，而是想引起父母更强烈的关注而大哭。这类孩子长大后，喜欢制造各种事端以引起关注，失败时会通过发泄情绪来获得心理平衡。

第三组父母，先找祸首，找出给孩子带来痛苦的责任人，想以此转移孩子的注意力，结果在孩子心里埋下了一个隐患或定时炸弹。凡是受过此种训练的孩子，遇到障碍或挫折时，大脑的第一个反应是把枪口对准别人，抱怨社会不公，从不反省自己，以穷人的思维和逻辑，为失败找借口来寻求自我安慰。

谁让孩子输在起跑线上？

现在流行一句话，"别让孩子输在起跑线上"。有人说起跑线在小学，有人说在幼儿园，还有人说在胎儿期。

其实，从孩子第一次跌倒，父母不停地帮孩子到处找罪魁祸首的时候，孩子就开始输了。

尊重生命智慧，只要孩子记住"跌倒了，爬起来，不在同一个地方跌倒两次"，未来的人生路上，孩子自然知道如何寻找人生的财富。

动脚学习，训练"眼脚心"的协调能力

在日本，让孩子"赤脚"玩耍已成为一门正式课程。著名的爱知大学附属幼儿园不惜耗资700多万日元，将院内的水泥地面改造成松软的沙土地，让孩子在沙地上尽情地玩耍。日本为什么鼓励孩子赤脚玩耍呢？因为赤脚运动有益于孩子生理和智力的健康发育。

孩子自发的原始的脚部健美操——光脚在泥土和砂石里玩耍，让足底直接与泥土、砂石接触，促进足底肌肉和韧带生长和皮肤的发育。孩子新陈代谢旺盛，活泼好动，脚部皮肤毛细血管和末梢神经十分丰富。如果整天穿着鞋子，会影响孩子运动。

回归古老传统游戏，训练"眼脚心"的协调

带孩子踢毽子、跳绳、跳房子、跳皮筋。这些看似很简单的游戏，却设计得

非常科学，完全是按照"眼脚心"协调能力训练设计的。这些游戏可以帮助你训练眼到心到脚到，完成脚眼心之间的密切配合。游戏是童年不可缺少的课程，没有游戏的童年，心灵如同有一把锁没有打开。游戏是生命原始开发的古老秘方。在游戏中，"眼耳鼻舌身"都被调动起来。

"眼脚心"协调训练的3种方法

1. 鼓励孩子自我开发

让孩子重复训练每个动作，直到熟练自如。

2. 带孩子到大自然中去

自由奔跑跳跃，在运动中学会控制自己的肌肉、骨骼，让手和脚协调，眼到脚到心到。

3. 给孩子足够的游戏

在没有运动场所的地方，创意游戏教具。把一根彩色的绳子放在地上，让孩子跳过去，训练孩子跳跃的胆量；用几根绳子在地上摆成几个方格，让孩子单脚跳，准确地跳到格子里。

玩是生命本能的一种运动。这个运动是调节生命各个系统运转的一种方式。孩子的视神经系统和其他的神经系统通过玩儿充分地得到协调。玩是生命各个信息系统自我协调的最好方式。玩儿能训练身体各个器官的紧密合作，最后逐渐形成一种能力——生命的自我协调功能。这种能力是孩子进行书本学习的最重要的准备。

玩是训练身心投入的自然法则。孩子遵守这一法则，用整个身心去玩，生命随时处于自然放松的状态，当躯体自由舒展的时候，心也随之舒展。游戏在孩子的心中播种快乐和幸福的种子，而快乐是心灵自己的感受，只有通过全身心的投入才能享受得到。游戏以最轻松的方式引领孩子忘我地探索未知世界，诱发孩子的好奇心和求知欲。这种好奇心是孩子学习的真正动力，不管孩子对什么发生兴趣，只要他有兴趣，就会全身心地投入。而只有全身心地投入，才能真正地吸收生活中的养料。

人生路上会遇到各种各样的障碍，舞动双脚，训练孩子跨越眼前的一个个障碍。"眼脚心"精诚合作，人生路上，不论面对什么困难都不会退缩。

第四章

遇到钱，孩子就遇到尊严

遇到钱，孩子就遇到尊严

有一种财富叫尊严。尊严不但有"面子"，还有"里子"；尊严的面子经常被虚荣心摧毁，而"里子"很难摧毁，更不会坍塌，因为它太昂贵了。

什么是尊严的"里子"呢？人格！

当孩子遇到钱，必遇到尊严。

西安有个中学生从家里偷了上万元，请同学大吃大喝，打游戏，被父母发现后，问他为什么这样做，他说："我在班里没有话语权，不被重视。钱能买官，也能买人心，现在，班里的男生都愿意跟着我。"

孩子渴望被关注，为了引起关注，在群体里找到尊严，满足虚荣心，便开始模仿成人，拿钱包装自己。青春期的孩子特别要面子，如果学习成绩不能名列前茅，就会寻找别的方式引起关注，证明自己，所以一些孩子模仿成人拿钱买面子，买人心。

钱看似离孩子很远，其实，钱天天都在追着、控制着孩子的思想和言行。孩子看似不关心钱，但时刻都在观察和模仿成人对金钱的态度和方式。即便我们不和孩子谈钱谈利，但金钱一直以各种形态影响着孩子的心理和行为。孩子本能地会比谁穷与谁富，模仿成人炫富，也会本能地选择用钱包装自己，拿钱去买自己缺少和需要的，或拿钱逞能来满足虚荣心。

济南市5名小学生春节一天在一家商店花掉3万元压岁钱！因为有一名同学出手阔绰，不假思索地买下了两辆600多元的遥控抓斗车。其他孩子问价时，遭到炫富者嘲笑，于是，另四名学生开始疯狂花钱"摆阔"。

当孩子遇到钱，钱不是天使给孩子正能量，就是魔鬼诱惑孩子的欲望。你不教孩子正确地使用金钱，钱就鼓动孩子胡来；你让孩子对钱无知，钱就让孩子无畏。

面对金钱，孩子为什么会如此脆弱？因为尊严没有被唤醒。

面对攀比，孩子为什么会如此混乱？因为不知道何为财富。

面对炫富，孩子为什么会如此盲从？因为不知道自己真正拥有什么。

如果社会只强调钱和物质财富，当钱和物质被妖魔化后，家庭和社会就忽略了精神财富，摒弃了精神变物质的哲学。近些年流行一句话："穷得只剩下钱了。"什么人穷得只剩下钱了呢？哪些精神匮乏、道德沦丧、奢靡挥霍的人。即使拥有千万亿万，他们也是穷人。

商业社会，钱像天天出行遇到的车和船，想不让孩子和钱打交道太难：商家、厂家用各种方式诱惑孩子花钱，网络和大众传媒提供各种平台鼓动孩子消费。随着代人泊车、代人遛狗、代人购物潮流，社会也兴起中小学生代写作业、代写情书之风，并且生意火爆：支付宝可买单，答案可快递。互联网上各种"代写作业"的广告也开始铺天盖地席卷而来，而"代写作业"公司的老板和员工竟然都是小学生。

中国文化讲富贵，一个人只有钱算不上富贵，一个人有精神财富，有高尚的人格和道德情操才称得上富贵。"富"讲的是物质，"贵"说的是精神。当家庭、学校和社会都不重视精神财富，只攀比谁有钱时，金钱至上观就会让很多人在心理上默认自己是穷人，包括孩子。

谁把你当穷人都不会让你变穷，唯有你把自己当穷人，那注定要穷到底。我曾采访过北京和深圳的一些父母，他们对孩子之间的攀比不知所措。有个妈妈告诉我：

> 我儿子什么都不相信，他说梦想有啥用，没钱一切都是假的。没钱，谁看得起你？没钱，你能干什么？我想住豪宅，开宝马，找美女，可能吗？我不想当穷人，可拼爹拼不过，我拿什么当富人呢？面对社会的攀比风，我不知道对孩子说什么管用。

金钱迷惑着孩子，当孩子在攀比中迷茫时，父母该如何引导孩子？如何告诉孩子何为穷人，何为富人？在写这本书时，雨奇采访了美国和英国父母同一个问题："如果孩子跟同学比觉得自己是穷人，父母该怎样告诉孩子？"

英国一位母亲的答案很简单："我会坦诚地告诉孩子，我们家现在没有很多钱，但这不代表我们贫穷。因为我们，包括你在内，每个人至少有五样东西可以证明自己很富有。"

你有良心，你不想昧着良心做事，对吧？

你有责任，你想替父母分担忧愁，对吧？

你有面子，你不愿意别人看不起你，对吧？

你有双手，在别人有难时你愿意帮一把，对吧？

你有嘴巴，当别人缺少信心时会给点安慰和鼓励，对吧？

你还有很多财富，但仅仅拥有这五样你已经够富有了。一个人有钱不算富人，真正的富有是有能力爱别人，给别人带来快乐和温暖。

精神力量是强大的，它能转化成物质。如发明家、科学家、艺术家，他们不仅创造精神财富，而且他们的精神力量也能转化成物质财富。比如乔布斯、比尔·盖茨等等。

孩子天天和钱相遇，每次遇到钱都遇到面子，如果父母从不和孩子谈钱，当孩子面对金钱带来的诱惑、欲望和触碰尊严时，便会不知所措。

为什么一些头脑聪明，能吃苦耐劳，出身卑微的人当了官，有了钱之后常常栽在钱上呢？因为他们的尊严只有"面子"——用金钱和名利包装的面子，没有"里子"——他们看不起自己的出身，所以，面对名利和金钱，自然腿软腰弯，苟且和卑琐从骨缝里爬出来。久而久之，或长出一张汉奸脸，或长出一副奴才相。

一个人有没有尊严，钱是一个试金石。"一分钱难倒英雄汉""不为五斗米折腰""不怕人穷，就怕志短"等等，这些俗语和故事强调的都是尊严。

传统文化重尊严，讲究做人的骨气、志气和豪气，为了不让人被钱左右，或让钱牵着鼻子走丧失尊严，创造了有关钱的成语，如"财运亨通""财大气粗""财殚力竭""财迷心窍""义不生财""人为财死，鸟为食亡""人财两空"等等，每个成语都有出处和故事。从小让孩子记住这些成语，知道钱能带来正反两种后果，给孩子清晰的界限。

世上有富人，也有穷人。钱如果用来助人就能增值，钱用来挥霍就会贬值。比如，拿钱摆排场，装阔绰，一餐饭就吃几万，甚至几十万，不但是浪费，也是罪过。孩子从小有这样的分别，拥有正确的金钱观和价值观，长大后就不会玩"烧钱"游戏，也不会招来"钱烧"的灾祸。

钱一直在人群中流动，钱在流向富人口袋时，穷人正在为衣食而忧。因缺钱很多孩子不能上学读书，很多老人不能看病就医。让孩子了解真实的社会，学会关爱穷人。

尊严有力量，也有魔法。当孩子遇到钱，给孩子讲尊严带来财富的故事，在孩子心灵上播下尊严的种子。

金钱不是万能的，有钱可以买鬼来推磨，不一定能买来人推磨。因为钱只能买来物质，买不来精神，而人是物质和精神的结合体。

尊严是一个界限，一过界就会成为钱奴；人一旦成为钱奴，便容易靠出卖灵魂为生。

用"AA 制"保护孩子的自尊心

上小学后，雨奇经常请一些小朋友来家里吃饭，举办故事会，有时周末或周日还邀请小朋友的爸爸妈妈一起出去玩。开始一个月，每次孩子玩儿饿了玩儿渴了，大人都抢着买单。我原以为这只是大人之间的事情。

有一天，有个单亲妈妈告诉我："昨天我女儿说，妈妈，这周末你借一辆车，带着我和雨奇一帮小朋友出去玩吧。"

"你让妈妈到哪儿去借车呀？"她不解地问。

"那明天中午你请大家吃饭吧。"

"你知道妈妈带你一个人多难吗？"她欲言又止。

"那你给我找个爸爸吧。"

"为什么？妈妈和你两个人不是很好吗？"

"不好，我要一个爸爸。你看雨奇，每次吃饭都是她爸爸请，她爸爸还请朋友带我们认识植物。欣欣的爸爸妈妈都会开车，每次都是他们开车带大家去玩，多风光，小朋友都羡慕欣欣。可我没有爸爸，咱们家什么贡献都没有，特没面子，我怕人家笑话。"

"那你以后就别再跟她们玩了。"

"不，我要去，我要有个爸爸就好了，就和她们一样了。"

她边说边泪流满面。孩子的心灵极其敏感，孩子聚会看似在玩，其实，孩子跟大人一样，每次聚会，都会本能地在心里掂量和比较，谁比自己穿得好，谁比自己快乐。聚会有时能让孩子找到优越感，有时还会遇到伤害。父母带孩子聚会，孩子又多了一种比较，那就是父母在群体中的贡献大小。

从上世纪 80 年代开始，流行独生子女生日聚会，其规模由家庭向外扩大，生日吃请的标准不断提升。有一个小男孩，读小学一年级时，生日聚会来了 20 个同学，他为此感到骄傲，觉得自己人缘好。可读二年级时，生日聚会朋友减少了一半，读三年级时，生日聚会只来了 3 个朋友。为此，他难过了很久，很纠结，不明白为什么同学越来越远离他。这在成人看来的一件小事，不但影响了他的情绪，还影响了他的学习成绩，为此，他妈妈找我帮帮他。

后来，我借采访之机，私下做了个调查，问题远没有他想的复杂，但却完全出乎我的意料："他请得太贵了，我们过生日时请不起，就不好意思再去了。"

孩子之间也讲礼尚往来，也重视对等。如果一方标准太高，另一方达不到，不但会断交，还会彼此受伤。

为什么中国式吃请会招来许多负面的反响，携带出如此多的负能量？更让我想不到的是这种一人买单的方式，竟然也触碰了孩子的自尊心。

回家以后，我把听来的故事原原本本地说给雨奇。没想到，雨奇不假思索地说：

> "那好办哪，下周聚会，咱们改成 AA 制吧。"
> 我觉得不合适："改成 AA 制多不好，多没人情味。"
> "可是大家平等了，谁都不会难受了。"

雨奇的这句话，引起我的思考。孩子渴望平等，孩子在一起玩表面只是孩子之间的事，但孩子在悄悄地观察父母之间发生的事，并在心里有自己的评判，甚至为此而烦恼，这种深层的心理失衡和痛苦很折磨人。

我一直以为中国的"投之以桃李，报之以琼瑶"的有来有往的互动式交往特别文明，对西方的 AA 制很不以为然，觉得太小气，太斤斤计较，缺乏乐趣。中国式聚会吃完饭各个豪气万丈，争着抢着去结账多爽。但问题和冲突也常常出在这里。

有个 20 多年前的朋友，一天从美国打来电话说："我儿子在北京读书呢，你有空儿帮我关照一下。"我立刻说下周请他儿子吃饭。

当我来到学校时，他儿子穿戴整齐，准时在学校门口等我呢。

他只有 10 岁，但神情庄严。

"你想吃什么？比萨还是中国饺子？"我开门见山地问。

"比萨。我们是 AA 制吗？"他意外地来了一句。

"你说呢？"我把球踢给他。

"爸爸说你请我吃饭。但我口袋里有钱。"他掏出 100 元钱，"如果是 AA 制，也够买面包和蘑菇汤了。"

我被这个 10 岁孩子的言谈举止震住了，也被 AA 制交往模式迷住了。

我也想尝试一下西方的 AA 制，再聚会时，我跟几个家庭的父母商量，要培养孩子的独立与合作能力，大家一起出行时，由孩子来当管家，让她们负责管理买水、订餐、点菜和算账。孩子喜欢 AA 制，就尊重孩子的想法。

实行 AA 制孩子特高兴，主要是她们有了主动权，既可以掌控钱，又可以证明自己的多种能力。比如沟通能力、计算能力和交往能力。

父母也发现了 AA 制的好处，孩子成了聚会的主人。孩子意见冲突时，会自己调节；孩子会取长补短，算账快的记账，会沟通的跟每个家庭联络，有力气的搬东西。孩子自然组成团队，不需要父母干涉。

制度化是杜绝各种矛盾、冲突的好办法，国有财政，家有财务。一旦建立了制度，大家遵守，人和人之间相处得就长久，事情就可以顺利发展。从那时候起，直到今天，雨奇和那些小朋友每年都有聚会，依然是 AA 制。

AA 制聚餐体现了公平规则，因为它维护了每个人的自尊，在交往中心理平衡，不受伤，也不失衡；所以，不但得到"80 后"和"90 后"的认可，也构成了他们之间的群体活动模式。

中国式吃请，付款的事常常把人搞得很累。别人这次请你，你心里要惦记着下次如何请对方，要把这件事装在心里。如一时找不到机会，总有一种欠债感，欠钱好还，欠人情账就得加倍偿还。如果自己花得比朋友少，觉得没有面子；如果花得比朋友多，又会觉得有点吃亏。你来我往，钱花得又累又纠结。

遇到钱不但会遇到冲突和麻烦，也会遇到寻求解决问题的机遇。尊重孩子的心理需求，父母会找到全新的教育方法。

"说穷就变穷"与"想好就能好"

雨奇读小学一年级时，同班同学萌萌家里买了辆车，每天爸爸妈妈开车接送，有时候，她也跟着蹭车。自从坐过同学的专车后，她称爸爸的自行车是两个轮子的专车。

有一天，学校组织给灾区捐款，她从压岁钱里拿出100元要捐。我问她这个标准是学校的规定吗，她说萌萌就捐了100元，我不能比她少。

我问她："为什么？"

她说："我不想做穷人。"

"谁说你是穷人了？"

"小朋友都羡慕有车的同学，说他们是富人，那没车的就是穷人呗。"

"你和她捐一样多，是想证明你是富人吗？"

"证明不了。"

"为什么？"

"没有车怎么能证明，但可以证明我跟她的爱心一样多。"

雨奇的这段话让我很震惊，我们一直以为孩子远离社会，生活在家庭和学校两个简单的环境里，其实，家庭和学校都是大社会的缩影。孩子之间也有攀比，攀比的标准同样是看得见、摸得着的物质。比如：谁使用韩国文具、日本背包，吃美国巧克力和英国饼干。这些都在证明谁富谁穷，而有车一族就更令孩子羡慕了。

何为富人？何为穷人？在家庭教育里，几乎屏蔽了钱和财富的话题。在这之前，我一直没有跟雨奇讨论过，她的想法和行为引起我的思考。孩子对穷和富不是视而不见，而是自有考量，如果父母不给孩子一个答案或标准，孩子自然要到别处去找，商家、厂家、电视广告、媒体，整天都在跟孩子讲钱和财富。但是，跟 11 岁的孩子如何讲正确对待钱，如何分辨穷与富呢？我当时真的没有想好，也没找到合适的教材。

几天以后，我去莫斯科演讲，在飞机上，偶尔读了一篇题为《一盒果酱》的短文，文章只有 400 多个字，但我却读了一个多小时，因我被深深吸引住了。作者是俄罗斯人，她讲述了发生在她家中的一件小事：

记得有一年，我丢了工作。在那之前，父亲所在的工厂倒闭。我们家的生活，就只靠妈妈一个人为别人做衣服那点收入。

有一次，妈妈连续病了几周，没法干活。因为没钱付电费，电力公司给我们家停了电，紧接着，煤气公司又给停了煤气。

一天，妹妹放学回家，兴冲冲地说："我们明天要带些东西到学校去，捐给穷人，帮助他们渡过难关。"

妈妈张大嘴巴，正要说出"我不知道还有比我们更穷的人！"当时外婆正和我们住在一起，她赶紧拉住妈妈的手臂，冲妈妈眨眨眼睛，示意她不要这么说。

"伊瓦，"外婆说，"如果你让孩子从小就把自己当成一个'穷人'，她一辈子都会是个'穷人'。她会永远等待别人的帮助，这样的人怎么能振作起来，怎么能当上'富人'呢？

"咱们不是还有一罐自家做的果酱吗？让她拿去。一个人只要还有力量帮助别人，他就是富有的。"

外婆不知从哪里找来一张软纸和一段粉红色的丝带，把我家最后一罐果酱精心包好。第二天，妹妹欢快而自豪地带着礼物去帮助"穷人"了。

直到今天，拥有 3 家酒店的妹妹仍然记得那罐果酱。无论是在公司里，还是在社区里，一看到有人需要帮助，妹妹总认为自己应该是"送果酱"的人。

读文中外婆的话，竟然多次想起我的妈妈，她们显然不是出自相同的文化血脉，但居然有同样的富人观，就连讲话的语气和那份毋庸置疑的坚定都特别相似。

记得小时候，母亲经常对我们说："能帮助别人你就是富人，人不怕家穷，就怕心穷。人穷不算穷，志短才算穷。多做好事能变富，坏事做多了就变穷。敬人就是敬己，助人就是助己，爱人就是爱己。"

我收藏起飞机上看的那篇文章，回家后，还没等我拿出报纸，雨奇便告诉我，同学带她去家里玩，同学家有一个特别大的房子，像迷宫一样，数了数大约有 11 间房，还有小花园、鱼池和凉亭。她一边描述，一边沉浸其中，然后问我：咱们家什么时候能有那么大的房子？

我知道她的眼界被小朋友打开了，她看了富裕阶层人的真实生活。人很少羡慕和妒忌皇帝或国王拥有宫殿和城堡，但很容易羡慕身边的人比自己多拥有一辆车或一间房。孩子对世界的认知，很多时候来自身边的朋友。随着社会上一部分人富起来，大人和孩子的心理都会随着起伏跌宕，甚至为此失衡，羡慕嫉妒恨就这样由此而生。

我拿出包里珍藏的那张报纸，要求雨奇看后至少提出 3 个问题。没想到，雨奇读完后，一连串问了我 5 个问题：

> 她们家真的穷得只剩一盒果酱了吗？
> 她妈妈为什么让孩子当穷人？
> 她外婆怎么知道帮助别人就会变成富人呢？
> 到底什么算穷人，什么算富人？
> 咱们家算富人，还是穷人？

雨奇提出的这些问题，我原来也从没想过，读了那篇文章后，我意识到这个问题必须面对。孩子本能地在攀比，在攀比中给自己定位，定位的标准不外乎是社会推崇的标准。比如，有豪宅和豪车就是富人，没有的就是穷人。这是孩子头脑中的阶级分析。

> 雨奇，你认为故事中的外婆说得对吗？
> 她想了想：对！

161

家里那盒唯一的果酱给出去就没有了，如果是你你愿意那样做吗？

她想了足足有 1 分钟，说：愿意。

那你明知自己都没有吃的，为什么还会送人呢？

因为我不想让同学笑话我家穷，想证明我家富有。

孩子的虚荣心在这里是积极的，为什么愿意把仅有的物质分给别人呢？因为孩子想得到精神的满足。比如：被人看得起，想证明自己富有，不愿意当穷人。这种精神需求在孩子的意识里很强大，这是激发一个人追逐财富、追逐成功的原动力。

乐于给予，通过给予证明自己的价值，得到尊重，这是人的真实心理，也是人性的本来面目。为了得到他人的尊重，让人看得起，宁肯打肿脸充胖子，宁肯在家里吃苦头，也要把自己包装成富人，这不是面子工程，这是人性的最高需求：在群体里赢得他人尊重，获得显要感的心理需求。孩子的这种需求比成人更强烈，所以，激发孩子的精神需求是开启财商之门的金钥匙。

"咱们家不是穷人，也不是富人。"父母一定要明确地告诉孩子自己家庭的真实境遇。

"为什么我们不能成为富人呢？"

"因为爸爸妈妈选择的职业决定了我们不能成为富人。爸爸是公务员，靠工资吃饭；妈妈是记者，靠写文章吃饭。我们没有外债，不需要借钱生活，还可以保证你读书，受最好的教育，咱们比贫困地区的家庭富裕多了，他们的孩子吃不上饭，也读不起书。比俄罗斯那个仅有一盒果酱的家庭也富裕多了，至少我们可以买得起很多果酱，对吧？"

"那你们为什么不选择做富人呢？"

"每个人的爱好不同，才能也不同。比如，妈妈喜欢读书写作，写起来不吃力，还特别快乐，可让我做买卖就不行，不喜欢计算数字，不喜欢搬运物品，觉得做那些事特别累，这就说明我没有那方面的才能。每个人要根据自己的优势能力选择职业，做自己喜欢并能做好的事。"

当孩子对穷与富变得敏感时，实际是孩子的眼界开阔了。随着改革开放和市场经济的迅速发展，中国开始出现富人阶层，他们并不遥远，越来越多地出现在孩子身边。和孩子一起讨论穷和富，正视家庭真实的经济情况，让孩子懂得富人和穷人的差别不仅仅是多几套房子或几辆车。

什么是富人和穷人？我们习惯了把有钱视为财富，没有钱视为贫穷。所以，从幼儿园开始，我们就反复教孩子一个赚钱的公式：

好好学习＝考上好大学＝找好工作＝有钱有房有车＝幸福人生

结果，很多人拿到研究生和博士学位，发现依然没有钱买房买车。钱不是财富，钱只是等价值交换的媒介。钱能买来物质，但买不来智慧和能力。

富有和贫穷不是一个固定的状态，穷和富取决于我们对物质和精神能量的态度。从小让孩子知道物质财富和精神财富的输出和输入是双向的——"物质可以变精神，精神可以变物质"，这是永恒的宇宙法则。

穷人和富人的差别不是钱，而是思维和行为方式。有人列出富人和穷人的10大差别：

1. 穷人把责任当成累赘，怕干事怕累；富人把责任当成动力，喜欢找事干。

2. 穷人生活在回忆中，喜欢幻想；富人生活在展望中，乐于实干。

3. 穷人想发横财，总想一夜暴富；富人懂得耕耘，知道一分耕耘一分收获。

4. 穷人因循守旧，喜欢循规蹈矩；富人敢打破常规，善于独辟蹊径。

5. 穷人盲目否定，容易沾沾自喜；富人理性分析，时刻寻找机遇。

6. 穷人总想索取，等待天上掉馅饼；富人知道有舍有得，有付出才有回报。

7. 穷人经商，经营的是自己的账本；富人经商，经营的是自己的人生。

8. 穷人失败后找借口，爱抱怨；富人失败后找原因，爱反省。

9. 穷人在逆境中总看见失败，富人在逆境中会发现转机。

10. 穷人总以别人的判断证明自己，富人会拿行动和成果证明自己。

中国民间有一种说法叫"说穷就变穷"，还有对应的一种说法叫"想好就能好"。用今天时髦的说法，前者给自己负能量，"穷"就变成了咒语；后者给自己正能量，"好"就变成了魔法。

在孩子小的时候，一定要让孩子知道穷人和富人的本质差别，给孩子富人的思维和心态，因为穷人的心态源于一种错误的心智模式，这种模式与早期的经历和记忆有关。比如，小时候，父母总说自己家穷，遇到困难喜欢抱怨或等待别人帮助，懒惰，做错事找借口，怕人看不起或为了虚荣心撒谎而遭受打击和羞辱，这种蒙受羞辱的记忆因承载着负面的情感电荷，会损害身体的细胞组织。长大后，这些承载负面情感电荷的细胞如果没有及时删除，就会逐渐形成一种错误的心智模式，影响一个人对待金钱的态度，以及财富观。

炫富、仇富和说穷、哭穷都是穷人的思维模式，这种模式一旦置入，就会激活金钱携带的负能量，甚至把人裹挟到自卑、自弃、自我鄙视的泥潭里。如果一个人习惯总把自己当穷人，习惯说穷咒自己，身心的负能量就会增多；"负能量"就像劣质的汽油，会对生命列车造成致命的伤害，甚至引发故障而抛锚。

不要跟孩子说穷，给孩子错误的心智模式，等于把孩子培养成穷人，这是父母自种的苦果。

不要让"贫穷"成为借口

当孩子遇到钱，就遇到尊严。不管你是穷爸爸，还是富爸爸，都要告诉孩子，有尊严就不会贫穷。可近些年来，社会上很少听到"尊严"这个词，不是一切向钱看让人忘记了尊严，而是人们怀疑"尊严值几个钱"。

当社会两极分化严重，富人不讲道德，穷人不讲尊严时，我们该如何教孩子呢？

> 山东有一位母亲给我打电话，说她儿子原来学习非常好，上高中以后，有一天，儿子突然对她说："妈妈，同学们都穿名牌了，你也给我买一个名牌吧。"
>
> 她很难过地说："咱们家没有钱，怎么会买得起名牌。"
>
> 儿子不依："你买不起名牌我就不上学了。"第二天，他儿子不起床，真的不去上学了。
>
> 没办法，她借钱给儿子买了一套名牌衣服。

类似这样的故事太多了，多数父母和这个母亲一样，以妥协退让，满足孩子要求的办法解决问题。这种满足开了一个坏头，结果可想而知，今天买了名牌衣服，明天要名牌鞋，后天要名牌包，然后就是名表、名车和豪宅。

> 甘肃的一个父亲靠卖血供儿子上大学，结果儿子靠挥霍父亲的血，追逐时尚，和富家子弟攀比，等父亲无力支付他的开销时，他因偷窃进了牢房。
>
> 吉林一个男孩子进城打工，发现城里的同龄人飙车飙房，他回家让父母给他买车买房，不买就砸窗砸门，最后被送进精神病医院。

165

这些让人痛心的故事和可怜的孩子，应该唤醒更多的父母反省，我们的教育缺少了什么，才会种下如此苦果。我们不惜重金供孩子上名牌学校，进各种补习班，含辛茹苦，望子成龙，结果一股攀比风就把孩子吹折了。

尊严是一笔财富，但它经常被名和利给覆盖。现在社会重保险，医疗保险、意外伤害保险、养老保险，但从来不给心灵和尊严上保险。所以，在金钱和名利面前，人甘愿被宰割和践踏。不管有钱无钱都甘心沦为钱的奴隶，为钱喜为钱忧，成人社会的这种焦虑自然也传染给孩子。因为父母忽略了尊严教育，攀比风、炫富风和奢侈风也把孩子席卷得不知去向。

即使身无分文，也能成为富翁

人穷志短，这是穷人之所以成为穷人的借口。

人穷而志不短，这是穷人成为富人的信念和秘诀。

很多人为自己没钱抱怨，抱怨社会不公，抱怨挣钱无路，抱怨自己出身贫穷，整天抱着怨气活着。抱怨不但丝毫改变不了命运，还加剧了贫穷。

身无分文不可怕，可怕的是自己蔑视自己，看不起自己。我读过一个故事，给了我很多启示，后来我不仅给雨奇讲，也给很多孩子讲。这个故事，每次读都会得到激励，因为它记录了一个穷人靠什么变成富人，一个平凡人靠什么变得不平凡。

很多年以前，一个寒冷的冬天，美国一群难民逃难来到杰克逊大叔所管辖的南加州沃尔逊小镇。他们一路饥肠辘辘，脸色苍白，骨瘦如柴。

镇长给每个难民发食物，有个叫哈默的年轻人却拒绝说："您这儿有活干吗？我干完活再吃您的饭。"

镇长说："没有。"

哈默转身就走。镇长说："年轻人，愿意到我的农场干活吗？"

这个与众不同的年轻人，赢得了杰克逊大叔的赏识和尊重。他不仅让哈默到自己的农场工作，还把女儿许配给了哈默。

女儿不同意嫁给一个身无分文的穷人，他对女儿说："别看他现在什么都没有，可他百分之百是个富翁，因为他有尊严。"

他就是美国石油大王哈默。

哈默当时只是一个难民，一个一无所有的穷人，为什么杰克逊大叔却预言他百分之百能成为富翁呢？

一个人不因穷困潦倒而看不起自己，绝不向别人乞讨，只要有如此志气，凭自己的双手生存，这种尊贵的人格本身就是无价之宝，是超过亿万金钱的财富。

尊严是什么？看得起自己，懂得自己生命的财富价值。穷困是暂时的，只要有骨气和毅力，必定能创造出财富。

即使弯下腰，拾起的也是尊严

70多年前，一位挪威的男青年，为考巴黎音乐学院，漂洋过海来到法国。考试时，他竭尽全力，让自己发挥出最佳水平，但主考官并没能录取他。

因身无分文，他来到学院外一条繁华的街道，勒紧裤带在一棵树下拉琴。

他拉了一曲又一曲，吸引了无数人驻足聆听。饥饿在鼓动他捧起琴盒，等围观的听众赏钱。

有一个无赖以鄙夷的目光盯着他，然后故意把钱扔在他脚下。

他看了看无赖，弯下腰拾起地上的钱，递过去说："先生，您的钱丢在了地上。"

无赖接过钱，重新扔在他的脚下，傲慢地说："这钱已经是你的了，你必须收下！"

他再次看了看无赖，深深地对他鞠了个躬："先生，谢谢您的资助！刚才您掉了钱，我弯腰为您捡起。现在我的钱掉在了地上，麻烦您也为我捡起！"无赖被他出乎意料的举动震撼了，最终捡起地上的钱放入他的琴盒，灰溜溜地走了。

围观的人群中有双眼睛一直默默注视那个青年，他就是巴黎音乐学院刚才面试他的主考官。他把来自挪威的青年学生带回学院，最终录取了他。

他就是挪威小有名气的音乐家比尔撒丁，他的代表作叫《挺起你的胸膛》。

人生中总会遇到困境，困境时易招来蔑视；人生中总会有落魄和贫困，贫困时尊严易遭到践踏。但只要你挺起胸膛，即使偶尔弯下腰来，拾起来的，也是无价的尊严！

即使贫穷，也要高贵地活着

有一个 13 岁的男孩儿，家里很穷，有一天，父亲突然递给他一件旧衣服："你看这件衣服能值多少钱？"

"大概 1 美元。"他回答。

"你能将它卖到 2 美元吗？"父亲用探询的目光看着他。

"傻子才会买呢！"他赌着气说。

"你为什么不试一试呢？"

"我可以试一试，但是不一定能卖掉。"

他小心地把衣服洗净，没有熨斗，他就用刷子把衣服刷平，铺在一块平板上阴干。第二天，他拿着这件衣服来到人流密集的地铁站，叫卖了 6 个多小时，终于卖了。

他紧紧攥着 2 美元，一路跑回家。从此，他每天开始从垃圾堆里淘出旧衣服，打理好后拿到闹市去卖。

过了十几天，父亲突然又递给他一件旧衣服："你想想，这件衣服怎样才能卖到 20 美元？"

"怎么可能？这么旧的衣服顶多值 2 美元。"

"你为什么不试一试呢？你好好想想，总会有办法。"

一天，他终于想出一个好办法。他请学画画的表哥在衣服上画了一只可爱的唐老鸭与一只顽皮的米老鼠。这次，他选择在一个贵族学校的门口叫卖。不一会儿，一个管家为他的小少爷买下了这件衣服，那个孩子特别喜爱衣服上的图案，又给了他 5 美元的小费。这笔 25 美元巨款，相当于他父亲一个月的工资。

没想到，回家后，父亲又递给他一件旧衣服："你能把它卖到 200 美元吗？"父亲目光深邃地注视着他。

这一回，他没有犹疑，信心十足地接过了衣服。

两个月后，机会终于来了。当红剧集《女探俏娇娃》的女主角拉佛西来到纽约做宣传。记者招待会结束后，他猛地推开身边的保安，扑到了拉佛西身边，举着旧衣服请她签名。拉佛西先是一愣，但是马上就笑了，没有人会拒绝一个纯真的孩子。

拉佛西流畅地签完名。他笑着说："拉佛西女士，我能把这件衣服卖掉吗？""当然，这是你的衣服，怎么处理完全是你的自由！"

他"哈"的一声欢呼起来："拉佛西小姐亲笔签名的运动衫，售价200美元！"经过现场竞价，一名石油商人以1200美元的高价买下了这件运动衫。

回到家里，他和父亲还有一家人陷入了狂欢。父亲感动得泪水横流，不断地亲吻着他的额头："我原本打算，你要是卖不掉，我就叫人买下这件衣服。没想到你真的做到了！孩子，让你卖这三件衣服，爸爸希望你能明白点什么。"

"我明白了。您是在启发我，只要开动脑筋，办法总是会有的。"

父亲点了点头，又摇了摇头："你说得不错，但这不是我的初衷。我只是想告诉你，一件只值1美元的旧衣服，都有办法高贵起来，何况我们这些活着的人呢？我们有什么理由对生活丧失信心呢？我们只不过黑一点、穷一点，可这又有什么关系？"

"是的，连一件旧衣服都有办法高贵，我还有什么理由妄自菲薄呢！"

20年后，这个把一件件旧衣服不断变得高贵起来的孩子的名字传遍了世界的每一个角落。他就是迈克尔·乔丹。

"你为什么不去试一试呢？"这是乔丹父亲每交给他一件衣服，提出一个价钱标准后，在一个孩子没有勇气时说的一句话。只有这一句话，你为什么不去试一试呢？以反问的方式激励乔丹自己动脑子想办法，然后鼓起勇气走出家门，通过自己的创意和努力去获取成功。

从1美元要求卖到2美元开始，不断升级标准，到20美元，再到200美元，这些看似不可实现的目标，在爸爸的激励下，乔丹不断发挥创意，从在服饰上画画，到借用明星签名，将一件普通的旧衣服，借助拍卖之手，一锤定音飙升到1200美元。

读读乔丹的爸爸的财富教程，不但轻而易举地找到给孩子勇气的方略，还可以找到商业智慧。乔丹的爸爸没有钱送孩子去各种训练营来提升勇气，但他有智慧，他不花一分钱投资，选择了最简单的教具——一件旧衣服，让孩子出价，给一个判断，然后确定一个看似不太容易达成的目标给孩子，当孩子缺少勇气时，再给一个激励口号——你为什么不去试一试呢？激发孩子去行动。整个财商启蒙教学过程，设计得如此巧妙，又天衣无缝。

乔丹爸爸的教育法不但值得每个父母借鉴，也值得珍藏：

1. 给孩子明确的目标——卖掉一件旧衣服，比市场价高。

2. 给孩子高一点的标准——加倍提升标准，鼓励去尝试。

3. 给孩子一句口号——你为什么不去试一试呢？

4. 给孩子人生的信念——帮孩子总结三次成功经验，有能力让一件普通的衣服高贵起来的人，必定成功。

让孩子变成富人，不需要讲大道理，只需要鼓励孩子去尝试去行动；发现由穷变富的奥秘不是金钱，而是深藏在骨子里的尊严。

穷人和富人的差别

有一天，我走在上班的路上，被身后的一段对话吸引了。

"妈妈，你猜我像谁？"

我回头看看，一个妈妈领着一个 4 岁左右的小女孩。

"妈妈，你猜不出来吧？"

"你长得脸形和眼睛像爸爸。"

"我说的不是这个。"

"那是什么？"

"我只想试试你会不会脑筋急转弯。"

"你的鼻子嘴巴像妈妈。"

"还不对，告诉你吧，我长得最像镜子里的自己。"

然后，小女孩子咯咯地笑起来。

4 岁的小女孩发现了自知的秘密——照镜子。她和妈妈的对话给了我灵感：照镜子教育法一样适用于财富教育。

财富教育需要两面镜子，帮孩子照出穷人缺什么。

自知是一种力量。日本人注重三种力量：剑、宝石和镜子。其中，最重视镜子的力量，因为镜子可以帮助人认清自己。

两千多年前，老子说"知人者智，自知者明。胜人者有力，自胜者强。知足者富，强行者有志，不失其所者久，死而不亡者寿"。后来，老子的这段精彩论断，在民间被凝结为一句名言：人贵有自知之明。

每个人都喜欢做富人，富人和穷人从表面看，只差在有钱和没钱上。其实，真正的差距不是钱，而是生命内在的力量，诸如思维、精神、心态、毅力和勇气。如何向孩子传递富人的正能量，分辨哪些是让人变穷的负能量？

后来，我创意了"照镜子教学法"，把与财富教育相关的知识信息和故事，通过创意连接做成不同形状和具有不同功能的镜子，带进成人和孩子的课堂。通过照镜子游戏，让每个参与者真正懂得富人和穷人的内在差距。

和孩子一起大声诵读，听清穷人和富人的思维模式

有一条关于"穷人和富人"的短信，我把它做成PPT课件，放在大屏幕上，每到一个城市演讲，都拿它做镜子，让到场的人一起大声朗读：

穷人习惯做梦，富人习惯行动

穷人嘲笑别人，富人嘲笑自己

穷人追赶时髦，富人把握趋势

穷人不断放弃，富人不断坚持

穷人计较眼前，富人着眼未来

穷人善找借口，富人善找办法

穷人控制账本，富人控制资本

穷人沾沾自喜，富人自强不息

照镜子光用眼睛看不行，容易"视而不见"；光听别人讲不行，容易"听而不闻"。必须张大嘴巴大声说出来，让耳朵向大脑传递自己的声音，才能打开通向心脑的大门。

每次全场朗读，我都仔细观察台下人表情的微妙变化。当读到穷人的各种表现时，很多人的嘴角会掠过一丝无法掩饰的鄙视和讥笑；当读到富人的各种表现时，很多人眼里会流露出些许的赞叹和欣赏。

用对比法，同时照两面镜子，一面照穷人，一面照富人，而每个照镜子的人，嘴上说的是别人，心灵照的是自己。即使一千人的会场，大家一起读同一个句子，每个人也都在心中快速对照自己。

这一方法同样适合孩子的理财教育。在月亮实验学校，每次孩子大声诵读后，都要和孩子讨论，先讨论镜子有什么力量。

北京有一个五年级的小男孩，谈镜子的力量时，居然套用唐太宗的名言："夫

以铜为镜，可以正衣冠；以古为镜，可以知兴替；以人为镜，可以明得失。"最后加了两句："以富人为镜，可以变富；以穷人为镜，也可以变穷。"

这就是孩子的智慧。

孩子通过比较法和朗读对照法领悟了人变穷和变富的真谛。

和孩子讲故事，看清穷人和富人的思维模式

孩子喜欢听故事，通过讲故事，借助生动有趣的形象来观照穷人和富人的行为模式，比给孩子讲大道理更易于接受。我选择了两个经典故事——《猴子吃花生》和《乌鸦喝水》，每次都请孩子来讲。

第一个故事:《猴子吃花生》

猴子非常聪明，又眼疾手快，要捉猴子可不是一件容易的事。

有一个人，他特别了解猴子的心理，就独创了一种百发百中的捕猎方法：他在一块木板上挖了两个洞，刚好够猴子的手伸进去。木板后面放一些花生。猴子看见花生，就伸手去抓。结果，抓了花生的手紧握成拳头，无法从洞里再缩回来，木板成了一块活生生的枷锁。因为猴子紧紧抓着它想要的花生，所以，就轻而易举地被捉拿了。

每次讲完这个故事，我就跟孩子一起讨论，引导孩子思考，发现故事背后蕴藏的秘密。

"听完这个故事，你想到了什么？"

"猴子太可怜，猎人太聪明。"多数孩子这样说。

"如果猴子松开手，放下花生，结果会怎样？"

"猎人就抓不住猴子。"孩子们同声回答。

"那猴子为什么不松手，放下花生呢？"

"因为猴子饿了。"孩子们同声回答。

"为什么猴子饥饿时，它就不动脑思考了？"

"因为它光想着吃了。"

"它的大脑完全被胃发出的信号控制了，它的思维就变成了饥饿思维，眼睛盯着食物，手抓住食物。因为缺少食物，怕失去食物，它的

大脑丧失了指挥能力。"

"为什么有人会去偷去抢？"

"因为他缺钱，缺吃的和穿的。"

"人和猴子一样缺什么就急着要什么，结果走向反面。"

第二个故事：《乌鸦喝水》

一只乌鸦口渴了，它到处找水喝。最后，终于找到一个瓶子，可里面只有半瓶水，乌鸦伸长了脖子，还是喝不着水，那个瓶口太小了，这可怎么办呢？

乌鸦用爪子抓起一块石子对准瓶子扔过去，它想砸碎瓶子。只听"扑通"一声，石子刚好掉进了水瓶里，水瓶没有破。可是聪明的乌鸦却发现，石子掉进去后，里面的水好像比刚才高了一点。

这下子，乌鸦有办法了，它连忙用嘴衔起一块石子，又用爪子抓起一块，把两块石子投进瓶里，水又升高了一些，但还是喝不到。乌鸦没有泄气，它一次一次地把石子运来，投进水瓶里。瓶子里的水呢，一点点升上来。最后，乌鸦终于可以喝到水了。

乌鸦为什么能喝到水？猴子为什么被抓住？

一个要喝水，一个要吃花生。

一个饥渴，一个饥饿。

同样都是胃向大脑发出信号，为什么猴子不但没吃到，还被抓了呢？而乌鸦本来喝不到瓶里的水，为什么最后竟然喝到了呢？

把问号交给孩子，让孩子自己去找答案。寻找答案的过程就是调动孩子"心脑合一"的学习过程。

"猴子急着吃花生，眼睛和心里装满了花生，大脑关闭了。"

"乌鸦想喝水，瓶子里的水够不着，但它动脑子想办法喝到了。"

讨论的结果，孩子都想做聪明的乌鸦，不想做愚蠢的猴子。

创意成语小品，体验穷人和富人的心智模式

给孩子两面镜子，让孩子自己照出穷人缺什么。

174

了解穷人的思维模式和行为模式，同时还要了解穷人的心智模式。

不论在学校，还是在各种演讲会上，我经常组织孩子即兴创编成语小品，让孩子表演。中国成语故事里不仅蕴藏着智慧，还生动地描绘出穷人和富人的心智模式。比如"盲人摸象""自相矛盾""掩耳盗铃""叶公好龙""守株待兔""鹬蚌相争，渔翁得利"等等。

和孩子一起创编成语小品，通过表演，夸张放大形象，让孩子通过角色表演感受和体会不同心智模式导致的不同后果。

比如演"狗熊掰棒子"，孩子发现了穷人的一种心智模式，就是喜欢只顾眼前利益，而忽略了财富的积累；再比如演"守株待兔"，孩子发现了穷人喜欢等待，因为一次成功经验带来的侥幸心理，导致他喜欢固守，期盼好运重来。

"鹬蚌相争，渔翁得利"对于孩子有点难，但是，当这个成语让孩子编成小品，扮演角色表演的时候，孩子因为进入情节、进入角色而深刻地理解了其中的含义。

对于穷和富，孩子极其敏感，从小让孩子了解富人的精神和穷人的魔咒，孩子自然知道如何亲近富人的精神，远离穷人的魔咒。

给孩子两面镜子，让孩子自己去发现穷人和富人的思维行为与心理模式的差异，选择如何做富人，远离穷人。

正能量成就富孩子

爱因斯坦说:"宇宙间任何事物,包括我们的身体,都是能量的组合。"人体是一个能量场,通过激发内在潜能,可以快速获得改变,以及自我更新,由此创造出一个全新的自我,从而更加自信、更加充满活力。

当孩子遇到钱,就遇到钱携带的正负两种能量。这两种能量需要通过正确的途径转化成能力、责任释放出来。但在家庭教育中,我们习惯重视孩子的能力发展,而忽略孩子身体能量的聚合与释放。

正能量是生命的一笔巨额财富,它能鼓动人创造出各种奇迹;负能量是垃圾和病毒,它侵害的第一人是病毒携带者,而后去传染他人,污染周边的环境。

为什么成人看见孩子就眼睛发亮,和孩子在一起就神清气爽?因为孩子体内汇集着生机勃勃的正能量。人是靠吸收和释放正能量成长的,如果一个人习惯了吸收和释放负能量,这个人不但会丧失活力,身心也将会日渐枯萎。

富孩子是怎么长成的?富孩子需要正能量。富有和贫穷不是一个固定的状态,而是取决于我们对物质和精神能量的转换,以及向生活汲取正能量的能力。

正泰集团董事长南存辉 13 岁中学毕业的那一年,父亲带着他去大街上修鞋,忙的时候经常加班到凌晨两三点,早上五六点钟就要起床。

南存辉觉得在街上修鞋没有面子,怕同学瞧不起他,就向父亲提出回到农村劳动,因为在农村很清闲,起来晚了只扣点工分,但父亲坚持不同意。

在寒冷的冬天,南存辉坚持每天起早贪黑补鞋。有一天,锥子深深地扎进手指,他咬牙拔出锥子,用纸包着伤口,继续为客人补鞋。

修鞋看似一件小事，但给了南存辉一双勤劳的手，质量第一的服务意识，从生活中汲取正能量的能力。所以，在他21岁创业时，他带着一身正能量和吃苦精神，很快闯出一片新天地。

正负能量转换，发现优势才能

在写这本书的日子里，雨奇从网上发现了英国巧克力大使路易的故事，通过网络电话采访了他和他的母亲。

路易11岁时被诊断为"阅读障碍＋运动障碍＋计算障碍"，三大障碍集于一身，被迫退学回家。谁也没想到，从14岁开始，他奇迹般地成了英国巧克力大使和少年创业家。他妈妈是怎样消除他的三大障碍，让这些负能量转化成正能量的呢？

世界上有很多跟路易一样有这些障碍症的孩子，为什么路易早早就成功了呢？

在采访路易和他的妈妈时，我们找到了一份可以给很多父母带来启示的教育宝典：

> 一个11岁的孩子，面对如此多的学习困难，早早离开学校，失去考试、测评，以及各种就业的资格证书，简直像一场赌博。为什么这一切没有对他构成伤害和打击呢？是什么力量让他如此淡定自若，从容不迫地面对自己的障碍呢？

在采访路易的妈妈时，我们找到了答案：

> "我一直觉得路易有些问题，但我不明白到底是什么问题，因为他是一个聪明的小男孩，比同龄孩子早开口说话，早会做各种事情。上学后发现他的写作能力差，老师都没法读懂他写的是什么。他不会拼写，不会算数，不会系鞋带，直到9岁才会骑车。

> "当我拿到路易的诊断书时，一点儿都不惊讶，因为我终于找到他与别人与众不同的原因了。

> "我从来不对路易说'你有什么障碍'，只是不停地告诉他：你多么与众不同，每个人都很普通，但是你很特别。你有这些障碍是有原因的，是给你机会考验你的能力，看你如何去改变，变得更特别，然

后，通过你去启发别人，帮助和支持更多人。"

为了不让路易陷入挣扎在沮丧的泥潭中，他的妈妈创意出很多独特的教育方法：

1. 让孩子知道他是谁，他有多么幸运

路易的妈妈不时地告诉他："你真的太幸运了，生活跟日夜一样，也有黑暗的一面，但妈妈告诉你，你是多么幸运，你生活在一个可以直接拥有水资源的国家。看，你一打开龙头就有水了，是不是太奇妙了？"

然后，他妈妈就鼓励路易去调查水龙头里的水是怎么来的。

他妈妈找出各种让路易感到幸运的事，引导他去发现世间的一切美好，并告诉他"一切皆有可能"。

当孩子出了问题，父母必须停下来观察思考，不要花时间陷入忧伤和消极的负面情绪里，要努力去寻找事物美好的一面，然后和孩子一起去拥抱新的希望。

2. 发现孩子的优势潜能，帮孩子找到自信的路径和方法

路易3岁时，就喜欢把妈妈的厨房当作课堂，对做美食表现出特殊的激情。4岁起，他就跟着妈妈在厨房里练习烹饪。他会花很长时间非常专注地做一件事。很小他就会做传统的英式蛋糕、点心、派，还有其他糕点。学烹饪时，他表现出极大的乐趣和创造力。

父母要在孩子很小的时候，通过各种途径和方法，探索出孩子的兴趣点和优势才能，知道孩子比较适合做什么。父母一定要知道孩子热爱什么，什么使他快乐，什么能让他长时间关注和聆听，什么事让他感到无聊。你的孩子是否非常有创意，或者有艺术天赋？如果是这样，他可以成为艺术家、时尚家或者音乐家。有创意的孩子不适合面对一张纸做计算，数学不是每个人都能学好的。人的大脑是有分工的，每个人的优势不同，不能强迫孩子去做他不喜欢的事，孩子自身的天赋会帮他做出选择。

尽管路易的妈妈早就发现路易在创意美食上具有天赋，但她从来不强迫他去做，而是等待他自己做出选择。"无论孩子做出什么选择，厨师、律师还是生产线工人，我都要支持他，帮助孩子实现他的梦想才是母亲要做的。"

3.“如果你想摘星星，谁又能阻止你呢？”

如果孩子做出选择，父母要做什么？

路易的妈妈经常和他探讨“你是谁？你有什么？你能做什么？”

每次路易说出他找到的自己，妈妈都鼓励他为知道自己是谁而感到自信和快乐。路易是一个安静的孩子，在学校经常受欺负，但他从来都没有侵略性行为，他不明白为什么人们彼此那么残酷。但只要他决定想做一件事的时候，母亲就会对他说下面的话：

“如果你想摘下星星，除了你自己，那么谁还会阻止你呢？”

“你知道自己想要的，你的梦想就可以成真，你必须敢想，并且要坚持去做和实现自己的想法。”

“你想成为一位火箭科学家？那么就去做吧！为什么不呢？你为什么做不到？谁告诉你不可以成为你想成为的人！”

路易的妈妈相信只有妈妈不停地告诉他，给他力量，孩子才会自信地去做任何事情。

4.告诉孩子你多爱他，鼓励孩子讲“实话”

路易妈妈做的第一件事就是不停地告诉孩子自己有多么爱他，“你对我来说实在是太重要了。你是上帝送我的礼物，我接收到了，无论你做得怎样，我都不会再还回去”。如果孩子知道父母无私地爱着他，他就不会焦虑紧张，胆小自卑，这对孩子的成长非常重要。

当路易很小的时候，妈妈告诉他要永远诚实和真诚，即使他做了非常不好的事情，也要和父母一起来面对。妈妈经常跟路易说：“不管你做了什么事情，你一定要告诉我实话。即使你知道我会非常不高兴，你也要诚实，这样我才能冷静地帮着处理你做的事。”

所以，路易每次做错事都会说：“妈妈，我有事要告诉你，但是我知道你会很生气。”

妈妈立刻告诉他：“好吧，我们坐下来，告诉我你做了什么，也许我会对你很失望，但是我不会生气，因为你对我说了实话。”

路易的三大障碍症本身会制造出各种负能量，压垮小小的路易和父母，让他们背负着被疾病的折磨。但路易的妈妈创造了奇迹，她并没有东奔西跑找各种灵丹妙药，而是相信母亲的正能量一定能呼唤出孩子身上的正能量。

5. 正思维，自然流淌出正能量

路易在接受采访时，分享了他成功的三个秘密要素：毅力＋激情＋工作。

毅力：事情总会有变得不好的时候，当你生意不顺利时，也许会想到放弃。这时，你必须站起来，掸去身上的尘埃，跟自己说："不能放弃，要加油！我们必须前进！我们要重做！我们要重新开始！"这就是毅力。所以，无论面对多么坏的情况，你都要站起来，重新来。

激情：我认为激情就是给你毅力的来源。如果你对所做的事情充满了激情，你热爱你的工作，就像爱你自己一样。我热爱配料的成分和味道，这是我热爱做的事情，并且我也想不出来如果不做这件事，世界上还有哪件事可以让我更快乐。如果你对一件事充满热爱和激情的话，你就很容易坚持住，即使面对的事情变得很困难。

工作：最后一点就是工作，你终究要把这些放在一起开始工作。你必须一天工作十五六个小时，每周7天这样坚持很多年，也许5年、10年、15年，甚至20年。如果你想成功，你必须做好刻苦工作的准备。没有人可以给你一袋钱，没有人会给你兰博基尼或者法拉利，甚至在世界各地给你买10套房子。没有人会给你这些东西，所以你想成功，你就要刻苦努力！

因为路易的妈妈一直告诉他："无论你做什么，你都可以成功。你创意的巧克力一定能成为世界品牌。"父母给他的正向思维，自然在路易身上转化成正能量。

在每个孩子身上都拥有三种与生俱来的正能量：
能量1：勇气，没有顾虑，不受外界干扰去探索未知世界。
能量2：渴望成为公众瞩目的人物，成为英雄、超人、侠客拯救世界。
能量3：善于从生活、人和大自然身上汲取正能量。

第五章

遇到钱，孩子就遇到良知

遇到钱，孩子就遇到良知

教育家陶行知说："道德是做人的根本，根本一坏，即使你有一些学问和本领，也无甚用处。没有道德的人，学问和本领愈大，为非作恶的能力愈强。"

什么是良知？良知就是孔子说的"仁爱"之心。

何为仁？"仁"字从"人"从"二"，仁爱不是单向的给予，而是两个人的互动交流。不论在职场、商场，还是与人交往，必须"将心比心"，换位思考。所以，要赢得人心和支持，必须懂得"己所不欲，勿施于人"的哲学。

良知是人心的保护神，如果良知倒下了，人心必乱，心乱了人的能力必散。中国有句古话："老实是最大的智慧。"世界百年品牌的历史都证实了老实做事做人，可让家族兴旺，事业长久。当良知遇到钱，钱就开始挑战良知。

如果良知倒下了，"毒奶粉、假鸡蛋、地沟油"，乃至"黑心棉、毒校服"便开始充斥人们的生活，让每个人都活在岌岌可危之中，日夜被防范、恐惧和担忧而困扰。人一旦丧失良知就会"钱迷心窍"，变本加厉，不顾他人安危地赚昧心钱。这样的财富之道能走多远？

良知是一笔巨大的财富，它蕴含着智慧、胆量、勇气、诚实、真诚、诚信和仁爱。告诉孩子什么是良知，让良知站起来。

3—7岁之间，人的良知开始觉醒，就像《三字经》开篇讲的"人之初，性本善"。人之初的善从何来呢？孟子早就发现了人的道德智慧来自心灵的四个端点：

恻隐之心，仁之端也，无恻隐之心，非人也；

羞恶之心，义之端也，无羞恶之心，非人也；

辞让之心，礼之端也，无辞让之心，非人也；

是非之心，智之端也，无是非之心，非人也。

恻隐之心是"仁"的端点。当孩子对弱小动物和年迈的老人表现出同情心和怜爱时，孩子就会主动搀扶年迈的祖父母，或像孔融一样把自己喜爱的食物给别人，这些都是良知在行动。而良知是道德伦理的基础，没有良知便没有道德智慧。

雨奇8岁时，北京电视台一档现场直播节目邀请我做嘉宾，节目播放期间主持人突然放了一段采访雨奇的录音：

"你长大了想干什么？"

"想做个好人。"

"什么样的好人？"

"帮助有困难的人的那种好人。"

"如果别人伤害了你，怎么办？"

"那也没关系，继续帮助他。"

主持人带有一点挑战的味道，把话题递给我："徐老师，这段采访你不在场，刚才听录音时，我发现你下意识地摇摇头，你不觉得当今社会，这样教育孩子，她将来会吃亏，会受伤吗？"

这个问题一针见血，来得突然，在此之前，我从没把助人和吃亏连在一起。因为从小妈妈就反复教导我们八个兄弟姐妹"敬人就是敬己，爱人就是爱己，助人就是助己。好事多做，坏事不做。做任何事都要用良心掂量，丧天良的事有再大的好处也不能做"，这些话，在那个年代，很容易在孩子心里扎下根。

可今天，电视、网络、手机无孔不入地告诉孩子做好人难，坚持做好人更难。那家庭教育靠什么来坚守良知，传播良知呢？

有一天，女儿听到电视剧里有句"你的良心大大地坏了"的台词，突然问我："妈妈，良心和良知有什么不同？"

"做好人要靠良心。良心坏了，就像树根断了一样，树干和树枝早晚要枯死。"

"妈妈，你别所答非所问，我问的是良心和良知有什么不同。"

这个问题很抽象，也很具体，要给一个8岁的孩子说清楚，突然觉得很不容易。我灵机一动，把孟子讲的"仁义礼智"的四个端点改编了一下。

"良心是良知的妈妈。还记得以前我讲过一个让妈妈搬了三次家的小孩，后来成为圣人的故事吧，他的名字叫孟子。"

"记得啊。"

"两千多年前，他发现人有四心，恻隐之心、羞恶之心、辞让之心、是非之心，这四心加在一起叫'良心'。四心各生出一个孩子，分别叫'仁、义、礼、智'，四个孩子加在一起叫'良知'。孟子还描述了一个画面，对每个人提出一个问题：如果你突然看到一个小孩快要掉进井里了，你会怎么样？"

"马上去救他啊！"

"你为什么去救他啊？"

"怕他掉井里淹死啊！"

"就是害怕他掉进去，想救他对吗？"女儿点头。

"就是一想到他会淹死就特别难过，对吗？"女儿再次点头。

"想过这样做，他的父母会感谢你吗？"

"没有。"

"想过这样做，周围亲戚朋友会夸你吗？"

"也没有。"

"是因为讨厌听小孩惊慌时大哭大叫的声音吗？"

"不是！"

"那为什么你想救他呢？"

"怕他淹死呀！看他有危险心里难过啊！"

"你刚才说的恐惧和难过就是孟子说的四心中的第一颗心——恻隐之心。恻隐之心的孩子叫'仁'，就是我们常说的仁爱之心。有了仁爱之心，关爱和帮助别人不会想要回报，做任何好事都是为了心灵的安宁。"

"那什么叫羞恶之心？它的孩子为什么叫'义'呢？……"

雨奇开始刨根问底。

12 岁之前，孩子都特别喜欢打破砂锅问到底，有些问题，会把父母问住，有些问题会一时不知如何回答，在这种时候，父母一定要做五件事：

1. 保持和孩子一样的好奇心，拿笔记录孩子提出的问题。

2. 如果用语言说不清楚，就用画图法，图解。

3. 不急着回答，带着疑问和孩子一起查资料，帮孩子找求知路径。

4. 用踢球法把问题先踢给孩子，鼓励孩子动脑思考。

5. 根据孩子的年龄和心理需求，寻找沟通的最佳方案。

孟子说："仁义礼智，我固有之。"在孟子看来，人的四心如同人的四肢，一个人失去了四肢，就不再是身体完整的人。如果心灵的四种原生态被金钱、利益、仇恨戕害，就成了空心人，"仁义礼智"就成了无源之水，无本之木。

何谓"君子爱财，取之有道"之道？当孩子遇到钱，引领孩子走"仁义礼智信"的正道，如同为孩子上了终身保险。

良知——无形的力量和财富

英国父母认为，诚实不是一种孤立的品德，而是与自重和尊重别人，与对生命和大自然的爱紧密联系在一起的。多数英国父母鼓励孩子饲养小动物，带孩子到敬老院陪老人聊天，讲故事，为老人表演，做力所能及的服务，因为他们相信：鼓励孩子做慈善、募捐，参加公益活动或环保，有助于培养孩子的爱心、社会交往能力和责任感。

雨奇曾采访过英国的"超级果酱"的创始人，14 岁开始创业的青年慈善家弗雷泽·多尔蒂。当问到他的创业缘起时，他竟然说："我创业的动机是为了回报社会，帮助那些需要帮助的人。"

从 14 岁开始，多尔蒂在厨房研究祖母制作的纯绿色果酱配方，他特别想研制出不放任何添加剂，连糖尿病人都能吃的绿色"超级果酱"。

"超级果酱"很快研制出来，因没有添加剂，马上被抢购一空，紧接着他收到大量的果酱订单。16 岁时，多尔蒂选择放弃学业，把全部时间投入他的果酱生意中。

英国 Waitrose 超市开始经销他的绿色"超级果酱"。几个月后，"超级果酱"开始出现在 Waitrose184 家连锁店的货架上。后来，英国零售业巨头 Tesco 也购进了"超级果酱"，并在其 300 家连锁店出售。现在，他的果酱已经陈列在苏格兰国家博物馆，成为苏格兰标志性的品牌。

多尔蒂的超级果酱每年可以挣几百万英镑，但在采访中，他没有炫耀自己的财富，而一直在讲小时候，祖母带他去养老院的故事和他创业的目的。

小时候，奶奶经常带着弟弟和我去一些养老院。每个周末，她会亲自开车带我们去。当时，我们并不知道她为什么这么做，但是我发现她对这件事非常上心，有着强烈的感情，每次进养老院之前，他总是鼓励我和弟弟："发挥你们的所长帮助老人做事，多给他们带去快乐。"

弟弟会弹吉他，每次去都给老人演奏他们喜欢的歌曲，让他们快乐。我会讲故事，每次都给老人讲各种故事，激发他们的想象力和美好回忆。每次看见我们热心地帮助老人，祖母都非常开心。现在，我才懂得，原来祖母是希望我们从小学会关爱弱势群体，以行动助人并从中获得能力，通过这些经历来激发我的责任感。

这些经历给了我很多深刻的体会，激励我愿意做更多的慈善事业。我的父母也如此，他们乐于帮助社区里的人，总是告诉我创建企业不仅要赚钱，更重要的是时刻想着如何回报社会。我们经常为孤寡老人在养老院或者他们的家里举办慈善茶会或举办免费的娱乐活动。这不仅帮我创建了品牌，而且也为社会做了一点贡献。

在英国，果酱几乎是每家的必备品，因为他们早餐要吃，下午茶要吃，甚至餐后甜点也要吃。在弗雷泽卖果酱的初期，遇到很多人，抱怨他们不能吃果酱，因为含糖量太高，而且他们有糖尿病。英国是一个糖尿病发病率比较高的国家，所以很多人没有办法享受他们的传统食品。弗雷泽为了让这些糖尿病患者也能享受同样的权利，经过很多试验，改善了自己的配方，让他的果酱100%纯水果制造，这样糖尿病人就不需要那么担心了。后来，他拥有了自己的慈善组织，他还为老年人举办茶话会，给他们表演节目，提供免费的茶点。弗雷泽·多尔蒂用他挣来的钱再次回报社会。

多尔蒂做的第一桩生意是从农场买来的鸡蛋，放在电视机上出乎意料地孵化出小鸡来，他把小鸡下的鸡蛋卖给邻居。多尔蒂的父母鼓励他尝试新的事物，自己去找到答案，还经常告诉他和弟弟："最重要的是找到你热爱的事业，如果你找到一个让你每天能为它起床，而且让你特别兴奋的事去做，你就接近成功了。"

从 14 岁做果酱起家，19 岁时，多尔蒂已经成为英国 Waitrose 超市最小的供应商。24 岁时，他的超级果酱已经遍布澳大利亚、俄罗斯、丹麦、芬兰及爱尔兰等国家的 2000 多个超市，而今他还要进军美国市场。

按照一般的企业模式，多尔蒂可以用色素、调味剂和白糖降低成本，靠比别人卖得便宜，用价格战取胜。出于良知，他没有，因为他心中有一个道德底线。他的行为有良知约束，他做产品的前提是让别人的利益最大化，让更多的人享受到果酱带来的快乐，吃上更健康的果酱。

> 当雨奇问他为什么这样做时，他又提到祖母："小时候，不论做什么，祖母总是说，要用良知去判断和选择，什么事该做，什么事不该做。"
>
> "那什么是该做的事呢？"
>
> "能给社会造福，给他人带来快乐的事。比如，生产健康优质的食品。"
>
> "那什么事不该做呢？"
>
> "给社会带来危害，给他人带来痛苦的事。比如，为了赚钱生产劣质和给他人带来伤害的商品。"

多尔蒂的成功经验诠释了两千多年前孔子的名言——"君子爱财，取之有道"。

在接受采访中，多尔蒂反复强调他的成功秘诀源自"伦理道德"。"我觉得建立一个回报社会的品牌比一个光挣钱的品牌更有意义！"

良知和创业的道德伦理非但没有限制企业的发展，相反，还扩大了消费人群，利益收入也随之增长了。他创办的慈善组织，不但给老年人带来了快乐，与此同时，还提高了自己产品的社会影响力和知名度，真的是一箭双雕。这是良知带来的福音。

为什么多尔蒂小小的年龄就懂得创办企业的真谛——为别人着想，关心别人的需求呢？这要归功于他童年时祖母和父母的教育，良知成了他奠定成功的坚固基石。

多尔蒂的祖母和父母的成功经验，给我们提供了成就富孩子的独特方法。

方法 1：帮孩子寻找长久发展的创业之路和支点——良知。

方法2：让孩子尽己所能去帮助别人，给别人带来快乐。

方法3：让孩子自主寻找正确答案，发现助人助己的法则。

为什么有的人暴富后，紧接着暴穷，而另一些人却富了一代又一代？

纵观世界名牌，只要被称得上百年老店，就一定是世代传承，在世界上站得住脚的牌子。

英国作家毛姆曾说过："良心是我们每个人心头的岗哨，它在那里值勤站岗，监视着我们别做出违法的事情来。"

什么是一个名牌成功的秘诀？为什么它能富了一代又一代呢？

通过对很多企业和创业家进行采访和研究，我们找到了他们常青不老的秘诀——"道德"和"良知"。

> 在丹麦，木匠出身的奥勒·克里斯第森对自己制作的木质玩具一向要求严格，他坚信良知和诚信的力量。
>
> 有一次，他的儿子哥特弗雷德在给木制鸭子玩具喷漆时，省了一道工序。他高兴地告诉父亲，他为公司节省了开支，因为少了一道工序。
>
> 哥特弗雷德万万没有想到，他的父亲会很生气地质问他："你为什么要这样做？"
>
> "我觉得给鸭子涂两遍漆就足够了，不需要按常规涂三遍。这样既可以省工，又可以节省一笔钱。"
>
> 奥勒·克里斯第森命令儿子："立刻取回那些鸭子，涂上最后一遍漆，重新包装好再给客户。所有的这些工作，都必须由你自己完成，即使要做一个通宵，也要由你一人完成！"
>
> 后来，他们在房间里挂上了"诚信最重要"的牌子，以便时刻提醒自己。正因为如此，他们的高品质玩具后来能远销到国外。

而这个严厉的父亲就是当今丹麦乐高集团CEO的祖父，也就是乐高的创始人。这件事，不仅成就了哥特弗雷德，也成了乐高作为世界品牌的基石。乐高经历了三代人，产品影响全世界。用良知保护你的产品，只有做到最好，不自欺，不欺人，企业才能长寿，你才能真正富有。

在法律上，父母是孩子的监护人；在人生路上，父母是孩子的领路人。保护孩子的良知，让良知护佑孩子前行，孩子就不会轻易偏离方向或出轨触礁。

哥特弗雷德父亲的行为看似不近人情，但充满道德智慧。企业家拥有它自然能赢得全球的市场。哥特弗雷德父亲的教育之道，为我们提供了赋予孩子财富智慧的三种方法：

方法 1：助人就是助己，为他人着想等于替自己着想。

方法 2：欺人就是自欺，自欺欺人的苦果只能自己独享。

方法 3：不怕出错，发现错了就改，诚实做人，坦荡做事。

良知拥有两面，一面写着利他，一面写着利己。考虑顾客利益看似为他人着想，其实，最大的受益者是自己。

道德是双向的，道德一直被误以为只是给予别人，其实道德行为最大的受益者也是自己。市场学和经济学重视研究他人的需求，以满足他人的需求来实现自己的利益最大化。只要你有良知，能为别人着想，你肯定是最大的受益者。

世界名牌产品因为品质高而获得巨额利润的故事太多了。

让亚洲顾客神魂颠倒的 LV、路易威登的奢侈品，为什么能称得上奢侈品？因为它贵才奢侈吗？是因为它的高质量才称得上奢侈。奢侈是因为稀有珍贵而存在的，它的每一个包都是工人手工制作的，而出厂的每一道程序都是严格把关的，所以，它的质量抬高了它的价码。这就是良知带来的财富。

挣大钱和生产有道德质量的产品没有冲突，反而是相互促进。

什么是一个人成功的秘诀？为什么有的人今天大红大紫，明天身败名裂？今天爬到高位，明天变成阶下囚？剥去五光十色的包装，问题一定出在良心上，当良知丧失殆尽，个人的名誉和企业的信用也必丧失殆尽。

香港企业家李嘉诚说："你必须以诚待人，别人才会以诚相报。"日本企业家松下幸之助认为："信用既是无形的力量，也是无形的财富。"

一个人如果从父母那里知道"诚信和良知是巨大的无形资产"，他就会抵抗各种诱惑，用一生来守护这笔资产。

父母的"点金术"

美国钢铁大王卡耐基有一个成就人才理论："寻找金子，而不是矿渣。"

有记者问他："你怎么会雇 43 个百万富翁为你工作？"卡耐基说："他们刚开始为我工作时，并不是百万富翁。他们之所以能成为百万富翁，是因为和我一起工作。"

"你是如何把他们变成人才，又变成富翁的？"

卡耐基说："发现和培养人才和挖掘金矿的道理完全一样。开采金子，每获得一盎司的金子，必须先除掉几吨的矿渣和废石。每个人身上都有金子一样的闪光点，像开矿那样去寻找每个人的金子，忽略矿渣般的缺点和毛病。当每个人身上的'金子'闪光时，我和他们就都获得了更多的财富。"

发现孩子身上的金子，胜过发现一座金矿

什么是孩子身上的金子？孩子的优点和优势才能。每个人都有自己的优势智能，比如音乐、语言、逻辑、运动等等。

街舞小明星王一鸣，艺名小宝，他出生时，因为妈妈患有严重的妊娠高血压，被迫做剖宫产手术，他的出生体重仅有二斤八两，小宝爸爸第一眼看见他，只看见一个透明的小东西，无法相信这就是自己的儿子。

小宝出生时身体极度虚弱，医生告诉他父母早产儿将面临的危险，

先住院观察，但没有把握他能否存活。经过医护人员精心护理，小宝渐渐脱离了危险，一天天好转起来。

一个月后小宝终于出院了，临出院时医生嘱咐，这样的孩子一定要加强锻炼，否则不能保证日后是一个健康的宝宝。

小宝回家后，妈妈就经常给他听音乐。心细的妈妈发现，每当音乐响起，躺在襁褓里的小宝好像能听懂一样，眼睛就开始发亮。他的眼神给妈妈传递了一种信息。

为了能给孩子一个强壮的身体，小宝父母有意识地用各种方法激励小宝多蹦多跳，而且精选一些能激活孩子乐感和律动细胞的音乐，每当音乐响起，就鼓动小宝跟着音乐律动。

小宝两岁时表现出了超常的舞蹈天赋。父母为了让小宝成为一个健康的孩子，选择让他学舞蹈。为此，他们克服种种困难，由母亲一人带他到北京四处求师。

四岁时，小宝因模仿迈克尔·杰克逊迅速成为各大媒体的宠儿，人称"迈克小宝"。很快，小宝成了国内外备受瞩目的舞蹈明星，他的语言、演唱等能力也随之被挖掘出来。

小宝的故事给我们诸多的启示：每个孩子身上都有金子，只要父母相信这一点，只要父母细心观察和发现孩子的才能优势，只要父母坚持不懈地激励孩子展示自己的优势，那金子早晚都会闪光。

如果父母发现孩子身上的金子，并通过各种方式培养，让孩子找到自信，那么孩子一生都会是富人。与此相反，孩子一生都会是穷人。

所以，穷人和富人不由天定，而由父母定。

穷人不知道自己是谁，自己能干什么。

所以，穷人无规划，人生只有拼图。穷人无目标无航线，只好四处流浪。

发现孩子身上的金子，胜过发现一座金矿。

如何点石成金？

"点石成金"这个成语有两个版本。第一个版本讲的是一个人和神仙的故事。

有个穷困潦倒、沿路求乞的书生遇到了一位神仙，书生向神仙祈求帮助，神仙欣然答应，叫书生看看地上的石块，接着用右手食指轻轻一点，石块立即变成了黄金。神仙叫书生拾起黄金变卖维生。书生俯身拾起了黄金，恭恭敬敬地送给神仙说："这块黄金我不要，我要你的手指头。"

这个书生懂得黄金有价，而点石成金的手指无价，他选择了"点金指"，而不是金子。

第二个版本讲的是两个人和神仙的故事。

有两个穷人遇到了一位"点石成金"的神仙。神仙给两人每人一百两黄金，甲要了，而乙没要。

神仙问乙："你为什么不要？"

乙说："金子总会花完的，我请求您把'点金术'传授给我。"

神仙高兴地把"点金术"传授给了乙。

一年后，甲的金子用完了，又成了穷人；而学会了"点金术"的乙，自己能"点石成金"，成了大富翁。

这个故事可以讲给孩子，但不要一口气讲完，待孩子选择后，再把结果告诉他。这也是思维能力的一种训练。每个孩子身上都有金子，有其自己独特的价值，关键是父母是否有"点金指"。如果父母懂"点金术"，孩子身上的金子就会闪光。

雨奇采访过芬兰青年企业家威廉，他的父亲特别懂得"点金术"。

威廉小时候，每次爸爸带他出门，不管走到哪儿，只要看见一样新产品或一个新兴的企业，他爸爸都要给他讲一段某企业家从无到有的发家史。

去宜家购物回来，父亲先问他喜欢宜家的那些产品，然后告诉他宜家在全世界有多少连锁店，最后一定要讲一个人物故事：宜家创始人英格瓦5岁时卖第一盒火柴，成了他淘的第一桶金，如何奋斗几十年，才成为现在全世界的大品牌。

去机场乘坐飞机，他抓住一切机会告诉威廉，世界有哪些大的航空公司，比如"英国维珍集团"，然后讲维珍集团创始人布莱森4岁时改装玩具小火车，让小朋友拿巧克力饼干做门票参观的故事。

威廉从爸爸那里听了很多成功人物与成功企业的故事，所以很小他就相信，每个人都可以创建自己的事业，并且一定会成功。

最有趣的是，在采访到最后时威廉说："直到最近，我才发现爸爸给我讲的那些发家史不全是真的。可能当时他自己也不知道，只是为了激发我的兴趣，告诉我一个人创建自己的事业其实很简单，每个人都能做到，而故意编给我听的。爸爸这招真的太绝妙了，在我的心里树立了那么多真实可信的榜样，他的教育法对孩子特别灵验管用。等我以后有了孩子，也像他那样给孩子讲人物故事。"

点石成金不是神话，威廉的爸爸给一个孩子讲的每个真实的和自编的创业故事都是"点金术"，轻轻一点，一个孩子身上的能力就放射出金子般的光芒。

"点化、点穴、点拨"是中国古老的智慧，通过一个点，以激光的速度，激活身体内在的正能量，这才是父母留给孩子的财富。

给孩子获取财富的正能量

2006年，世界第二富豪、被誉为"股神"的美国著名投资家沃尔·巴菲特公布，他将捐出370亿美元投向慈善事业，这些财富约占他公家财富的85%。

美国《纽约时报》的一位记者问他："您把大局部财富都捐了出去，您会给您的孩子留下什么呢？"沃尔·巴菲特说："活着，快乐最重要，亿万财富不会给人才干和生长，反而会消磨你的热情和理想。从一定意义上讲，金钱只是一串有意义的数字，只有希望、自信、英勇、勤于思考的人会收获快乐而丰厚的人生。"

巴菲特在给子女的信中这样写道："那种以为一出娘胎便可以一世都衣食无忧的人是错误的，我的孩子绝不能成为那样的人，你们要通过努力自食其力，才能让我欣慰。如今全世界都在关心我的财产将如何分配，我要把99%财会用于慈善事业。因为人生的意义在于用慈善行为来帮助世界，而不是对父亲的财产进行尔虞我诈的争夺。"

如果父母想留给孩子一笔财富的话，只需要做一件事。

这件事世界上最富有的人已经做过或正在做着。它被历史记载并推崇，它能给人带来金钱和富足，它赋予每个持之以恒的正能量。.

美国"石油大王"洛克菲勒儿时就身体力行这件事，他成为亿万富翁。

美国"钢铁大王"卡耐基也做了，他成为举世闻名的大亨。

美国财富大亨巴菲特正在做着，他用行动影响着自己的子女和今天的世界。

这件事叫"爱心行动"，这笔财富叫"爱心智慧"。

美国BBDO广告公司创始人布鲁斯·巴顿说："如果一个人一直为他人的利益服务，甚至这种善行已经成为了他的一种下意识的习惯，那么宇宙中所有的山的力量都会汇集到他的身后，成就他的事业。"

父母留给孩子金钱，不如点亮孩子身上的金子；留给孩子亿万家产，不如赋予孩子爱心、智慧和善行。

诚信来自鼓励，撒谎来自惩罚

良知不用花钱买，却可以赢得一切。鸟儿有巢，蜘蛛有网，人的心也要有居所，而那居所的门牌密码叫"诚信"。

在繁华的纽约，曾经发生了这样一件震撼人心的事情。周五下午，一个贫穷的大学生在地铁站门口，专心致志地拉着小提琴，琴声优美动听，很多人情不自禁放慢脚步，或在年轻艺人礼帽里放些钱。

第二天黄昏，他准时来到地铁门口，在地上铺了一张大纸，上面写着："昨天傍晚，有一位叫乔治·桑的先生错将一份很重要的东西放在我的礼帽里，请您速来认领。"

半小时之后，一位中年男人急急忙忙跑过来，拨开人群冲到小提琴手面前，抓住他的肩膀语无伦次地说："您真的来了，我就知道您是个诚实的人，您一定会来的。"

年轻的小提琴手冷静地问："您是乔治·桑先生吗？您遗落了什么东西吗？"

那个先生说："奖票，奖票。"

小提琴手从怀里掏出一张奖票，上面还醒目地写着"乔治·桑"。

小提琴手举着奖票问："是这个吗？"

乔治·桑迅速地点点头，拿过奖票吻了一下，然后又抱着小提琴手在地上疯狂地转了两圈。

乔治·桑是一家公司的小职员，他买了一家银行发行的奖票，昨天上午开奖，他中了五十万美元的奖金。昨天他在地铁站口听见美妙的小提琴声，便掏出五十美元放进年轻艺人的礼帽里，不小心把奖票也

196

扔了进去。

　　小提琴手是艺术学院的学生，本打算去维也纳进修，已订好机票，当他整理行装时，发现这张价值五十万美元的奖票，想到失主会来找，于是，退掉了机票，又准时来到这里。

　　后来，有人问小提琴手："你当时那么需要一笔学费，为了赚够这笔学费，你不得不每天到地铁站拉提琴。那你为什么不把那五十万元的奖票留下呢？"

　　小提琴手说："虽然我没钱，但我活得很快乐；假如我没了诚信，我一天也不会快乐。"

没有诚信，我一天都不快乐。这是良知发出的呼唤。

"小胜凭智，大胜靠德。"德从哪里来？

德来自早期教育。德是生命之根，而良知正建立于道德伦理之上。如果孩子小时候做错了不肯诚实认错或弄虚作假得到鼓励，待人不真诚，慢慢地就会丧失良知。保护孩子的良知，需要鼓励孩子诚实。诚实是鼓励出来的，撒谎是惩罚出来的。很多孩子因为怕遭到惩罚，不敢说实话和真话。假话和谎话就是这样编造出来的。

　　美国有个7岁的男孩，一天，父亲送给他一把小斧头。他特别高兴，跑到院子里想试一试斧头的威力。

　　他看到花园边上有一棵小樱桃树，微风吹得它一摆一摆的，好像在向他招手。他举起小斧头向樱桃树砍去，只听"咔嚓"一声，小树成了两截，躺倒在地上。

　　他又用小斧头将小树的枝叶削去，把小树棍往两腿间一夹，一手举着小斧头，一手扶着小树棍，在花园里玩起了骑马打仗的游戏。

　　一会儿，父亲回来了，看到心爱的樱桃树倒在地上，很生气地问他："是谁砍倒了我的樱桃树？"

　　这时小男孩才知道自己闯祸了。因为他从来不说谎，就坦诚地对父亲说："爸爸，是我砍倒了你的樱桃树。我只是想试一试这把小斧头快不快。"

　　父亲听后，不仅没有打他，还一下把他抱起来，高兴地说："我的好儿子，爸爸宁愿损失一千株樱桃树，也不愿你说一句谎话。爸爸原谅诚实的孩子。不过，以后再也不能随便砍树了。"

这个父亲懂得儿子诚实的品质胜过一千株樱桃树，所以他没有责怪他。

那个男孩后来成了顶天立地的男子汉，顶起美利坚合众国的一片蓝天。他就是美国开国总统华盛顿。

华盛顿的爸爸为什么面对被砍的樱桃树没有暴跳如雷，没有举起巴掌，相反，把儿子抱起来，为儿子的诚实喝彩呢？

因为他知道诚实是无价的，培养孩子美好的品格等于给孩子一生的财富；所以，他选择了最理智的方式，保护孩子的诚实，同时告诉孩子一个智慧法则——诚实无价。

华盛顿父亲的教育之道为天下父母提供了一个教育宝典和两种方法：

教育宝典：诚实需要胆量、勇气和担当，所以诚实能养顶天立地之气。

方法1：用奖赏的方式鼓励孩子有勇气承认错误。

方法2：告诉孩子诚实无价，诚实胜过金钱和一切。

在近几年媒体公布的各项调查中，考试作弊方面中国学生占据排行榜第一名。因为从家庭到学校，我们都以同一种方式鼓励孩子作弊。用什么方式呢？如果考试成绩不好，必遭老师和家长两番轮流轰炸。

为了避免遭受轰炸的痛苦，孩子明知作弊不对，最后还是选择作弊，并尝到作弊的甜头，因为老师和家长只关心孩子的考试分数。所以，恶性循环，作弊蒙混了老师和家长，结果是越作弊越不会，而越不会就越作弊。

自欺和欺人的故事就这样从童年开始上演。

如果父母能和孩子一起坦然面对60分成绩，告诉孩子，宁愿看见你真实的60分，也不愿你去作弊来自欺和欺人。

如果小学考试作弊成功，进入大学和出国留学就会使用这一成功武器。结果，大学考试因作弊不能毕业，国外留学因作弊被开除学籍，甚至进入5年不得入学的黑名单。

一个人缺少良知，走不远；一个企业缺少良知，走不远；一个民族失去良知，走不远。

给孩子"担当"的空间

美国有一个小男孩叫费拉·格雷。他和单亲妈妈相依为命，妈妈患有心脏病，他看见妈妈每天挺着病弱的身体去工作，回家时疲惫不堪，心里很难过。

6岁时他觉得自己长大了，成长的艰辛不断促使他想挣钱，不让妈妈每天那么辛苦。但6岁的童工，没有人敢用，卖小食品和玩具，又到哪儿去找本钱？

有一天，他在家门口踢到几块石头，捡起来玩了一会儿，突然，脑子里冒出一个挣钱的主意：可以捡石头卖钱。石头到处都有，只需要给石头包装一下就行。

8年之后，格雷竟然成了美国最小的百万富翁，知名的"商界神童"。

孩子从什么时候开始有责任感呢？

当良知被唤醒时，如父母生病需要照顾，孩子想替父母撑起家；当家庭遇到经济危机时，孩子站出来想用肩膀扛起家。

良知和责任是孪生的。良知是最深层的爱，责任是爱的行动和表达。当孩子遇到钱，就会遇到良知和担当。

担当是孩子自我成长、内心富足的一个标志：

标志1：我长大了，有力量帮助别人。

标志2：想用行动证明自己的能力，渴望由此得到关注和重视。

标志3：想让大人知道，我的肩膀可以挑起重担，赢得尊严。

父母有需求，孩子才能长得快

费拉·格雷的发家史看似平淡，但也传奇。它让我们看见孩子生命中潜藏的能量。一个6岁的孩子，面对赢弱的妈妈，有一天，突然觉得自己长大了，他想为家庭承担责任，替妈妈分担压力。就是这种长大了，想"担当"的意识，让他发现了自己的重要性和价值感。

> 费拉·格雷从大街上捡回一些石头，在石头上作画或涂上好看的颜色，然后挨家挨户地敲门推销。
>
> 他大声地敲门，然后，跟人家握手说："你好！你愿意买下这块石头吗？它能用来做镇纸、压书具或者门脚夹。"
>
> 买主疑惑地看着那些石头："这不是我家门前的那块石头吗？"
>
> "是的。但是它现在的模样已经跟原来不一样啦。"

仔细分析一下6岁的格雷创意的推销方式，相信你我都会重新认识6岁的孩子，惊奇这个年龄的孩子生命中那些鲜为人知的智慧。

6岁的格雷自创的推销模式：

1. 大声敲门，引起注意；

2. 问好，表示有礼貌；

3. 握着对方的手，表示真诚；

4. 简单的广告语："你愿意买下这块石头吗？它能用来做镇纸、压书具或者门脚夹。"说出石头在日常生活中的三种作用。

5. 坦诚相告，说出真相和自己的创意。

> 8岁那年，格雷建立了自己的商会，叫作"城区街坊经济企业协会"。在设法获得一些商人的捐赠后，他和他的小商会开始推广自己的业务，包括售卖小饼干和礼物卡。
>
> 12岁时，他已经成了媒体关注的明星，凭自己的口才演讲赚钱。同时，他开始尝试着制作一些独特口味的果汁，创办了一家属于自己的食品公司。
>
> 14岁时，格雷已经成为百万富翁，成了美国商界的传奇人物。

格雷创造财富的动机很直接——帮妈妈养家。因为疼爱妈妈，因为突然意识到自己长大了，因为想"担当"，从 6 岁到 14 岁，格雷自我调动和激活生命的多种能量。例如，推销自己、说服别人、尝试做事、动脑赚钱等等。最后，轻而易举地成了百万富翁。

格雷的故事给我们带来如下启示：

1. 父母有需求，孩子成长得快。妈妈病弱的身体，提早唤醒了格雷的责任感。

2. 孩子渴望长大，乐于替父母分担压力，以此证明自己长大了。

3. 被爱只能给孩子带来温暖，但爱人却能让孩子发现自己有用。

德国心理学家弗洛伊德说："人做的任何事情都起源于两种动机：性冲动和成为伟大人物的欲望。"

美国哲学家杜威说："人类天性中最深层的冲动是'显要感'。"

有男孩儿的父母一定要注意，在男孩的天性里，成为"伟大人物和显要感"的意识，在不同年龄段比女孩子更容易诱发出来。这种能量一旦从潜意识中被唤醒，会势不可挡。

生活中的很多因素，可以让男孩子一夜之间长大，只要他意识得到自己长大了，想承担责任。因为某件小事或某个人，让男孩发现了自己的重要性和价值感时，他身上一定会爆发出一股强大的力量。比如，替父母养家，替女朋友打群架，替伙伴两肋插刀，这些都是男孩证明自己长大的方式。

男孩比女孩子更渴望长大，女孩子喜欢被呵护，男孩喜欢受重视，被看得起。电子商业巨子马云小时候特别勇敢，帮朋友打架总是冲锋在前，直到满脸流血而归。因为他比同龄孩子瘦小，在群体里找不到重要感，但他以胆量和勇气脱颖而出，不但赢得朋友，还在群体里找到了领袖感。"勇敢、仗义、担当、创造"是男孩子证明自己长大了和有力量的标志性行为。

"担当"从独立开始

一个缺少独立思考和行动力的孩子，肩膀是软的，很难担当重任。雨奇在采访英国少年企业家本杰明·路时，他讲述了自己独立思考和行动的故事。

　　5 岁时，本杰明开始思考如何做生意。

6 岁时，继续思考他的生意计划。

9 岁时，开始写自己的第一个生意计划书。

11 岁时，第一个生意雏形完成，开始第一笔生意——卖鸡蛋。

15 岁时，告诉父母他未来的生意规划，以及他离开学校的决定。

他父亲一直都希望他成为一个会计师，但看到他的人生规划后，只给了他一个祝福，祝福他长大了，敢为自己的命运担当风险了。

本杰明谈到他的成功秘诀时，讲了三个词，六个字：

第一个词是"担当"：敢为自己的梦想承担风险才算男子汉。他说："成功和风险同时等着你，你冒多大的风险，就能取得多大的成功。随着时间的变迁，当你承担过足够的风险，并从失败中吸取过教训，你就一定会取得成功。"

第二个词是"激情"：你需要对生活的一切充满激情，只有热爱你做的事情，你才能做得很好。

第三个词是"信心"：信心是担当的动力，只要相信自己有能力承担，无论遇到什么困难，都可以站起来，咬牙挺过去。

2001 年，本杰明因和投资者进行争论，最后失去了一切。他进入了人生的低谷，在那段黑暗的日子里，他经历了沮丧和迷茫，但是一年后，他又重整旗鼓，回到商业圈开始他的事业。

在本杰明选择离开学校和独立创业时，他的父亲没有限制他，没有替他的未来担忧，而是祝福他长大了，有能力有胆量为自己的梦想担当了。这种祝福式教育给一个 15 岁的孩子加注了正能量。

男孩子天生具有独立担当的力量，这种力量激发得越早，经过生活的磨砺和淬火就越具有韧性。

英国少年创业家杰米·邓恩在接受雨奇采访时讲述了他从 12 岁开始，独自担当自己的创业梦的故事。

12 岁那年，他开始卖 CD 和 DVD，因为带到学校去惹来麻烦，被父母阻止。父母只希望他好好读书，把心思用在学习上。

但是，杰米·邓恩每天放学后，继续在街上摆小摊，并说这件事给他带来很多快乐。父亲告诉他："这是你的选择，你要为自己的选择有所担当。最重要的是，不管你选择做什么都不要后悔，一定要先想好因果关系，不要光说，要行动，因为生命只有一次。"

15 岁时，杰米·邓恩已经有了 5 个摊位，每周的收入特别可观，需要人手帮忙，他的父母和哥哥姐姐都来支持他。

雨奇在采访时问杰米·邓恩："你成功的秘密是什么？"

我的爷爷和父亲都是军人，他们告诉我："男人要有所担当，不能怕失败。所以，我不怕失败，不怕一切变化，不怕丧失金钱，不怕一切回到原点。我现在自己独立生活，我有自己的房子、自己的生意和自己的员工。也许某一天，一切都出错了，我可能没有钱，丢失我的生意和房子了，但我依然可以从头再来。很多人畏惧失败，畏惧吸引失败和失误的一种错误期盼。"

在我的成功词典里有三个词：

目光：无论做什么，首先要想象未来你想成为什么，有个憧憬，你要规划自己看得见的未来的蓝图。

动力：要有一个激励你实现梦想的动力。想成为富人，还是名人？所以一定要有一个动力每天早上摇醒你。

快乐：要做能给你带来快乐的事。如果每天早上起来做你不喜欢的事，你不可能成功。你需要每天早上从床上跳起来，带着快乐去做自己热爱的事业。

不论是本杰明，还是杰米·邓恩，他们的故事都让我们看到男孩成长中的一笔巨大的财富——担当。渴望担当和勇于担当是造就男子汉的成功口号。

让孩子担当，要给孩子市场

为什么穷人的孩子早当家？因为穷人的孩子提早懂得"担当"，提早发现自己的重要性和找到显要感。现在社会上有句流行语，"有为才有位"。穷孩子因担当而有为，因有为而找到显要感，提早地唤醒了长大了所生发出来的多种能量。

富家的孩子不易长大，不是孩子不想"担当"，或没有能力担当，而是没有市场需求。

父母就是孩子的市场。

父母不需要孩子做事，父母不让孩子做事，父母认为孩子做不了事。这三种情况，其中任何一种都会让孩子"闭关锁国"，封锁孩子"长大和担当"的每一个出口。因此，孩子就只能打开接收的通道，关闭输出的窗口。

现代经济强调刺激消费，拉动市场，拉动内需。教育要刺激孩子的被需要感，进而拉动内需，拉动孩子内在的求知需求、独立需求和奉献爱心的需求。

穷人的孩子早当家的秘诀之一：拉动孩子的奉献需求。秘诀之二：拉动孩子的"担当"需求。

山东教育电视台《创业英雄》推出一个叫郑辉的青年创业家。他发明了"御正发热手套"，集合了仿生学和太阳能等高科技技术。

他的发明冲动来自童年记忆中母亲红肿的手。

小时候，他被称为坏小孩，每天逃课，不回家，早晨背着书包走了，不去学校，到树林里打鸟，掏鸟窝。等学生放学时，他也背着书包回家，父母一直没有察觉。

有一天，他和小伙伴偷了几个鸡蛋在外边煮。鸡蛋熟了，他拿出一个，还没等放进嘴里，就发现一只冻肿的红萝卜般粗大的手迎面而来，他吓得闭上了眼睛。等他睁开眼睛时，那只手还悬在空中。

就在那一瞬间，他觉得自己长大了。

他第一次看清妈妈的手，冻得跟胡萝卜一样粗的手。

他第一次想象妈妈每天早晨3点钟起床，骑3个小时的自行车，进城卖菜的情景。

他第一次意识到妈妈的爱，当着小朋友的面，妈妈举起的手没有落下来，给了他面子和尊严。

那一瞬间，他心灵里出现了一个界碑，一个分水岭，他觉得自己长大了，要有所担当，不能让妈妈再辛苦。从此，他不再逃学，开始认真学习，后来考上了北京工业大学。

把一个逃学的孩子领回学校容易，但把孩子的心领回来不容易。

是什么力量让郑辉一瞬间回心转意了呢？是妈妈红肿得像胡萝卜的手，是妈妈举起来但没有打在他身上的手。前者唤醒了一个孩子的内心深处对妈妈的爱，后者唤醒了一个自暴自弃的坏孩子的尊严感。

一次郑辉去俄罗斯访问，在冰天雪地的莫斯科，他发现年轻人却穿得很单薄，他问俄罗斯朋友："同样寒冷的天，你们穿得比我们少多了，是不是你们的食物热量高？"

朋友摇摇头："不是，你看看我们戴的手套。"他拿起一只试了试，手套是热的。"人最怕冷的是手和脚，手脚不冷，身上不寒。"

郑辉想到妈妈那双冻肿的手，想到和妈妈一样到城里卖菜的那些人冻伤的手，他掏出口袋里所有的钱买了一大包手套带回国。

经过精心琢磨，借用高科技手段，他创造出一种"自加热手套"。

让孩子"担当"，要给岗位和机会

有爱才会有"担当"，让孩子爱父母、爱家人不是理论、口号或一个集体活动，不是学校道德课作业，要求学生回家给妈妈洗洗脚。爱和担当是一个持续不断的具体行动。比如岗位责任。家庭教育也需要建立岗位责任制，这不仅可以让孩子从小担当家事，也能训练孩子长大了担当国事。

十多年前，我采访过美国卡拉罗拉州州长的夫人，她有 4 个孩子，每个孩子在家里都有家务分工，每个假期到乡村去，会根据乡村生活另有分工：

12 岁的大儿子负责挖排水沟；

10 岁的二儿子负责割马草；

8 岁的女儿负责拔院子里的野草；

6 岁的小女儿负责采摘。

她告诉我："要孩子有责任感，有担当，必须给孩子岗位和做事的机会。不然，就是一句空话。"现在，她的四个孩子都长大了，他们从事不同的工作，工作都非常出色。

让孩子有责任心，做事有担当，需要父母做两件事：

一是等待孩子开窍。如前面讲的费拉·格雷和郑辉。

二是训练孩子"担当"。每个年龄段，根据家中的情况给孩子设计可担当的家务劳动。

3岁，收拾整理自己的玩具柜，自己洗手巾。

4岁，帮妈妈择菜、洗菜，饭前盛饭，饭后扫地。

5岁，设计自己房间的颜色，管理自己的衣物、玩具。

6岁，负责超市购物列清单和卖废品。

7岁，整理书包和自己的房间，自己上闹钟起床。

8岁，自己管理压岁钱，帮家里制订每月的购物计划。

9岁，负责家庭旅行路线设计、购票、食宿管理。

10岁，参与家里购买电器商品的决策，并帮父母做市场调查。

11岁，参与家里买车、买房的决策，并帮父母做市场调查。

12岁，承担家里请客订餐、交通、发邀请的工作。

13岁，承担家里老人生日活动策划、组织和主持工作。

14岁，选择帮父母做一件事，签署合同，按期完成。

15岁，选择一个项目，向父母或银行贷款，定期完成并还贷。

根据孩子不同年龄段的心理和生理需求，设计符合孩子年龄的岗位工作，或选择能激发孩子创造力和责任感，调动孩子多方面能力的事，放手让孩子去做，这种训练是走上工作岗位前的热身训练。

很多大学生、研究生之所以走向社会找工作难，一方面是竞争激烈，一方面是自己准备不足。如果离开家门和校门前，没有学会如何做事和担当，等于走向工作岗位前缺少培训。

做人做事的第一培训课堂在家庭，让孩子学会担当从家教开始。帮父母解决困难，替父母分担，需要父母给孩子岗位和提供机会。

告诉孩子"助人助己"的人生哲学

良知是激发孩子早期想象力、合作能力和创造力的动力源。良知赋予人"感同身受"的能力和"将心比心"换位思考的智慧。

2000年，在莫斯科国际会议中心，面对来自世界各国的上千名大学生，我以《中国人爱的智慧》为题，讲了一个小故事，在13分钟的演讲中，赢得15次掌声。

这掌声不是给我的，是给中国人千年流传的爱心智慧的。

这智慧不是高高地悬挂在圣坛上，而是融汇于普通百姓的日常生活里。

这智慧即是圣贤生命的浩然之气，又流淌于每个中国人的血液里。

这智慧虽写进历史的典籍中，却老幼皆知，成了牙牙学语的蒙书。

国学经典创造了很多传播智慧的方法和模板：

播种法：通过诵读《三字经》等蒙书，在孩子心灵上播种仁爱的种子。

模板法：以最少的文字，讲述一个人物故事，为孩子提供一个可视科学的样板——"融四岁，能让梨；香九龄，能温席"，鼓励孩子模仿。

铭刻法：教孩子一句格言或一句话，像"种瓜得瓜，种豆得豆"。让孩子铭刻在心，唤醒良知，开启孩子的同情心之门。

在我很小的时候，妈妈选择不同的时机和方式传递国学经典，以及世代母亲口口相传的爱心故事和智慧名言。

> 小时候物质贫乏，每次家里有好吃的瓜果点心，母亲总是要求把最好最大的留给爷爷奶奶和姥姥姥爷。
>
> "为什么要把最好的留给他们？"每次我都不解地问母亲。
>
> "他们老了，吃的日子不多了，你还小，吃的日子长着呢。"每次

妈妈都这样说。不知道为什么，听完母亲的话，我的眼前出现爷爷奶奶没有牙齿的嘴巴，吃力嚼东西的样子，还有他们走路弯着腰，扶着墙的背影，非常快乐并心甘情愿地把最好的瓜果留给他们。

雨奇5岁时，朋友从美国带回一盒巧克力送给她。女儿捧着盒子正要打开吃，我说："这盒巧克力你不能吃，要留给奶奶和姥姥。"

雨奇瞪大了眼睛看着我："为什么要留给奶奶和姥姥呀？"

我一时不知道如何回答，就想起母亲常说的那句话："你还小，吃的日子长着呢！她们老了，吃的日子不多了。"雨奇听完这句话，乖乖地把巧克力放下了。

这句话有什么魔法，我不曾想过。

让我震惊的是一个月后，我出差从外地回来，一进门，雨奇就捧着一包松子，放在我的手里："妈妈，这是我给你留的松子，你快吃吧。"

"你吃了吗？"

"我没吃。"

"你为什么不吃？"

"我还小，吃的日子长着呢！你老了，吃的日子不多了。"

中国传统教育里蕴藏了太多的宝藏。这句话虽然只有20多个字，但却具有两种巨大的能量：一种能量是唤醒孩子的同情心，对老人迟暮的同情；一种能量是调动孩子的想象力，对老人日子不多的想象，还有对自己"吃的日子长着的呢"期待和向往。当这两种能量出现时，孩子自然会做出快乐的选择。

同情心能让孩子的心变得柔软，光滑细腻。由同情心派生出来的孝心和爱，看似助人，其实是在助己。

"将心比心"的情商智慧

同情心不但能开启情商之门，也能开启财商之门，因它遵照神奇的自然法则来开启。它更像无花果，只要一棵树望着另一棵树，就能结出甜美的果实。

同情心让人和万物拉起手，它是人之所以为人的生命端点之一。

同情心是一种能力，也是人类智慧的原点。同情心赋予人"感同身受"的能力和"将心比心"换位思考的智慧，所以同情心是激发孩子早期想象力、合作能力及创造力的动力源。

现在职场和商场都讲换位思考，为了推销产品，为了开拓市场，营销学特别重视"将心比心"的哲学。可有些员工，不论怎样培训都无法获得真传，原因出在哪里呢？

童年时缺少这一课。父母习惯了居高临下地跟孩子说话，指责和批评，很少蹲下身，以孩子的视角去观察或以孩子的心理解孩子的烦恼和痛苦。所以，将心比心的智慧一直被封锁在书本里。

西方人总说："一个中国人是一条龙，三个中国人就变成一条虫。"为什么"众人拾柴火焰高"的古训不适用了呢？

因为从小到大，我们总是鼓动孩子成为尖子人才，教孩子如何出类拔萃，所以，当遇到多人合作时，因每个人都想拔尖，而看不见别人的优势才能，在具体的合作事项中，更不会将心比心地相处，所以，当几个中国人聚在一起做事时就变成了虫。如果早期教育没激活孩子的情商，财商及合作能力自然会随之下降；如果一个人不会为他人着想，没有感同身受和将心比心的能力，就只能孤军奋战。

世界上所有成功人士都不是孤军奋战，他们更乐意与人合作，让他人了解自己的想法和目标，由感同身受到认可与合作。所以，说服合作者，首先要将心比心，而这一切来源于"同情心"。

将心比心是换位思考的财富。如果孩子在童年时从父母身上获得将心比心的智慧财富，未来在商场和职场便能驾轻就熟地获取财富。为什么一些高学历的聪明人，在职场、官场和商场失意，经常和财富之神擦肩而过呢？因为他们缺少将心比心的智慧。

"助人助己"的人生哲学

在泰国国家公园内，研究人员发现，黑猩猩会为受到豹子攻击的伙伴舔舐伤口，为了受伤的同伴能够跟上，它们还会放慢步伐。在同一群组中，黑猩猩（无论雌雄）还会收养孤儿。在动物的社交群落中，表达关心是很常见的，它们也会为了集体利益而协同合作。

为什么动物会在没有任何利益可得时，表现出无私的行为？

有一个实验表明，猕猴可以在几天内一直拒绝拉动一根可以解除障碍，为它们提供粮食的链条。因为一旦它们拉动这条链子，就会打开一个电力装置，使同伴陷入电击的痛苦痉挛之中，所以猕猴们宁可忍受饥饿，也不愿做出这样的举动。

在动物园里，孟加拉虎会喂养猪崽，而黑猩猩会把小鸭子重新放回水中。动物的怜悯之情起源于遥远的进化史。"在2亿年的哺乳动物进化过程中，富于感情的雌性动物比那些冷酷的雌性动物的繁殖能力要强。"

为什么哺乳动物更富于同情心？

弗兰斯·德瓦尔从动物身上找到一个答案——同情心。弗兰斯·德瓦尔研究发现，早在人类还没有成为世界主宰之前，许多哺乳动物就具备了同情心和同理心，如大象和海豚。像人类两个同伴以相同的节奏鼓掌，或是两个人保持步调一致散步一样。动物也会有这样的行为。如一对雪橇犬在拉车时，协调得像只有一只狗在跑；黑猩猩在看到同类哈哈大笑时，也会发笑。更妙的是，这种传染还会跨越物种的界限，一只小猕猴会再现一名人类实验者的嘴部动作。但情感同化有更复杂的表达方式。

一个人的成功靠情商＋智商＋财商，而情商被放在第一位。因为情商是人和世界和他人，甚至和自己的纽带。如果情商的纽带断了，智商和财商就很难发挥作用。

> 美国一个便利店员工，隔着橱窗看见一位老妇人因为没有伞，站在大雨中等车。
>
> 他想起自己年迈的祖母，这一联想，让他立刻感受到窗外的老妇人一定很冷。他立刻跑出去，请她进来避雨，给她找了一把椅子，请她坐下来休息，又沏了一杯热咖啡帮她暖身子。
>
> 雨停了，这个老妇临走前，向他道谢，并要了这个年轻人的姓名和电话。
>
> 两周以后，这个年轻人收到一份非常好的工作的招聘书，聘书是钢铁大王卡耐基发来的。原来，那个老妇人就是卡耐基的母亲。

很多人羡慕这个年轻人运气好，碰到了大贵人。他的好运表面上看是卡耐基的母亲给的，其实，他的好运来自他的仁爱之心。仁爱、道义、礼让、智慧，这些被赞美的人性光辉，原来就潜藏在每个人的内心深处。所以，保护孩子的同情心，就等于彰显孩子人性的光辉。

同情心激发想象力

同情心是人与生俱来的能力，这种能力和孩子的想象力、创造力互动生长。孩子是通过想象来理解身边的事物的：树枝被风折断了，孩子会联想到自己的手臂，会想象出树枝疼痛的感觉；小兔子受伤了，孩子会难过得掉眼泪。这种感同身受的能力是由想象力派生出来的。所以，父母一定要激发孩子的想象力。

> 我曾为联合国儿童基金组织策划过一个"发现童心，发现创造力"的系列征文征画活动，获得一等奖的作品叫《变异》。获奖者是山东德州的矫东超，他创意了一组动画式的连动漫画：
>
> 第一幅画，清澈的河水里长着翠绿的水草；
>
> 第二幅画，河水变浑浊了，水草死了，小鱼艰难地呼吸着；
>
> 第三幅画，河水变黑了，小鱼长出翅膀飞出水面……

这个孩子是怎么发现环境变化带来的生物变异问题的？他深刻的洞察力和哲学思考让所有的评委大为吃惊。是他有奇特的想象力，还是得到了名师的点拨？

矫东超来北京领奖时，在颁奖台上我采访了他。他给我讲了一个故事：

> 一个夏天的傍晚，我和妈妈去公园玩。公园里有一条小河，河水很浑浊，我看见小鱼在污浊的河水里游得特别吃力，呼吸都困难，就想鱼喝这么脏的水，很快会死的。
>
> 怎么能救这些小鱼呢？我想了很多办法。比如，捞回家，帮它搬家，放到没有污染的河里，或者清理河道……
>
> 有一天，我看到一条新闻，说中国的七大水系都被污染了。那就是说大地上没有一条干净的河流，小鱼真的无家可归了。
>
> 后来，我想如果小鱼有翅膀，能飞就好了。灵感一下子来了，就

画了这幅画……

听完他的故事，我发现这个孩子的灵感不是来自鱼，而是来自一个孩子深广的同情心，来自一个孩子与宇宙万物息息相通的那颗至纯至善的心灵。

因为爱自然界的小生灵，他将心比心地想象着大地上每一个生物的境遇和不幸，并借助想象力创作出如此感人至深的作品来。

有同情心的孩子，心灵是光滑的、柔软的、细腻的，他们不会去残害小动物，也不会制造灾难，因为他们不忍心看小动物痛苦。

清华大学学生刘海洋之所以能两次用硫酸残忍地伤害熊，是因为他的同情心之门早早地关闭了。所以，看着熊痛苦地嚎叫，他竟然能无动于衷，还能再次下毒手。

同情心催生创造力

孩子的同情心博大而宽广，在孩子的眼里，万物和人一样具有情感，知冷知热。所以，孩子看见小白兔病了，想去找医生；看到小蚂蚁搬家，想帮蚂蚁做点什么；天黑了，想为孤独的小鸟找妈妈；担心污染的河里鱼的命运和树上口渴的蝉会渴死。同情心和同理心让孩子和万物拉起了手。

多年的新闻编辑和创意教育工作经历，让我有机会发现一个秘密：凡是在文学艺术等创造性活动中拿大奖的孩子，背后都有一个由爱心点亮的想象力故事。

我曾经采访过一个叫刘菲的五年级小学生，他写了一万字的小说《回归荒野》。故事编得非常离奇。我采访他时才知道，这篇小说不是编出来的，而是一个 11 岁的孩子蘸着泪水写出来的。

> 我家原来养了一只小猫，这只小猫特别勇敢、特别聪明，无论我教它什么它都会，它懂得我的语言。每次我回来，距离很远，它在窗台上就会知道我回来了，然后跑到门口去等我。但是有一天，它走了，它离开了我家，我特别特别的痛苦。我就想它离开我们家以后怎么去捕食、怎么生存呢，我为它离家出走之后面临的种种困境而担心。
>
> 那一天，我哭了很长时间，哭着哭着我就开始想象：这么聪明的猫回到森林里，它即使面临巨大的困难，也一定会想办法去克服，一

定会做到最好最棒，最后会成为森林之王。我的这种激情、这种痛苦立刻就变成了一种灵感，我就趴在桌子上开始写这个故事。写着写着我就哭了，写着写着我又哭了。我的激情、眼泪和灵感交织在一起，就这样，我一连写了一个月，这篇小说就完成了。

刘菲的想象力来自对一只小猫的同情和至深的爱，以及对它未来命运处境的关切。他的创作灵感没有任何现实的目的，不是为了稿费和出名，只是对小猫深切的爱。

孝心和孩子的创造力

北京有个男孩叫嵇萧桐，他发明创作了一个"雄鹰号"多功能车，他的创造力灵感来自一个孩子对外祖母的孝心和爱。

去年10月，我们全家陪姥姥去承德游玩，每天都要去很多景点。姥姥已经78岁了，走路很慢，妈妈一路搀扶着她。结果回来时，妈妈因为搀扶姥姥，胳膊都抬不起来了。

看着妈妈和姥姥那么累，我心里很难受，怎么能让她们玩得又轻松又快乐呢？那些天，这个想法总在我脑子里转。转着转着，有一天，突然灵感来了。

我想设计一个能在天上飞，地上跑，水里游，还可以蹦着上台阶的多功能车。有了这样的车，姥姥和所有的老年人就可以尽情地出去游玩了。

但多功能车一定要容易驾驶，老年人才乘坐方便。我想在车上安七个按钮，前四个控制飞、游、跑、蹦，后三个掌管快、中、慢速度。车的造型还要美观漂亮，车头是一个老鹰嘴，车身装有很多鹰羽毛形状的铁片。车上有18个喷气口可以推动车快速前进。有了这种多功能车，姥姥就是100岁了，也能到处去游玩……

这个9岁孩子的发明想象源于他博大的爱心，在这个多功能车的创意背后，记录着他对妈妈和姥姥的爱，三代人的爱的链条启动了他的想象力。他借用发明想象把朴素的情感变成能量，创造出既能解放手脚，又能解放心灵的多功能车。

关爱父母的健康，孩子有了发明的愿望。生活中的一个小镜头，成人完全不在意的一个小镜头，在孩子的眼里和心里，为什么能演化出一个发明想象呢？因为有爱。我曾多次组织孩子举办想象发明会。10分钟快速联想构思，然后公布发明成果。每次想象发明会，我都收获很多孩子的发明专利；每个专利背后都有一个爱心故事。

孩子的想象发明都跟自己身边的亲人有关，他们关注家里的亲人，这种关注完全发自内心，是孩子内心自燃的爱之火焰。

感同身受和将心比心是一笔财富，同情心能帮孩子放大胸怀和格局。拯救良知，从保护孩子的同情心开始。

用良知激活孩子的潜质

美国有个 15 岁的黑人女孩，叫贾斯敏·劳伦斯。她靠良知创意了一种绿色的美发产品，一举成为世界少年 CEO 的代表。

从 11 岁起，贾斯敏·劳伦斯就厌恶美发产品中那些有害的化学物质，她发现用化学产品会造成头发经常断裂、分叉，这种伤害使很多孩子的头发没有光泽，看上去像干枯的草。

她想自己研制一种能保护头发的全天然的护发品，便开始研究荷荷巴油、甜杏仁油、薰衣草等物质，经常在自己的头发上反复做试验。经过两年的时间，她终于研制出了一种能使头发更健康的护发油。

后来，在一个夏令营上，她学会了如何写商业计划，如何与供货商"讨价还价"。从那以后，她决定要放手一搏，为自己的产品打开销路。

13 岁那年，她向妈妈贷款 2000 美元作为启动投资。这笔钱用于购买油、塑料瓶和其他基本的生产材料。她创办了以"年轻，抓住青春"为口号的"伊登护肤产品公司"，主要业务是开发纯天然的美容产品。如今，她的公司已经开始和沃尔玛大卖场商谈供货。

劳伦斯最初只生产一种产品——全天然荷荷巴护发油，最早的顾客也只是她周围的朋友们和同学。有趣的是那些朋友成了"活广告"。就这样，"一传十，十传百"，她的顾客越来越多，连新泽西州威廉斯敦的一些小商店也开始出售她的护发油。

她的卧室就是公司的第一个生产车间。经过两年的努力，她的公司生产出 11 种产品，包括洗发水、润肤面霜、具有治疗效果的浴盐等各种护肤、护发产品，产品销售范围覆盖了美国 8 个州。一些美容店、美发沙龙会选用她的产品，连底特律市市长也成了她的顾客。

劳伦斯的创业史听起来像是孩子的游戏，在卧室里往头上涂抹"荷荷巴油、甜杏仁油、薰衣草油"，这些游戏居然发明出一种新的绿色的美发产品，这些产品居然给她带来财富和名气。

她的创意动机来自对化学产品的厌恶和不满，还有一个孩子对秀发最原始的审美。乌黑油亮的秀发需要天然的护发品。这就是孩子的良知。创意和良心是激活身体三种内动力"脑力＋心力＋体力"的动力源。为什么劳伦斯为了发明绿色护发品而废寝忘食，乐此不疲？

原因就在于创意的过程是左右脑快速互动连接，"眼耳鼻舌身"总动员展示出生命三种力量的过程：

脑力：右脑的发散思维和左脑的聚合思维快速联网。
心力：专注力和沉浸力联手，想象力和创造力结盟。
体力：通过体验、体察、体悟、体恤来亲证创意的富足。

创意看似孩子的游戏，但创意能给孩子带来无尽的快乐。不是创意遇到钱，而是创意生出钱。

2011 年，英国推出一个世界最小 CEO——8 岁的哈里·乔丁。哈里 6 岁开始在网上创业，当他的同龄人都在玩电脑游戏时，他却忙着为弹珠王国公司联系供应商、购货、处理订单，经营范围从小弹珠到 599 英镑的纸牌游戏的桌子。生意十分红火，营业额每年可达上万英镑。

现在，哈里最大的愿望是要成为下一个艾伦·休格爵士（Am-strad 电子公司创始人，英国版《学徒》主持），建成世界上最大的玩具店，创建自己的弹珠王国，卖各种各样的弹珠。哈里现在最希望在中国找到厂家，批量生产他个人品牌的弹珠，然后再通过网店贩售到世界各个角落。

哈里 6 岁时迷上了弹珠。开始，他只是在操场上和朋友们买卖弹球。有一天，一群大点的孩子抢走了他的弹珠，他回家告诉了妈妈。

妈妈平静地问："你想抢回来吗？"

哈里回答："我只想到网上再买些便宜的。"

妈妈不再提及他遭抢的事，而是和他一起在网上找弹珠，却一直没有找到。

这时，哈里脑子里冒出一个想法："妈妈，帮我建立一个自己的网站，专卖弹珠吧。"

妈妈知道哈里太喜欢弹球了，天天入睡前说弹珠，睁开眼睛还说弹珠，为此，还给他起了个绰号，叫"弹珠王"。

"创办弹珠网店，真是一个好主意。"妈妈蒂娜知道哈里脑子里有太多异想天开的梦，这些梦常常让他分心，帮他开个网店，可是给孩子上生存课的绝好机会，而且可以达到一箭双雕、一举多得的教育目的。

妈妈不仅帮他开设了网店，还和他一起创意了特别具有品牌效益的名字——"弹珠王国"公司。为了支持他，妈妈亲自出任"公司"的会计。网店开业刚几个月，订单就从各地蜂拥而至，甚至来自遥远的美国。妈妈让哈里一个人管理网店，因为目标激发了他的责任感，所以他表现出极大的责任心和主见。但他毕竟只有6岁，免不了眼高手低，这时，他妈妈走到前台，给他提出一些可以实现目标的建议。

孩子世界也有欺骗和伤害，当孩子被骗或被抢后，父母该做什么？

当6岁的哈里遭到大孩子抢劫后，妈妈只问他想干什么，既没有批评他无能胆小，也没有教孩子如何去报复，而是尊重孩子的选择，跟着哈利的思路上网寻找新的路径。为了鼓励哈利做梦和行动，妈妈帮他创造了一个"弹珠王国"，仅仅两年时间，哈利就成了世界级最小的CEO。

在日常生活中，遭欺负的孩子很多，异想天开爱做梦的孩子也很多，但有多少父母及时地给孩子以正能量，或和孩子一起做梦，激励孩子把梦想变成行动呢？

哈里的故事很简单，但哈里妈妈面对孩子的遭遇和由遭遇生发出的梦，所做出的反应却与众不同。

哈里妈妈从倾听一个6岁孩子买弹珠，到帮他建一个网店，及时抓住一个施教的机会，以行动为年轻父母提供了3种有效的教育方法：

方法 1：满足孩子的要求，带孩子到网上寻找，在寻找中发现需求。

方法 2：倾听孩子的梦，抓住机会，通过生活课堂训练孩子的生存技能。

方法 3：扶上马，送一程，参与孩子的事业，帮助孩子梦想成真。

有时候，孩子的梦想其实就是源于生活中的一些小事，也许这些小事在我们眼中不会有大的成就，正是有这样的想法，父母常常阻止了孩子做梦和为梦而行动的权利。哈利妈妈没有对他说"你的想法会影响学习，荒谬而没有意义"，她唯一做的就是鼓励和支持哈里为梦行动。

良知有时沉睡着，要唤醒良知需要有创意。

钢铁大王安德鲁·卡耐基 4 岁时，他养的母兔生了一窝小兔子。这些小兔子要吃饭，而且吃得很多，靠他自己弄来的食物已经无法满足。怎样做能让小兔子吃饱呢？ 4 岁的卡耐基发动邻居家的小朋友帮忙。

开始几天，小朋友因为喜欢小动物，天天来送菜，可过了几天，来看小兔子的孩子少了，送菜的孩子更少了，而小兔子一天天长大，吃得越来越多，怎样能保证小兔子一年都有食物？怎么做能让小朋友甘心情愿，坚持一年给小兔子割草呢？

仅仅靠讲要爱护小动物不行，要让小朋友坚持这样做，什么最有吸引力呢？ 4 岁的卡耐基想出一个"以小朋友的名字为小兔子冠名"的好点子。

他跟小朋友说："从今天开始，谁能弄来金花菜、车前草喂养一只小兔子，就用谁的名字来冠名，以你的名字称呼你的小兔子来作为回报。"

这个创意点子一出台，小朋友都争抢着能拥有冠名权，整个暑假，都心甘情愿地为小兔子采集金花菜和车前草。

良知是一种力量，但仅仅靠良知坚持做一件事并不容易，4 岁的卡耐基创造了一个"良知＋创意"的成功模式。这个模式给年轻的父母提供了一种启示：

父母放手让孩子决定一些事情，或把某件事交给孩子管理，既能唤醒孩子的良知，又能激发孩子的创造力。

当孩子遇到钱
绕不开的财商

218

每次演讲，我都建议父母为孩子准备一个本子，用来记录孩子成长的三个项目：

    1. 从婴儿期开始记录孩子成长变化的故事。

    2. 记录孩子提出来的各种疑问，以及孩子由万物唤醒的爱心。

    3. 记录孩子的各种创意点子、小发明等。

记录孩子的故事，反复给孩子回放那些镜头，这件看来微不足道的小事却有大的教育功效：

    1. 让孩子感到被关注，被重视；关注感能增强孩子的自信心。

    2. 重温自己的疑问和发明时，会激发出新的灵感和思维火花。

    3. 让孩子看见自己进步的台阶，给孩子求知和学习的动力。

良知不断激活孩子的潜质，如果父母肯放手去鼓励和支持孩子行动，就能从孩子身上看到更多的正能量。

第六章
遇到钱，孩子就遇到财商

遇到钱，孩子就遇到财商

当孩子遇到钱，孩子就遇到了利和害。钱是开启人生之门和世界之门的钥匙。做人的学问、金融知识、经济学常识，以及市场学知识等尽在一张小小的钞票里。仔细读一读世界各国钱币上的图案，能读出世界历史和地理，世界的珍奇动物、植物，以及世界各国的名人，从识钱开始让孩子懂得：钱不仅是物物交换的介质，更是一部世界大百科。

很多父母把钱和孩子隔离开，对孩子只有一个要求：好好学习，考名牌大学，钱的事由父母管。所以，孩子便把父母的口袋当作印钞机，伸手要钱，从不眨眼；看着父母天天忙碌，却不闻不问钱来自何处，所以花起钱来也从不手软。

当父母把教育和生活隔离开，把金钱塑封起来时，当孩子只知道考大学、找工作，而不知道如何挣钱、花钱和管钱时，我们就不自觉地封锁了孩子的财商。

什么是财商？财商是一个人认识金钱和驾驭金钱的能力，是一个人发现财富、管理财富和创造财富的智慧。

人的一生离不开钱，钱时时拷问着人的良心，父母不和孩子谈钱，其实是以鸵鸟心态"闭关锁钱"。父母对钱越无视，孩子对钱越好奇；父母越讳莫如深，孩子越容易财迷心窍。

中国父母总认为孩子小，离钱太远，其实，孩子离钱最近。从出生睁开眼睛的一瞬间，孩子就遇到钱，像抬头看天、俯首触地一样自然。不和孩子谈钱，绕开财商，等于把孩子的判断力、选择力、自控力等多种力量上了锁。如果这些能力早期没得到激励和释放，锁在大脑里，如同鸟被折断翅膀，将失去远行觅食的生存能力。

为什么我们的孩子大学毕业，到了本该自立的年龄，却成了"月光族"甚至"啃老族"？

2012 年十一黄金周，仅仅 7 天时间，中国人花了 240 亿元人民币在欧美诸国购买奢侈品，世界第一次看见中国人转动地球的手。

同年，美国量子基金的创始人、投资大师吉姆·罗杰斯在中国出版了一本书，书的封面赫然写着："学习历史和哲学吧，然后，全球旅行，这样你就能挣大钱。"

中国人急着告诉世界：我们有钱在全球消费，享用世界顶级奢侈品。

美国人急着告诉孩子：在全球赚钱，把世界版图，当作自己的财富版图。

21 世纪，我们该给孩子什么样的财富观和财商启蒙教育呢？

早期若赋予孩子财商智慧，在未来的生活中，孩子才会应对自如。开启财商，驾驭金钱，调动资源，需要具备独立生存能力和良好的人际关系，否则，即使有高学历、高智商和高情商，也逃不脱钱带来的困扰和束缚。

财商绕不开，也躲不开，因为钱天天来敲门。打开财商之门，让孩子通过识钱了解钱的正确用途和价值，才能走上"君子爱财，取之有道"的正道，学会如何管理钱，管理钱携带的欲望和情绪；关上财商之门，锁住的是孩子获取财富的生存能力，而放出来的却是人性的贪婪和物欲的泛滥。

智商、情商和财商是每个人生存的三个支撑点。三商鼎立，人生有底气；三商缺一商，人生不顺当。缺少智商，如同家里无门；缺少情商，如同家里无窗；缺少财商，如同家里无粮。无门无窗可凿久会闷死，无粮就会闹饥荒，饥荒会威胁生命。

开启财商智慧，需要点亮孩子的"财商三识"——学识、见识、胆识。

现代教育讲"三商"——智商、情商、财商。拥有三商，事业顺当，人生坦荡，前程辉煌。传统教育重"三识"——学识、见识、胆识。拥有三识，智慧萌发，彰显才华，行走天下。

三识为根，三商为果。传统教育重视"根"，尊重"根深叶茂"的自然法则，相信万事万物都先有根，后有果。现代教育强调"果"，追逐"立等可取"的眼前利益。商业社会里人的眼睛都围着利益转动，所以父母只盯着孩子的学习成绩，盯着孩子身上结出的"果实"，只要看不到眼前的利，不管对孩子一生多重要多有价值的东西都拒之门外。

财商不是简单的理财和投资，财商是流动的智慧。它流淌于生活之中，蕴藏于各种事物细微的联系里，大至管理国家、企业，小到管理家庭和个人腰包，都需要调动财商三识。

什么是财商"三识"？

学识+见识+胆识=财商三识。财商三识的关键在"识"。现代人不缺知和学，而缺"识"。"识"跟见世面多少和大小有关，"识"来自行动和经历。

"识"的繁体字为"識"，"識"字的结构从"音"从"戈"，原意讲的是军队操练的号令声、鼓声和喊杀声，与列阵挥戈操练变化的队形图案。所以，汉字里，凡是有"音＋戈"的字皆具有标识意义。例如："织布"的"織"、"旗帜"的"幟"、职业的"職"等等。旗帜上的图案就是国家的标识。如：中国的五星红旗、美国的星条旗和英国的米字旗。

点亮"财商三识"，就是让孩子从小拥有识人、识事、识物、识财的能力。所以，"三识"不是简单的读书写字，不是坐在课堂上被动接受固有的知识，更不是死记硬背；而是走出家门、校门、国门，靠读万卷书和行万里路获取的智慧，靠眼睛观察、耳朵倾听、嘴巴追问、手脚触摸等自主学习的方式拥有的能力，靠亲力亲为的探索和实践拥有的真知灼见。

财商启蒙的关键期与智商、情商一样，也在 15 岁之前。因为在这个年龄段，每个孩子的身体里都潜藏着巨大的才能，但这些潜能很多时候在酣睡着，一旦被激活，便会爆发出惊人的能量。因为人体的每一根神经、每一个经络、每一个细胞，身体的每一项器官，每种能力都具备成功的基本要素。

财商需要"学识"滋养，需要带孩子行走天下，从小养成读有字书和无字书的习惯。一个没有书籍、杂志、报纸的家庭，就像一座没有窗户的房屋；一个走不出家门的孩子，如同一个不会独立飞行觅食的鸟。

财商需要"见识"导航。带孩子走出家门长见识，有很多方法，既不需要资金，也不需要乘坐飞机轮船，只需要给孩子一张世界地图，一个充气的地球仪，然后，跟着一枚小小的货币，就可以行走天下了。

财商需要"胆识"把舵。胆识和勇气互动，胆识和才华共生，胆识和自信联

当孩子遇到钱
绕不开的财商

网。胆识来自亲身实践，而不是书本；胆识来自生活体验，而不是课堂。给孩子勇气，给孩子胆识，从转动地球开始。

　　无知是一种束缚，缺少见识是另一种束缚，胆怯和自卑是最大的束缚。点亮财商三识，让孩子从小摆脱这些束缚。

启蒙财商，让孩子长学识

我们每天都要走出家门。走出家门看似很简单，但很多人一生都走不出家门，有些人不出门却知天下事。所以，我说的家门有两个，一个是家的房门，一个是心的房门；家门只能阻挡孩子的脚步，心门却能妨碍孩子的思想。

"学识"和"知识"虽只有一字之差，却有本质的不同。从汉子的结构可以帮助我们了解知识的本意，以及为什么知识能学死。"知"字的本意，"知"从"矢"从"口"。"矢"指射箭，射箭要射靶心，要一箭中的；"口"要说话，说话要说准，一语道破。"矢口"联合为"知"。所以，应试教育要死记硬背，因为有标准答案，考的全是知识点，不可以自由发挥。

而学识不同，"学识"需要参与和亲证。在接受外来信息的同时，发挥自己的天性潜质，通过体验来记忆，通过体察来思考，通过体会来领悟；在获取信息知识的同时，构建独具个性的记忆和思维方式。

让孩子有学识，成为知识的富翁

小的时候，父亲经常告诉我："学识风吹不走，雨淋不湿，是可以随身携带的财富。这样的财富越多，走得越远。"

学识是财富的邻居。人和财富的距离，要靠学识拉近。生活中，我们常常为某些人遗憾："这个人脑子比计算机还灵，要是多读点书就早成大器了。"这种说法道出了一个秘密，一个人即使有很高的财商天赋，如果没有学识，日后也无法成就大业。

信息时代，让孩子成为知识的富翁，"学富五车"很容易。20年前，如果说某某人"学富五车"，你会觉得望尘莫及。信息技术缩短了与富学者的距离，让你我一夜之间可以"学富一车"，五夜就可以"学富五车"。

如果把装满五车的竹简统计一下，一车的竹简写的文字加在一起只有 4 万多字，五车只有 20 多万字，相当于今天 200 多页的一本书。

现代科技，不但让火车、飞机提速，也让人获取知识和增长学识提速。

传统课堂"粉笔＋黑板"的教学模式，45 分钟内，如果用数字来计算，即使满堂灌，教师输出的知识量大约也只有 5000 字左右（按 1000 字 8 分钟计算）。

信息技术快速地改变着世界和生活，正在以"人脑＋电脑"的模式取代"粉笔＋黑板"的教学模式。如果以孩子为主体，如果选用"人脑＋电脑"的快速学习模式，同样 45 分钟，孩子获取的知识量将是传统课堂的 10 倍。

以网络为平台，帮孩子"学识"提速

互联网给每个孩子提供了自主学习的平台和资源库。但应试教育依然停留在工业生产流水线式的教育模式。孩子的思维触角卷缩着，获取知识的速度停留在"黑板＋粉笔"的时代。

知识爆炸在改变世界的进程，但孩子并没有品尝到知识爆炸带来的惊喜和快乐。父母应当改变学习方法，带孩子和电脑联网，让孩子学识提速。

货币承载着文化、科技、创意等多种元素。通过认识世界各国的货币，可以训练孩子的快速记忆能力，激活大脑的执行力。货币的用途不仅局限于买卖，还可以从数学、文化、创意、艺术等多角度发现和印证货币的价值。

用货币做教具，可以带孩子轻松自如地走进"地理、历史、金融、经济、市场、传媒"等多学科的课堂；用货币做门票，可以进行有趣的环球之旅。比如：认识一个货币，英镑；认识一个名人，牛顿；走读一个国家，英国；认识 10 枚硬币：卢布、泰铢、韩元、日元、美元、马克等；走读 10 个国家——俄罗斯、泰国、韩国、日本、美国、德国等，通过小小会，牵手整个地球。

北京有个叫秦馨怡的 9 岁小女孩，父母觉得她胆子小，带她来和我交朋友。

一见面，我送给她一个瘪瘪的地球仪，她拿起来就吹，吹了一会儿，还是瘦瘦的。

"馨怡，你看看，我们4个大人，谁能帮助你？"她把脸转向妈妈。

"你再看看，谁最有力气？"她把脸转向爸爸。

对于胆小的孩子，不要让他求身边熟悉的人帮忙，要让她敢于开口去求助陌生人。这个经验是妈妈教我的。小时候，妈妈经常让我们到邻居家去送东西，借东西，出门前，告诉我们怎样打招呼，怎样表达，回来时，听我们讲述沟通的经过，然后再做点评。出门办事的机会多了，胆子就大了。

"馨怡，门口站岗的那位叔叔是不是比爸爸力气更大？"

她有点犹豫，过了一会儿，去找叔叔了，回来时，果然拿回吹得鼓鼓的地球仪。

"馨怡胆子大，有解决问题的能力和办法。"馨怡开始兴奋起来，为我们表演课本剧《一粒蚕豆》，扮演多个角色，中间还穿插旁白，台词倒背如流，当说到最后一句台词"人的心，只有自己的拳头一样大，但它能装下整个世界"时，她完全进入了角色，下意识地攥紧了拳头。

仅仅30分钟的接触，我发现她是一个做事认真，记忆力好，想象力丰富，喜欢读书，善解人意，心地善良，天真可爱的小女孩。

我请她选择世界各国货币上的人物，她选择了1英镑面值上的牛顿。然后，我给她留了一个作业，请她追随牛顿的脚步，走读英国。

两周后，她从网上搜索了两万多字的有关牛顿的故事和名言，并摘抄了一部分发给我：

牛顿童年的故事给我很多启发，追随他的脚步，我看到了一个全新的世界。长大了，我一定要超过他！

牛顿童年时身体瘦弱，头脑并不是很聪明。在家乡读书时，很不用功，在班里成绩特别差，但他的兴趣很广泛的，手特别巧，平时喜欢做一些手工木匠活。例如：做风车、做日晷、做小马车、做小城堡，修理一些家具等等。牛顿虽然会做风车、风筝等东西，但是在学校的每次考试都是下等，因此常常挨老师的鞭子。当时的英国，在中小学里成绩好的同学可以打骂甚至歧视成绩不好的同学。

一次课间游戏，大家玩得都很开心，有一位成绩好的同学故意打了牛顿一下，牛顿生气极了，他想："我们都是学生，为什么他就打我，让我受这种侮辱呢？"

从此以后，牛顿下定决心，勤奋读书，早起晚睡，珍惜每分每秒的时间。不久后，牛顿的成绩就在班里名列前茅，超过了欺负他的同学。后来他考上了剑桥大学，为力学、数学、光学做出了伟大的贡献。

同时，她还发来她精选的牛顿名言：

愉快的生活是由愉快的思想造成的。

无学问的热心，如同在黑暗中远航。

你若想获得知识，你该下苦功；你若想获得食物，你该下苦功；你若想得到快乐，你也该下苦功：因为辛苦是获得一切的定律。

一个人如果控制不了自己的脾气，脾气就将控制你。

没有大胆的猜测，就做不出伟大的发现。

一个人不能由另一个人来指定他研究和学习的方向。

秦馨怡把货币当作学习导航，把地球仪当作载体，把互联网当作课堂，通过"追随牛顿的脚步，走读英国"，学会了借助网络快速自主探索和求知。

人脑＋电脑＋人脑，创建"学识模板"

在家里，如何为孩子制作一套简单易行的"人脑＋电脑＋人脑"的学识提速模板，让孩子以最少的时间，获取最多的知识和信息呢？

1.给孩子主题，通过一个点集合大脑里的零散信息和知识

我们每天储存的知识都呈碎片化散落着，相互之间没有建立联系。这种模式不利于激活大脑的神经网络，更不利于建立个人的立体学习系统。对大脑处于高速发展的孩子来说，学习最重要的目的是帮孩子构建大脑的高速公路。民间流传一种说法："要想富，先修路。"孩子要想聪明，必须让大脑提速。

有一年暑假，雨奇请4个小朋友来家里玩。我让她们朗读文章，读了一会儿，她们的热情就消了。后来，我让她们即兴创作生肖故事，

故事编完了，又无所事事。再后来，我写了 5 张字条：大海、沙漠、森林、草原、岛屿，让她们抓阄。

谁抓到什么，就以什么为主题，快速搜索大脑里存储的相关信息。

比如：抓到大海，就写出你知道的关于海里的动物、植物名称，大海的歌曲，大海的故事，海洋的文学和海洋的科学，以及世界海洋的分布，等等。

结果，孩子们搜肠刮肚，每人写了不到 300 字的信息。这是孩子大脑现有的储存量，这些知识平时散落在大脑里，相互没有内在的联系。

我们的教育模式是为升学考试设计的，所以只重视教知识点，而忽视知识链，更谈不上帮孩子建立知识网络。所以，我们给了孩子很多知识，但植入孩子大脑后，全孤零零地摆放着，只有考试时才调出来，百分之百地还给老师。

我们通常把孩子的大脑当成打印机，我们考试的方式，就是让孩子按照我们输入的信息编码，自动打印出一张卷子。

把孩子的大脑当成打印机是极大的浪费。人的大脑是高级的自动编程的计算机，自主学习既可以帮助孩子自己编程，又可以帮助孩子内置多学科互动的驱动盘。

2. 给孩子路径，通过多种路径实现"人脑＋电脑"联网

在月亮实验学校，我以货币上的国花、国鸟、国树和世界珍奇动物、名胜古迹为主题，让孩子在网上搜索世界各国的货币图案，然后告诉孩子寻找的路径和方法。

图书——书店或图书馆

博物馆——钱币博物馆

电视——货币故事和货币战争

互联网——点击"世界货币"四个字

这么多路径，哪条最快，省力又省钱呢？

孩子自然首选"人脑和电脑"的联网。借用互联网，培养孩子自主学习的能力，让孩子一夜之间变成知识富翁，真的很容易。只要孩子在电脑搜索引擎上输入几个字，如国花货币、国鸟货币、国树货币，然后点击一下鼠标，图片和文字

当孩子遇到钱
绕不开的财商

便蜂拥而来。

3. 给孩子平台，通过主题演讲，完成"人脑＋电脑＋人脑"编程

设计一个演讲主题，激活孩子的大脑，把平面的知识进行立体编程。在"长城升明月"财富论坛上，我邀请了20多个4岁的孩子和我一起演讲，请孩子登台讲世界财富大亨、摇钱树的故事，以及"吃穿住行中的财富"。父母和孩子一起上网收集整理相关资料和图片，以归类法、整合法、创意组合法等多种形式，参与设计集"音乐、表演、服饰、道具"为一体的主题演讲。不但把比尔盖茨、巴菲特、英格瓦、李嘉诚等财富人物故事搬上舞台，而且也把餐桌和行走的财富搬上舞台。

人脑和电脑联网搜索信息只是第一步，重要的是激活大脑的自动编程。通过"人脑和电脑"联网实现信息汇集，然后组织"编辑演讲"，借助演讲来实现左右脑的互动连接。经过这两个程序，可以快速帮孩子构建"快速搜索＋编辑整理＋创作输出"的全脑学习工程。

以生活为课堂，在实践中长学识

生活是一个大课堂，每时每刻以各种生动的形式传递着多学科的知识和学问。但孩子从入学开始，大量时间在作业、试卷之间奔忙，不但远离生活，甚至与生活割裂对立。

我们只重视孩子在纸上的计算，而忽略了生活中的应用和实践。

我在河南演讲期间，偶尔走进一个丝巾店，老板娘说好像在电视里见过我，听说我是来河南演讲的，她开始滔滔不绝地讲女儿的学习问题：

"我的女儿不爱学习，喜欢到小店来瞎忙活。她记性好，算账快。我店里的商品，她闭着眼睛都能说出来，可她才9岁，学习不好，将来考不上大学怎么办？"

"她数学好吗？"

"算小账快着呢，可一考试就落后，从来没考过前10名。"

"我给你一个建议：周末让女儿到小店来帮忙，从清点货物，到货物摆放，到算账，财务管理都交给她。"

没等我说完，她急着说："那怎么行，我没文化，没上过大学，可不能耽误她呀。"

这就是今天中国教育的误区，我们认为把孩子放在学校才算受教育，考试成绩好才算人才，所以忽略了生活的大课堂。

我们鼓励孩子学数学，只是为了升学考试，因为数学是必考科目。数学的演算也只停留在纸上。数学课不仅脱离生活，更和现实应用毫无关联。

很多家长，宁可花大钱往名校挤，也不肯敞开生活的大门，让孩子进来。帮父母买卖东西，不会影响孩子学习，因为买卖的过程不仅要计算，还要管理、与人沟通、推广和营销。这些能力学校没有训练，家庭也没有训练，等孩子走向社会后，就会发现他们有文凭没有能力，有学历但不自信，有梦想却不会沟通。问题出在哪儿呢？

我认识一个研究生，每次找工作，笔试都顺利通过，可一面试就被淘汰。她从不敢抬起头，看着人的眼睛说话。最近一次面试，考官说："请你抬起头，看着我的眼睛说。"她鼓足勇气，抬起头看着考官，大脑却一片空白，一时不知道说什么。最后，急得眼泪唰唰掉。她告诉我："那天，我像小学生一样紧张，被考官吓哭了。"

生活即教育，在日常生活中获取的能力，可以给孩子真实的自信。在家里让孩子帮助父母进行财务管理，算账、推销和沟通，表面上看，与数学课和考试无关，但对孩子大脑的训练却是再好不过的课程。因为在买卖的过程中，大脑像一架高速运转的计算机，一边快速输入、加工、处理储存信息，一边快速验证和输出计算结果。

财商启蒙无处不在，如果说课堂学习是纸上谈兵，那么在小卖店协助父母做生意则是实战演习。学校的小课堂只看重单科成绩，生活的大课堂则训练多元能力，而社会需要具有实战能力的复合型人才。

金钱和人如影随形，怎样攒钱、花钱、理财需要从小学习。在家里，要求孩子主动向父母提家庭财富管理建议，帮助父母查找相关资料，制订家庭财务、旅行管理计划，鼓励孩子帮助管理家庭财务：列表、记账、创意家庭购物单和账单等等。

在生活大课堂里，获得的本领和学识是可以终生受用的，因为它会保存在生命的细胞里，内化成不同的能力。不论学什么，一旦转化成能力，就可以成为终生携带的财富。

书本知识只有通过体验、体察、体会的方式才能转化成学识、见识和胆识，给孩子眼界和胸怀，以"三识"为支点，帮孩子构建立体的思维体系，让孩子从内到外强大起来。

激活财商，让孩子长见识

　　一个人的见识和走出家门的距离成正比，去的地方越多，见识越多；孩子的见识和父母老师给的求知空间成正比，满足孩子的求知欲，空间越大见识越多，空间越小见识越少。

　　为什么一个人见多才能识"广"，少见就会多"怪"呢？

　　学历和见识不同。学历高并不等于有见识。见识和知识不同，见识是直接的经验，知识是间接的经验。所以，让孩子长见识并不难，让孩子在体验中学习，获取直接的经验，转化成终生携带的能力。

　　美国和西方一些国家放手让孩子买卖旧书本、玩具，就是让孩子在体验中了解钱物交换、物物交换的关系，了解金钱和物品的价格规律，在实践中培养理财的能力。

　　见多识广不是走马观花地看看，而是在见中行动，在行动中长经验。家长可以尝试让孩子从小自己管理钱，让孩子参与家庭旅行计划和财务管理，告诉孩子父母的钱是怎么挣来的，如何做才能节省钱和多挣钱，这些经验和见识就会帮助孩子学会理财和自我管理。有过管钱、挣钱经验的孩子，不会为一点小钱轻易上当受骗，更不会因被钱诱惑做出荒唐事或抢劫犯罪。

　　万物都有"象"，也就是人们常说的图像、图标、图案。

　　万事都有"面"，就是我们经常说的世面、体面、脸面。

　　让孩子长见识，就是让孩子识宇宙万物的"象"和洞见人间百态的"面"。

　　日本是一个多地震国家，日本的生存教育课让孩子了解发生地震时出现的各种现象和画面，教孩子自救和逃生，所以日本人的自救能力特别强，因为他们见过世面。

犹太人教孩子从小理财，鼓励孩子挣钱，并教导孩子如何花钱，所以犹太人的孩子对钱有见识，他们不会为某小利而丢大利。

见识和眼界

人的见识从哪里来？中国有太多让人长见识的经典。经典不讲知识，讲见识，讲智慧。见识一方面来自书本，那里面记载着前人的智慧；一方面来自生活丰富的经验，自己的体会、体察和体悟一旦和前人卓见产生共振共鸣，智慧就长出来。

> 两只狼同时来到草原。看着眼前一望无际的草地，却不见一个猎物，狼甲心灰意冷，后悔选错了路线，抱怨自己不走运，跑到这么一个穷地方。
>
> 而狼乙却异常兴奋，它知道自己发现了新大陆。很小的时候，父母就告诉它"有草的地方就会有羊，羊喜欢追着草走"。狼耐心地等着拥抱明天。
>
> 狼甲用肉眼看草原，盯着的是送到眼前的肉，它只有"视力"。
>
> 狼乙用慧眼看草原，预测的是大批涌来的羊群，它既有视力，又有"视野"。

狼甲靠本能生存，看不见肉就垂头丧气，因为父母只教给孩子捕食的本领，没有给它财富智慧。狼乙的父母在教它生存本领的同时，教它如何洞见财富，所以面对空荡荡的草原，它不急不躁，不怨不悔，因为它知道明天该来的都会来。

狼乙的视野来自见识，见识可以直接获取财富。比如：识别人才、识别宝物，从中发现机遇，明察秋毫，高瞻远瞩。如果狼妈妈只给孩子视力，不给孩子视野，狼孩子也会成穷孩子；如果狼妈妈给孩子一双慧眼，狼孩子也会成为富孩子。

直觉力和洞察力构成最高智慧，不需要翔实的理性分析和论证，以高度的敏感捕捉信息，洞见和预测未来。

走出校门，让孩子有远见有卓识

在家里，父母替代孩子做的事越多，孩子越无能。走出家门，让孩子独立面对世界，孩子很快就学会了独立思考和行动。

有个中国父亲把自己13岁的儿子送到了澳洲伯斯的朋友玛丽家，说要让儿子见见世面，请玛丽帮忙照顾一下。

玛丽接到小男孩便对他说："我是你爸爸的朋友，他托我照顾你在澳洲一个月的暑期生活，但我要告诉你：我不欠你爸爸的，他也不欠我的，所以，我们之间是平等的。你13岁了，具有基本生活能力，从明天起，你要自己按时起床，我不负责叫你。起床后，你要自己做早餐，因为我要去工作，不可能替你做早餐。吃完饭，你必须把盘子和碗清洗干净。洗衣房在那里，你的衣服要自己去洗。另外，这里有一张城市地图和公共汽车时间表，你决定去哪里玩，先弄清楚路线和车程，可以自己去玩。总之，你要尽量自己来解决一切生活问题。因为我有自己的事情要做，希望你的到来不会给我增添麻烦。"

小男孩眨动着眼睛听着，想象着在家里爸爸妈妈包揽一切的生活，不知道自己将面临什么。

一个月之后，父母惊讶地发现从国外回来的儿子变了，他会管理自己的一切：起床后叠被子，吃饭后会洗碗筷，清扫屋子，会使洗衣机，按时睡觉，对人也变得有礼貌。父母便在电话里询问玛丽："你施了什么魔法，让我儿子一个月就长大懂事了？"

玛丽说："父母常犯一个错误，不把孩子当成人，而是等同于小猫小狗一样的宠物。要让孩子成人必须让他自立，这才是真爱，而不能宠爱！"

美国最成功的青年创业家之一卡梅伦·约翰逊，刚过完8岁生日时看了《小鬼当家2：迷失纽约》，于是卡梅伦特别想去纽约广场饭店，看看拍摄电影的那套房间。

"爸爸，暑假，我想去纽约。"

"那我们做笔交易吧，如果你得了全A，我就带你去。"

卡梅伦的爸爸发现了孩子的需求，紧紧地抓住这个施教的机会，借机提高学习标准，激励孩子实现更高的目标。

为了去纽约，卡梅伦那个学期得了全A。于是，他向爸爸又提了个要求："我们可以住广场饭店吗？"

爸爸答应后，他立刻给广场饭店老板唐纳德·川普写了封信，希望住店期间，能让他看看《小鬼当家》的拍摄房间。

等他们走进广场饭店，前台的服务员把川普先生为卡梅伦准备的礼物交给他，给他安排了购物导游，还把他的房间免费升级为电影《小鬼当家》的那间套房。

纽约之行，极大激发了8岁的卡梅伦追逐成功的激情，开启了财商之门，离开纽约前，他给川普先生写了封信。

亲爱的川普先生：谢谢您送给我的Talkboy，让我住套房，还有其他所有的东西。请拭目以待，因为我决定要成为下一个唐纳德·川普。

卡梅伦·约翰逊

在纽约，卡梅伦大开眼界，在广场饭店他又长了见识，又长了本事，回家后，他就决定要自己创办公司。

9岁，靠50美元和一台电脑做起第一笔生意。

12岁，在eBay售卖豆豆公主，净赚5万美元。

15岁，被日本邀请，出任日本未来学院公司的咨询顾问，出版日文自传《15岁的CEO》，成为日本家喻户晓的人物，掀起一股"卡梅伦旋风"。

18岁，已经赚到了人生的第一个100万美金。

19岁，他出任美国魔幻城福特汽车经销公司销售总经理。

20岁，他创办CertificateSwap.com网站，经营网上礼品卡生意，大获成功，赢得1000万美元的风险投资。

21岁，同龄人还没有上完大学，他已经创办了12家成功的公司。

卡梅伦在《创业去》一书中这样说："成功不在于你发现多少机会，而在于你创造多少机会。其中有一个方法，就是不要害怕向成人和成功人士提出要求。"

长见识要选对的时间、地点和人

广州有一个爸爸，特别喜欢园林建筑，儿子3岁那年，他做了一个教育计划，决定打飞机带儿子去苏州看园林艺术。

他买了拙政园的门票，可儿子刚进园林，就发现一群蚂蚁，立刻被蚂蚁吸引，蹲下观察。

他蹲下来劝儿子："要看蚂蚁，回去爸爸带你到广州郊区，咱们花了很多钱，打飞机到苏州来，不是看蚂蚁，是看园林艺术。"

儿子依旧对蚂蚁着迷，足足看了一个多小时。

3岁的孩子不会理解爸爸的苦心，所以爸爸的劝阻无效。爸爸的教育计划也被打乱，问题出在哪里呢？

这个爸爸想激发孩子的好奇心，但他不了解3岁孩子的心理需求。3岁孩子的好奇心不会投放在高大的建筑物上，而会投放在比他小的动物身上，为什么喜欢蚂蚁、小鸡、小兔子，而看见大狗和大猪就紧张呢？孩子选择亲近什么、远离什么，不受成人的好恶调控，而受自身的保护意识和安全感系统调控。

在大人群里，3岁的孩子是小矮人儿；在建筑群里，3岁的孩子如同小蚂蚁。人不能长期仰视，因为颈椎腰椎和整个身体都不会支持。所以，3岁孩子的观察点不会聚焦在建筑物上，不管在成人眼中多有价值，孩子一定会选择比他小的动物和植物。

发财讲机遇，教育也讲机遇，也要选对的时间、对的地点和人。

2010年上海世博会，在德国馆，我看见很多年轻父母，抱着一两岁的孩子，在炎热的7月底，花三五个小时排在观众的长龙里。

有个两岁左右的孩子，开始在妈妈怀里睡着，醒后大哭。男的抱怨："不让你抱他来，你偏要抱，他来干吗？除了睡觉，就是吃和哭。"

女的不依："不是想让他见世面吗？人家孩子两岁都坐飞机出过国，我们的孩子两岁才来次上海，你还不愿意。"

"见啥子世面，你问他看见啥了。"两个人一直不停地相互抱怨。

广州那个爸爸，上海这对夫妻，他们的心愿相同，希望带孩子走出家门长见识长学识，但孩子不给力。

为什么父母的好心设计，孩子不给力呢？

不同年龄的孩子，由于大脑和身体发育不同，对外界事物的关注点和兴趣点也不同，以我多年教育的经验，给年轻父母如下建议：

1—3 岁的孩子

带孩子走进大自然，不花钱，收效高。少去人挤人的大型博览会和庙会，孩子和大人都容易疲惫。带孩子观察昆虫和植物，训练孩子"眼嘴心"协调能力，实现快速对接。如果孩子观察蚂蚁，你一定要在边上不时地引导："你看见什么了？"

"蚂蚁搬家。"

"蚂蚁怎样搬家的？"

"排着队。"

"蚂蚁在搬什么？"

"搬饭粒。"

通过步步深入的引导，训练孩子动眼睛看 + 动脑子想 + 动嘴巴说，快速完成信息"输入 + 筛选 + 输出"的大脑运转过程，帮孩子构建"观察 + 思考 + 表达"的思维模板。

回家后，继续以蚂蚁为主题，先回放户外互动记忆，再找书和上网查资料。给孩子准备一个活页夹作为资源包，每次整理的资料入包，半个月后可以拿出来看看。

孔子说"温故而知新"，半个月后，孩子在回放记忆时，对蚂蚁的认知会冒出新的思考和疑问。

4—6 岁的孩子

带孩子走进大自然，选择 1—3 种植物的种子或秧苗，和孩子一起种植物，或饲养小动物。告诉孩子，能把一个小苗养活，让一粒种子长出来就是一种成功，培养孩子静下心来做一件事。

1. 不急不躁，坚持把一件小事做到底，做成功。

2. 和孩子做行动计划，列时间表，要求有始有终。

3. 遇到困难时，给孩子勇气，鼓励孩子越挫越勇。

6—9 岁的孩子

带孩子走进大自然，喜欢画画的孩子，带孩子写生，喜欢写作的孩子，帮助拟定采访主题，去农家或渔民家采访农民或渔民。

1. 让孩子主动走进陌生环境，通过采访锻炼孩子的沟通能力。

2. 有条件的地方带孩子去博物馆、图书馆和书店。

3. 每次出行，行走路线由孩子选择和制定。

9—12 岁的孩子

1. 鼓励孩子参加各种群体的社会实践活动，比如拜民间艺人为师，学习民间文化。如：陕西和山西的花馍、布贴、布堆画、剪纸等，河北的皮影、天津的泥人、杨柳青的年画等。

2. 鼓励孩子参与各种走读采访式学习。比如参与市场调查：关于食物、服装、汽车、住房等多主题社会调查。

3. 鼓励孩子学习写调查报告。

12—15 岁的孩子

1. 支持和鼓励孩子参与不同主题的公益活动，假日到贫困地区走读学习。

2. 鼓励孩子参与各种具有创意性的旧书、旧玩具等商品的交易拍卖活动。

长见识，需激活 5 个生命密码

带孩子走出家门，让孩子长见识，不仅是动眼看和动耳听，还要动手写，动脑记，动心想，动嘴说。18 年的记者生涯，让我无数次重复使用"眼耳鼻舌身"总动员，快速进入采访和创作状态。

采访学习法不但属于记者，也属于孩子。现代社会把孩子锁定在课本、教室、作业和试卷的教育模式里，封闭了孩子的嘴巴，让孩子只能用耳朵录制老师传递的信息和知识，只能用眼睛追随老师的视线，在书本上寻找答案，然后用嘴巴复述老师讲过的知识。这是教育的悲哀，也是生命的悲哀。

每个孩子都自如地掌控着"眼耳鼻舌身"密钥，但没有机会自由使用。

我设计了一系列采访式学习活动：带雨奇走出家门、走出校门、走进植物园、走进历史、走进濒危动物园、走进河流、走进民间艺术等系列活动。从雨奇身上，我再一次验证了"眼耳鼻舌身"采访学习法带给孩子的财富，通过采访激活孩子的三种内动力：脑力 + 心力 + 体力。

雨奇 8 岁那年，有一天放学回家，走在东二环的光明桥上，看着桥下浑浊的护城河，她脑子里冒出一大堆疑问：

"妈妈，这条河是从哪儿来的？"

"这么脏的水，鱼儿能活么？"

"这条河从什么时候弄脏的，污染源在哪儿？"

这是 8 岁孩子的疑问，父母不能草率，更不能敷衍，要珍视孩子每次提问的机会，但不要马上给答案。要寻找最好的方式，让孩子自己去找答案。

什么方式最好呢？当时，我已有了 12 年记者工作经验，对女儿提出的问题，我觉得记者使用的"眼耳鼻舌身"总动员，采访走读的方式，不但能快速激活孩子的身体智慧，还能获取一举多得的功效。

"你提的问题真好！可我现在无法回答你。周末，邀请你的小朋友一起去南护城河采访吧，你一定能找到很多答案。"

"采访？怎么采访呀？"

"采摘要用什么？要动眼寻找，动手采和摘，还得动脚走路，对吗？"

"那访问呢？"

"'访'字怎么写？左边一个言字旁，要动嘴巴问；右边一个'方'字，要有个方向和目标——采访谁啊。还要动耳听，动手记。"

"采访是'眼耳鼻舌身'总动员最快乐的学习法，你想试一试吗？"

"那我就成了小记者了。"

周末早晨，我带着雨奇和她的朋友，背着照相机到南护城河采访。

"采访谁？"

"见到谁就采访谁。"

那天，第一个见到的是骑板车卖酱油的老爷爷，他在河边住了 45 年，他说护城河水来自官厅水库。

第二个见到的爷爷是从菜市场买菜回来的老爷爷，他在河边住了 42 年，说河水是从密云水库来的。他年轻的时候，还修过护城河。

第三个见到的是在河边遛鸟的爷爷，他说在河里救过 3 个人，说 60 年代河水清澈，有两米长的大鱼，还有鱼鹰，后来被印刷厂、毛纺厂把河污染了。

在寒风中，三个孩子一边问，一边在本子上写，问题越问越多，整整一个上午，这条河在她们的记忆里有了历史，有了生动的形象。回来的路上，我问三个孩子，今天采访记忆最深的是哪些事儿。

"胆子大了，敢跟陌生人说话了。采访，听来的故事记忆更深。"

"开始写得慢，跟不上，后来写得越来越快了。"

仅仅花了两个小时，带孩子走出家门，鼓励孩子动嘴问、动耳听、动脑想、动手记，调动"眼耳鼻舌身"五大感受器，不但激活了身体的智慧，还给了孩子获取知识信心的路径、方法。同时，给了孩子自主学习的能力，还有胆量和勇气。

一个人如果不是"见多识广"，就会变得"少见多怪"。带孩子走出家门，让孩子见多少世面，必长多少"见识"。

点亮财商，让孩子长胆识

世上成大事者，必定有大胆识。中国流传久远的项羽"破釜沉舟"和韩信"背水一战"的故事，让后人看见成人有胆有识的形象。而司马光砸缸，则让我们看见孩子有胆有识的模样。

财富总是垂青有胆有识的人。

财商启蒙必给孩子胆识，给孩子直面困难的勇气和胆量。

胆识不是教出来的，而是练出来的。

胆识来自尝试，千百次的尝试，像小孩子学走路一样，跌倒了，爬起来。

胆识不是鲁莽，不是逞匹夫之勇，胆识永远与智慧和勇气同行。

胆识和智慧是铺就孩子财富之路的基石，成功总是和冒险、风险并存，谁能为孩子的成功保驾护航？内心的胆量和勇气！

没有尝试的勇气，成功不会属于你

1977 年的一天下午，12 岁的麦克·戴尔费劲心思整理好一根缠绕着很多鱼钩的鱼网，爸爸喊他："你不要浪费时间了，快收起鱼竿，回家享受快乐吧！"

戴尔无动于衷，继续忙着，把鱼网远远地抛入水中，并固定在一个深深地插入土里的木棍上。

晚饭的餐桌上，全家人拿他开玩笑，说他只能两手空空，可晚饭后，当戴尔收起渔网时，收获的大大小小的鱼，比所有人钓的加起来还多。

243

从此，戴尔总是说：有好的想法，就要胆大去尝试。后来，他有了另一个好点子，并大胆地去尝试，几年间他由一个少年变成了一个超级财富大亨，成为美国个人电脑第四大生产商。

从前有一个国王，他想委任一名官员担任一项重要的职务，就召集了许多孔武有力和聪明过人的官员，想试试他们之中谁能胜任。

"聪明的人们，"国王说，"我有个问题，我想看看你们谁能在这种情况下解决它。"

国王领着这些人来到一座大门前，这是一座谁也没见过的最大的门。

国王说："你们看到的这座门是我国最大最重的门。你们之中有谁能把它打开？"

许多大臣望着门连连摇头，有一些比较聪明的，也只是走近看了看，望而却步在门口。当这些聪明人都说开不开时，其他人也随声附和。

只有一位大臣走到门前，他仔细用眼睛观察，然后伸手仔细检查大门的缝隙，尝试用各种方法打开。最后，他抓住一条沉重的链子一拉，门竟然开了。

其实大门并没有完全关死，而是留有一条窄缝，任何人只要仔细观察，再加上有胆量去开一下，就会把门打开。

国王说："你将担任朝廷中重要的职务。因为你不局限于眼睛所看，耳朵所听，你还有勇气伸出手，靠自己的力量和胆识去冒险去尝试。"很多时候我们靠耳朵做决定，眼睛也经常被耳朵欺骗，因为耳朵容易偏听偏信，眼睛容易望而生畏，对没有见过的，或没听说过的事，常常采取避而远之的态度。所以，手缩回来了，大脑和心灵就自动关闭了。

大胆尝试光有勇气不行，那叫有勇无谋；胆量需要见识、学识来支撑，才会有胆有谋。谋略来自大脑和心灵。

这是一个非常经典的故事，人生中有太多道门要过，太多的关要闯，"闯关"重在一个"闯"字，"闯"的字义就是要破门而入，或破门而出，关键要"破门"。传统教育鼓励男孩子闯世界，闯天下。

"闯"要有勇气，有胆量，闯的能力来自生活的磨砺，遇到困难，自然要闯过去。这也是"男孩要穷养"的原因所在。男孩儿生活太优越，18岁之前饭来张口，衣来伸手，生活的大门进出自由，没有障碍，没有难关，自然就没有机会去"闯"，胆量和勇气从何而来呢？

让勇气站出来，必须鼓励孩子闯难关

勇气给孩子带来希望和成功。勇气也分大小：难关小，需要小勇气；难关大，需要大勇气。勇气不是孤立的，勇气总是与困难和恐惧捆绑在一起。不遇到困难，勇气不会站出来；没有恐惧，勇气也不会出山。

培养勇气的办法和培养自信心一样，鼓励、赞赏、肯定可以激活孩子的内动力，还有大胆尝试和生活的磨砺。

孩子从小到大，注定要经历许多对他们来说困难或恐惧的事情，比如黑夜，孩子都怕走夜路，尤其在没有路灯的乡村，走夜路更需要胆量。很多孩子有这样的经历，走夜路或者周围没人时，大声唱歌给自己壮胆。还有迷路，即使在闹市里，走丢了也是令孩子恐惧的事。

在孩子的成长中，小朋友之间的争斗、陌生的环境，以及犯了错恐惧被惩罚等等，都可能让孩子恐惧。面对困难或深陷恐惧时，所有孩子的第一个反应是希望得到帮助，或者由大人代替去面对这些难题。

> 什么是真正的勇敢，小斯宾塞的父亲经常对小斯宾塞说："一个真正有勇气的人是具有悲悯和同情心的。杀戮小动物，毁坏植物和树木，不是勇敢，是残忍。还有鲁莽、冲动、缺乏理智的行为也不是勇敢行为。勇气只是一种心理，除此之外，还应该经常使用理智。"

小斯宾塞14岁考上牛津大学，一生成绩卓著。斯宾塞创作了很多独特的生活课堂，让勇气在面对难题时站出来。

让勇气站出来，必须鼓励孩子去闯难关。

什么是孩子遇到的难关呢？

开口当众讲话是孩子的一个难关。日常生活中，评价2-6岁的孩子，经常会用这样一句话："这个孩子胆子大，敢说话。"

孩子的胆量首先体现在语言表达能力上。因为当众说话，考验人的多种能力。如胆量、勇气、语言表达、动脑思考、心理情绪、脑口心协作等等。6 岁前，孩子脑子里词汇量少，有的孩子担心和恐惧说不好，遭到批评，所以一些孩子不敢开口。敢不敢当众讲话，对很多孩子都是一道难关。

特别是男孩子，要敢于当众讲话。澳大利亚的一位专家研究证明，"女人大脑的语言中枢比男人的大 30%"，所以女孩儿的语言神经发育得比男孩儿快。同样是 6 岁的孩子，女孩伶牙俐齿，而男孩子却显得笨嘴拙舌。所以，要让男孩子闯世界，必须教男孩敢于和世界对话。

谁吓跑了孩子的胆量和信心

小孩子原本不知道什么叫怕，"初生牛犊不怕虎"，因为牛犊不知道虎会吃它，它的阅历还不足以有机会见过虎吃牛，所以不会感到恐惧。古人造"怕"字时，已经有了注解，"怕＝心＋白"。心中明白会发生什么，知道后果才会"怕"。

十多年前，我在河南采访，有个叫白雪的女孩子给我讲述了上中学时遇到的 10 个第一次。

第一次演讲，她把演讲稿背得滚瓜烂熟。上台前，老师提醒她，今天区里的领导来听演讲，你得为学校争光，不能丢脸。

一走上台，她大脑里发出一个信号："今天区领导来，不能丢脸"。那个信号灯连续亮了 3 秒，她站在麦克风前，刚张开嘴巴，大脑突然短路，一片空白，一句话也想不起来，最后，她哭着跑下了台。

很多时候，父母和老师为了强调某件事的重要性，喜欢把两种后果一起告诉孩子，希望引起孩子的足够重视，让孩子铆足了劲，做到最好，但往往适得其反。

胆小的孩子是吓出来的，如果成人经常用坏结果吓唬孩子，孩子因恐惧出错而不敢做事，这是最糟糕最失败的教育。因为人在恐惧时，血管收缩，神经细胞被抑制，连身体的体液都会立刻改变其化学成分，打破生理平衡。恐惧会摧毁勇气和创造力，让人变得谨小慎微，说话做事都战战兢兢，胆量和勇气从何而来？

当孩子遇到钱
绕不开的财商

246

雨奇 10 岁那年，她参演的《雪域高原》歌舞入围东城区艺术节，她主跳孔繁森救的那个小男孩。

演出前一天，她一进家门，慌里慌张地说："妈妈，明天你能去看我演出吗？

"我争取。"

"你一定要去，老师说了，这次演出特别关键。如果拿了前三名，我们得的证书升中学可以加分。如果拿不到证书就前功尽弃了。"

"是这样啊！"

"老师还说，明天，前排坐的是东城区领导、教育局领导，还有各学校的校长，我们要是跳砸了就是给学校丢脸。"

我知道，老师不经意地在孩子的心里装了两颗定时炸弹：一颗叫诱惑，一颗叫恐吓。引爆线叫"怕"，孩子怕失去，更怕出错，"怕"就成了随时可能引爆炸弹的导火索。

遇到这种情况，父母该怎样做才能帮助孩子及时排除隐患呢？

1. 给孩子讲一个成语故事："争先恐后"

"争先恐后"这个成语，一直被错解错用。记得小学时造过一个句子："课堂上，同学们都争先恐后地发言。"后来，读成语故事才发现，我误读误用了，这是一个具有极好的心理训练作用的案例，它破解了竞争心理造成的直接后果——不是赢，而是输。

春秋时代，赵襄子向王子期学习驾车。学了不久，与王子期比赛。他同王子期换了三次马，每次都落在了王子期的后面。

赵襄王责备王子期："你教我驾车，为什么不将真本领教给我呢？"
王子期说："驾车的技术，我已经都教给你了，只是你运用上有毛病。驾车最重要的是协调好你的马和车，才能跑得快、跑得远。"

"在比赛中，你只要落后，就使劲鞭打马，拼命想超过我；一旦超过我，又时时回头看我，怕我赶上你（争先恐后）。在整个竞赛中，不论是领先，还是落后，你的心思都用在我身上，你怎么可能协调好车和马呢？这就是你落后的原因。"

恐惧落后，恐惧被超过，一直在挑拨制造身心分裂，让人分神，由自我不和谐导致与外物不和谐，最后丧失驾驭能力。

2. 强化训练孩子"物我两忘，淡定从容"的定力

那天，当我叮嘱雨奇"跳舞时要专心，不要去想证书，不要想领导"时，雨奇反问了一句："那我想什么呢？"

物我两忘也需要一个抓手，一个看得见、抓得住的东西做载体，带着思想和情绪舞蹈。

"想你是孔繁森救的那个小男孩，想雪域高原，跟着音乐的节奏和韵律跳舞。"我鼓励孩子进入角色，跟着音乐走，进入物我两忘的状态。

3. 睡前给孩子心理暗示，排除干扰信息

如果孩子接收了一些恐惧或忧虑的信息，入睡前，一定要通过心理暗示的方式，排除或覆盖白天留存的信号。日有所思，夜有所梦。入睡前，不但要输入抗干扰信息，还要孩子参与互动。

那天晚上，我附在雨奇的耳旁，小声对她说："跟我学，我说一句，你说一句。"

"我就是孔繁森救的小男孩。我是雪域高原的舞者。

"明天台下都是椅子和空气。

"投入蓝天，我就是白云；投入白云，我就是细雨。"

反复说了三遍，雨奇睡着了。第二天艺术节表演，她们表演获得成功并拿了大奖。

胆量从哪里来？来自激励＋训练

拿破仑·希尔曾说过："有很多思路敏锐、天资高的人，却无法发挥他们的长处，无法参与高层讨论，并不是他们不想参与，而是因为他们缺少信心。"

缺少自信，即使有很高的学历，也没有胆量。

> 一个海归研究生申请工作，她形象很好，头脑聪明，做事认真仔细，但回国后，迟迟找不到工作。每次笔试都顺利通过，而面试这关就过不去。因为她一直低着头，眼睛总在躲避。她就是拿破仑说的那

种天资高，但缺乏自信的人。

　　她的自信被谁偷走了呢？被她的妈妈。她的妈妈特别能干，对自己要求高，对她要求也高。小时候，不论她做什么，妈妈都不满意。如果考了第三名，妈妈就说："你就不能努点力，考个第一名。"有一次她考了第一名，妈妈却说："偶尔考个第一，有本事，次次考第一啊！"

　　"不知道为什么，在妈妈的阴影下，我就是强大不起来。"

她对我说这段话时，两眼噙着泪水。类似这样的故事很多，每次演讲都会有人哭着跑出会场，然后给我发短信，讲他们胆怯不自信的来历。

天下父母都希望孩子成功、富足和幸福，可自卑和胆小的人不但难以成功，也难以幸福。

给孩子自信和胆量的五种方法：

1. 改变座位，鼓励孩子坐前排，凡事走在前面

带孩子出去听课，改变坐后排的习惯，不论在学校上课，还是参与社会活动，都告诉孩子抢前排坐。前排能和讲师目光交流，不易走神，能养成专注听讲的习惯。

2. 改变对话，培养专注倾听和对视的习惯

孩子说话时，父母要专注地听，一定要看着孩子的眼睛，积极回应。然后，要求孩子听自己说话时，也要看着对方的眼睛。培养目光交流的习惯，还有诚恳和坦然。

为什么孩子不自信和害怕时，不敢看着对方的眼睛呢？因为眼睛是心灵的窗户，孩子怕泄露心里的慌张和害怕，也是自我保护的一种本能。

3. 改变姿态，改变慢腾腾走路的习惯

从走路可以看见一个人的精神面貌，挺起胸膛，抖擞精神，健步如飞，不但释放出正能量，还是自我塑造的一种方式。

职场有面试关，很多人笔试关过了，面试关过不了，究其原因，多数跌在不自信上。传统文化看人或选对象讲究观四相：面相、手相、动相（走路的姿态）、静相（坐着的姿态）。所以，中国文化树立了一个标准形象模板：站如松、坐如钟、卧如翁、行如风。这四种形象展示了一个人的生命三宝——精、气、神。

改变慢腾腾走路的习惯，让两脚生风，可以给孩子自信。

4.改变氛围，和孩子一起唱歌演讲

歌声和笑声具有化解矛盾和敌对情绪，赢得好感的特殊功能。一百多年前，赫伯特·斯宾塞创造了快乐教育法，其中有一条就是和孩子一起唱歌。他邻居家的孩子不爱学习，做事没有激情，后来采用了他的方法，改变了家里的沉闷气氛，女儿变得活泼、快乐，学习的热情也被激发出来。

大声唱歌能给孩子胆量，大脑有一个共振机能，不然为什么走路害怕时唱歌能壮胆呢？

5.改变方法，让孩子不断达成目标，给孩子信心

根据孩子的年龄，给孩子制定一个个小目标，从做简单的事开始。比如9岁的孩子，可以帮父母查找出门的路线图，制作家庭旅游计划，预订酒店，列购物单，核算购物票据，家里请客吃饭时可以做主持。这样既锻炼孩子的语言表达能力，也培养了他们直抒己见的胆量。

胆怯、恐惧是一种束缚，它会让孩子畏手畏脚，甚至裹足不前，而胆量和勇气会助长孩子的自信。一个缺失自信的人，无论本领多大，都会坐失良机，而胆识和自信可以创造奇迹，激发无限的潜能和才干。

勇气是正能量，不论做什么，一旦失去勇气，孩子将陷入自我谴责、自我畏惧的心理状态中。负能量上升，积累多了，不但胆小怕事，也畏手畏脚。

勇气给孩子积极的心理暗示，当孩子表现得勇敢时，他的反应能力、兴奋程度和判断力、想象力、记忆力都会大大提高，这有助于增长孩子解决问题的能力。

胆量和勇气能帮助孩子学会比较，果断行动，快速判断和选择，有这些经历的孩子，人生积极乐观，充满正能量。

教孩子管理"压岁钱"

多年来，我们一直在讨论：谁来管理压岁钱？压岁钱该如何花？小学生自主管理压岁钱该不该？

讨论的结果是：今年的话题，明年讨论的延续。

有思想，不行动，再好的思想也是搁浅在沙滩的船，无法远行。

有创意，无行动，再好的创意也不过纸上谈兵，既无力量，也无成果。

当孩子遇到钱，先放手给孩子钱，然后，放大胆子让孩子去用钱、管钱，在行动中把握钱的走向和传递钱的法则。

让孩子学会理财，孩子手里必须有财。压岁钱是孩子每年期待的一种收入，如果用这笔钱和孩子制作一年或三年的财务规划，教孩子如何记账、储蓄、借贷、投资，最后建立一个以孩子名字命名的"宝贝银行"，实际上是在帮助孩子制定幸福人生规划。

《富爸爸，穷爸爸》的作者罗伯特·清崎说："如果你不教孩子金钱的知识，将会有其他人取代你；如果让骗子、奸商、警方取代你，必将付出惨重的代价。"

几年前，我曾去上海采访过一个少年犯。因学校组织春游，每人要交25元钱，他手里没有钱，放学的路上，他想到回家和妈妈要钱，必遭一顿数落，干脆在路上抢点钱。于是，他躲在一棵大树后，等待猎物出现。这时，一个衣着时尚的女子走来，他看前后没人，一个箭步冲出去，拽住女子肩上的包，竟然没有拽下来。这个女子边喊抢劫，边揪住他的头发，他挣脱不了，最后，被捉拿归案。

母亲第一次去监狱看望他："为了25元钱，你去抢，成了少年犯，

251

值吗？"她没想到，儿子不但没有后悔，反而愤愤地顶撞她："值！太值了！我没有钱，每年的压岁钱，还没等我攒热，你就给收走，从此一去不复返。和你要钱，比登天还难。"

听了儿子的话，她惊呆了："没有钱就去抢啊？帮你管钱不是为你好吗？"

这就是中国母亲的思维：帮孩子做，替孩子做，为孩子做，一切都是为孩子好。帮孩子管钱其结果是造成孩子对钱的无知和贪欲，让孩子管钱既能开发孩子的财商，又能培养孩子的管理才能。

"压岁钱"的原创价值

为什么除夕夜要给孩子"压岁钱"呢？

谁发明的用钱来给孩子压岁？

知识经济时代，凡事都讲"原创"和"缘起"，那用红包给孩子包压岁钱的原创是谁呢？又缘起于何时何地呢？

据说，"压岁钱"的原创是浙江嘉兴府一户姓管的人家，原创人是管家的一个孩子。创意缘起于除夕夜的一个包钱游戏，这个游戏原本是为了除妖降魔，没想到，居然传下来了，不仅解除了千家万户的困扰，还成为一种习俗。

传说古代有一个叫"祟"的小妖，长得黑身白手，每年除夕夜它都要跑出来，钻进有小孩的人家里，伸出它的白手，专摸熟睡小孩的脑门。小孩的脑门是一个身体与外面沟通的重要信息通道，医学上叫囟门。囟门自出生一直是软的，也就是开放着的，所以"祟"的白手一摸，病毒就带进去了，小孩就立刻发高烧说梦话，等退烧后，也就变成痴呆疯癫的傻子。除夕夜里，人们害怕"祟"来伤害孩子，就整夜点灯不睡，这就是我们说的"守祟"。

嘉兴府的管家，怕"祟"来伤害孩子，就一直陪着孩子玩包钱游戏，小孩用红纸包了八枚铜钱，包了又拆，拆了又包，睡觉时，就把包着的八枚铜钱放在枕边了。

半夜里，一阵阴风吹过，黑身的小矮人钻进来，当它的白手伸向孩子的头时，突然，孩子枕边嗖的一声，射出八道金光，"祟"尖叫一声，给吓跑了。这件事后来传扬开了，大家纷纷效仿，除夕夜用红纸包上钱给孩子放在枕头底下，"祟"就不敢再来了。

人们把这种钱叫"压祟钱"，因"祟"与"岁"发音相同，日久天长，就被叫作"压岁钱"了。

压岁钱的原创价值，用今天的话说就是除夕之夜，为孩子上一道"平安保险"，或叫人身保险。压岁钱最早出现于汉代，又叫"压胜钱"。顾名思义，希望孩子得胜。当时它只是一种钱币，并不在市面上流通，只是铸成钱币形式的玩赏物，其功能就是辟邪。钱币正面一般铸有"万岁千秋""去殃除凶"等吉祥话和龙凤、龟蛇、双鱼等吉祥图案。

清人吴曼云写了一首《压岁钱》的诗：

百十钱穿彩线长，

分来再枕自收藏。

商量爆竹谈箫价，

添得娇儿一夜忙。

二百多年前，中国的平民百姓没有照相机，诗人就用文字创作记录了孩子得到"压岁钱"后忙碌的各种镜头，我们透过文字可见彩绳穿线编作龙形，放在枕头底下的压岁钱和购买鞭炮的乐趣等节日欢乐画面。

既然压岁钱的原创是孩子，既然压岁钱的第一个功能是为孩子上平安保险，那么，如何"让压岁钱生钱"的办法自然很多。只要父母和孩子一起创意，压岁钱既可变成聚财的聚宝盆，也可变成生钱的"宝葫芦"。

只有理财才能增长"财商"

如果让孩子早遇到钱，钱不但能开启财商智慧，还可以赋予孩子三种能力：交换思维、人际沟通和自我管理。

交换思维：钱天天都在忙着进行物物交换，在全世界搬运商品。从钱的流通可以了解物物交换背后的学问：经济学、金融学、统计学、会计学都藏在钱里。

人际交往：钱好像存在银行，却在每个人的口袋里流动，人际交往离不开钱，钱可以把控人脉，因为钱里蕴藏着心理学、社会学和人际关系学。

自我管理：驾驭钱，让钱为人服务，先要管理自己。人的大脑有两个自我：一个叫自控，一个叫冲动。自控由左脑管辖，冲动由右脑管辖，冲动喜欢任意妄为，及时行乐，而自控则深谋远虑，能管理欲望和情绪。

让孩子早遇到钱，早拥有以上三种能力。这三种能力看上去和升学考试似乎没多大关系，但和孩子以后成家立业，生存发展密不可分，与个人财富和命运也休戚相关。

> 有一位哲学家想乘船到河对岸，看着年迈的船夫非常辛苦地划着船，就对船夫说："请问，你学过哲学吗？"船夫回答道："抱歉，先生，我只是一个普普通通的船夫，没学过什么哲学。"
>
> 哲学家摊开双手："那太遗憾了，你失去了50%的生命呀。"
>
> 过了一会儿，哲学家又问："那你学过数学吗？"老船夫自卑地说："对不起先生，我也没有学过数学。"哲学家接着说："哎呀！太遗憾了，那你将失去80%的生命呀。"
>
> 就在这个时候，突然一个巨浪把船打翻了，两个人同时落入水中，船夫看着哲学家如此费劲地在挣扎，就说："先生，你学过游泳吗？"哲学家说："我没有学过游泳。"老船夫无奈地说："哎呀，那真抱歉，你将失去100%的生命了。"

面对惊涛骇浪，哲学和数学都不能救命。这个小故事很生动地讲述了理论和能力不能画等号，头脑的知识和身体技能也不能同日而语，只有强大的行动能力，才能将装在头脑中的学问转化成抗击风浪的本领。

财商启蒙重在增长才干，才干主要是靠干，本领是练出来的。游泳的本领不是靠嘴巴说出来的，开车的技能也不是靠读书能掌握的。同样，理财需要在实践中学，在具体操作中训练。

"压岁钱"给孩子提供了自己管理钱的机会，遗憾的是很多父母把这个机会剥夺了。要不把钱收走，要不放任不管。

> 洛克菲勒家族是世界上第一个拥有10亿元财富的美国富豪。尽管富甲天下，但从不在金钱上放任孩子。洛克菲勒家族认为，富裕家庭

当孩子遇到钱
绕不开的财商

的子女比普通人家的子女更容易受物质的诱惑。所以，他们对后代的要求比寻常人家反而更加严格。

洛克菲勒家族中流传着"14条洛氏零用钱备忘录"，约翰洛克菲勒三世小时候与父亲约法三章，每周给零花钱1美元50美分，最高不得超过2美元。且每周核对账目，要他们记清楚每笔支出的用途，领钱时交家长审查，钱账清楚，用途正当，下周增发10美分，反之则减。

洛克菲勒通过这种办法，使孩子从小养成不乱花钱的习惯，学会精打细算、当家理财的本领。他们的孩子成年后都成了企业经营的能手。几代人秉承家规，从没出过败家子，也没有一个孩子因身为富二代、富三代而奢靡堕落。

不跟孩子谈挣钱，不让孩子自己管钱，孩子对金钱的态度不仅模糊混乱，还不知道节制节省，就像穷人一样，一旦拥有钱，就毫无理性，钱不花光不回家。

在花钱和管钱中点亮财商

让孩子在理财中增长智慧，首先要告诉孩子钱从哪里来。

城里的很多孩子不知道父母的钱是通过什么样的劳动获得的。有个7岁小男孩儿和妈妈去外婆家，看见农民在田里收割麦子，问妈妈，他们在干什么，妈妈说在收割麦子，割麦子干什么，麦子加工后就变成面，面可以做饺子、面条和饼，那麦子还能干什么，田里的麦子自己吃不完，可以卖给别人挣到钱，再拿挣来的钱买衣服、房子和汽车。

小男孩从妈妈那里获得了挣钱的概念。有一天，他到爸爸办公室，看见的全是电脑，就问爸爸："农民靠多种麦子挣钱，你天天坐在电脑前，靠什么挣钱啊？"

爸爸一下被问住了。

我们每天都在忙于挣钱，但家庭教育缺少这一课，父母不跟孩子讲自己如何挣钱，我们总是对孩子说，好好学习，爸爸挣钱送你进好学校，出国留学。爸爸靠什么挣钱呢？金钱的概念来自孩子对日常生活的直观印象和记忆，因为家庭缺少"钱从哪里来"的教育，所以给孩子造成一种误解："只要有父母，就永远有钱花。"

我曾多次带月亮小记者采访。每次自由活动时间，孩子既不想参观博物馆，也不想去风景区，强烈要求安排购物。他们走进超市，轻车熟路地找到购物车或购物篮，从琳琅满目的货架上信手拈来，比采摘还快地往篮子里装，在收银台前，孩子们几乎一次性把口袋里的钱全都花光。

我仔细清点过他们篮子里的商品，都是一些小食品，很多是重复性的，只有商品的包装和厂家不同而已。

每次，我都做一次调查，"这些东西非买不可吗？"他们都会摇头说"不一定要买"。

"那为什么一定要花钱买自己本来不是最需要的东西呢？"

"买了这些东西，钱花光了，就算赚了；如果不买，剩下的钱回去要交给父母，那不就吃大亏了吗。"

如果孩子认为花父母的钱是赚了，不花是亏了，无疑是说明我们的教育出了问题。当孩子不心疼父母的血汗钱，习惯了站在父母的对立面，以一次性花光父母给的钱为赚了，我们不能不反思自己错在哪里。

说起压岁钱，这些孩子的记忆里储存的不是快乐，而是不满和愤怒："小时候，年年盼压岁钱，可一边快乐地盼着，一边担心忧虑：快乐的是自己又能得到一笔钱，担心和忧虑的是这笔钱刚一到手，还没等攥热乎呢，就被父母拿走了，而且是有去无回。从小到大，父母不让我们管钱，让我们怎么独立呢？"

因为很多父母把压岁钱只当作"钱"了，所以，我们忽略了它本身承载的多种教育功能。当我们简单粗暴地把压岁钱从孩子手里拿走时，我们就不自觉地放弃了财富教育的机会。

把压岁钱归还孩子，让孩子真正拥有属于自己的钱。和孩子一起创意让压岁钱生钱的办法，鼓励孩子寻找生钱之道。

给孩子办张银行卡

世上有没有聚宝盆？到哪里能找到想要的聚宝盆？

聚宝盆是中国财富文化的第三个象征物。传说中的聚宝盆是一个静物，静静地放在那里，如果掉进了一个金戒指或金簪子，它就立刻被启动，开始大量复制，就会出现越捞越多的金戒指或金簪子。

很显然，聚宝盆具有一种特殊的复制功能。而人的这种功能就蕴藏在每个人的大脑里，所以激活孩子的财商智慧，重要的是激活孩子的大脑，启动大脑的多功能。

人的大脑拥有两千亿个脑细胞，可储存一千亿条信息。人的思想每小时可以游走 300 多里，拥有超过 100 兆的交错线路，平均每 24 小时大脑会产生 4000 种思想和无以计数的创意点子。所以，财商启蒙教育越早，在大脑里形成的神经细胞网络越密集，这种记忆和能力越容易终生携带而不会轻易搁置。

国王的棋盘和复利

大脑是世界上最精密、最灵敏、最高级的指挥系统。所以，它创造出两条独特的财富管理法则："以一持万"和"以虚控实"。这两个法则听起来深奥，但它离每个人都不远，离每个孩子则更近。

什么是"以一持万"？老子曰："道生一，一生二，二生三，三生万物。""万物"是由"一"所生，所以掌握了"一"就把握了"万"。老子说的这 13 个字听起来玄而又玄，可它就藏在一粒种子里。

印度有个古老的故事。从前，有个国王棋艺高超，从未遇到对手，他下了一道诏书，诏书中说无论是谁，只要下赢他，国王可以答应他任何要求。

有一个年轻人来到了皇宫，要求与国王下棋。经过紧张激战，年轻人终于赢了国王，国王问这个年轻人要什么奖赏。

年轻人说他只要一点点小小的奖赏，在他们下棋的棋盘的第一个格子中放一颗麦粒，在第二个格子中放前一个格子一倍的麦粒，每一个格子中都是前一个格子中麦粒数量的一倍，直到将棋盘的每一个格子摆满。

国王一听暗暗发笑，要求太低了，就让手下人照此办理。不久，棋盘就装不下了，改用麻袋，麻袋也不行了，改用小车，小车也不行了，粮仓很快告罄，数米的人累昏无数，那格子却像个无底洞，怎么也填不满。

国王终于发现自己上当了。即使将国库里所有的粮食都给他，也不够百分之一。因为即使一粒麦子只有一克重，也需要数十万亿吨的麦子才够。从表面上看，他的要求很低，但即使只是一粒麦子，一旦以几何级倍数增长，也将迅速变成庞大的数字。

这就是"复利"原理，年轻棋手靠头脑的聚宝盆，设计出由一粒麦子来把持十万亿吨麦子的复利计划，在一张小小的棋盘上实施并大获成功。

一诺千金的玫瑰花

复利和利息这些词远离孩子，但却经常发生在生活中。利息听起来很微小，一旦它随着时间成倍地滚动起来，即使一个小小的承诺，也会变成一笔惊人的数字。欧洲巨人拿破仑不小心曾在卢森堡一诺掷出千金，让法国在 187 年后付出一笔不菲的代价。

1797 年 3 月，拿破仑在卢森堡第一国立小学演讲时说了这样一番话："为了答谢贵校对我，尤其是对我夫人约瑟芬的盛情款待，我不仅今天呈上一束玫瑰花，并且在未来的日子里，只要我们法兰西存在一天，每年的今天我都将亲自派人送给贵校一束价值相等的玫瑰花，作为法兰西与卢森堡友谊的象征。"时过境迁，拿破仑穷于应付连绵的战争和此起彼伏的政治事件，最终惨败而被流放到圣赫勒拿岛，把在卢森堡的诺言忘得一干二净。

可卢森堡这个小国对这位"欧洲巨人与卢森堡孩子亲切、和谐相处的一刻"念念不忘，并载入他们的史册。

187 年后，也就是 1984 年底，卢森堡旧事重提，向法国提出违背"赠送玫瑰花"诺言的索赔：要么从 1797 年起，用 3 路易作为一束玫瑰花的本金，以 5 厘复利（即利滚利）计息全部清偿这笔玫瑰花案，要么法国政府在法国政府各大报刊上公开承认拿破仑是个言而无信的小人。

起初，法国政府准备不惜重金赎回拿破仑的声誉，但却又被电脑算出的数字惊呆了：原本 3 路易的许诺，本息竟高达 1 375 596 法郎。

经苦思冥想，法国政府斟词酌句后的答复是："以后，无论在精神上，还是在物质上，法国将始终不渝地对卢森堡大公国的中小学教育事业予以支持与赞助，来兑现我们的拿破仑将军那一诺千金的玫瑰花信誉。"这一措辞最终得到了卢森堡人民的谅解。

这个故事既讲了诺言里看不见的利息，也讲了信誉是立足之本。一诺千金的故事不仅中国有，外国也有。

信誉为什么胜过金钱？

诚实守信为什么是生财之道？

给孩子办一张银行卡

很多家长误解，让孩子管理压岁钱，就是把压岁钱全交给孩子，由孩子自己决定买什么，结果发现孩子胡花乱花。

管理不是保存，管理要有科学方法，还要创意管理模板。

有一次，我在郑州演讲刚结束，一群妈妈就围上来抢着说："不能放手让孩子管钱，钱给他们就乱花了。"

"告诉我，孩子是怎么乱花钱的？"

"我女儿上五年级时，要求自己管理压岁钱，我就把 3000 元的压岁钱全给她了，不到半年就花光了，今天买个韩国小玩意，明天买 QQ 游戏点卡，后天请同学吃东西……"

"让孩子管理压岁钱"其实很简单。只要设计一个财富管理模板，让父母看见孩子拥有这种能力；给孩子一个载体，一个可联动孩子和父母情感、意愿和需求的载体。把父母和孩子，现在和未来捆绑在一起，找到压岁钱生钱的路径，给孩子提供自主管理的机会。

2010 年六一儿童节，中国工商银行推出一个新的产品："宝贝成长卡"。产品发布会上邀请我做主讲嘉宾，他们创意设计了一个由 12 生肖组成的"父亲卡＋母亲卡＋宝贝卡"的套卡，套卡承载着"创意＋爱心＋智慧＋理财"等多种功能。比如：18 岁前，通过父母卡给宝贝卡存钱，18 岁后，孩子在银行建立信誉，出国留学可以通过银行贷款，等孩子工作有了收入，就可以通过"宝贝成长卡"，在世界任何地方给"父母卡"汇钱，报答父母养育之恩。

后来，我应邀为招商银行、中国银行、上海浦发、民生和光大等多家银行做财富教育，发现每个银行都推出了帮孩子创建财富银行的成长卡。

通过给孩子购一张银行卡，带孩子走进银行，不仅能帮孩子管理钱，更重要的是帮孩子从小学会在银行建立个人信誉，等 18 岁以后，如果家庭有经济困难，如果父母离异，失去经济来源，照样可以通过银行贷款保证完成学业。以后买房、买车同样可以通过银行贷款来实现愿望。

让孩子从小学会在银行建立信誉，等于帮孩子建立一个资金保障系统。

后来，我创意了一个帮孩子创建双财富银行的教育模板：

财富教育模板＝银行卡＋成长基金＋个人信誉＋财商启蒙

给孩子办一张银行卡，以银行卡作为财商启蒙的载体，和孩子一起绘制"财富创意导图"：

银行卡＝成长基金＋成长保障＋成长纪念＋感恩回报＋求学助手

带孩子走进银行

根据不同年龄孩子的心理需求，父母可以带孩子到银行去储蓄，并创意生动有趣的财富教育活动，让孩子了解银行业务，知道"存"和"取"的形态。

3 岁：带孩子到银行，购一张银行卡。

"宝贝银行"财富教育课程：

　　1. 用相机和手机拍下购卡活动照片，写明日期，存入"宝贝银行"。

　　2. 按照卡上的生肖图案，教孩子学成语。比如，爸爸属龙，龙飞风舞、龙腾虎跃、虎踞龙盘等，同时到网上搜索妈妈和孩子的属相成语。

4 岁：带孩子去银行，取出前一年的利息，告诉孩子这是去年压岁钱生出来的钱，再和新的压岁钱一起储存。

"宝贝银行"财富教育课程：

　　1. 和孩子一起制作折叠"压岁钱"口袋，装入银行存单。

　　2. 以父母及家庭其他成人的属相编一个生肖故事。

　　3. 给孩子举办一个"宝贝成长卡"生肖故事会。

5 岁：带孩子去银行，取出前两年的利息，告诉孩子这是两年压岁钱生出来的钱，拿出 20 元利息，其他钱和新的压岁钱一起储存。

"宝贝银行"财富教育课程：

　　1. 用两年利息给孩子买一袋游戏钱币，做数学游戏。

　　2. 买一套"货币王国"粘贴画和游戏卡，教孩子认识货币。

　　3. 讲钱的故事，讲爸爸妈妈口袋里的钱从哪儿来。

6 岁：带孩子去银行，取出前三年的利息，告诉孩子这是三年压岁钱生出来的钱，拿出 30 元利息，其他钱和新的压岁钱一起储存。

"宝贝银行"财富教育课程：

　　1. 用游戏货币做加减游戏，建立数的概念。

　　2. 阅读"货币连环画"，训练右脑照相记忆能力。

　　3. 买一个充气地球仪，和孩子一起玩"给货币找家"游戏。

7 岁：继续带孩子去银行取利息和存钱，保留银行账单。

"宝贝银行"财富教育课程：

    1. 带孩子走进超市课堂，教孩子看商品的价格标签。

    2. 教孩子观看商品包装创意设计、广告语。

    3. 让孩子根据从超市、电视中学来的广告设计为自己的玩具画一幅招贴画，或想一句广告语。

8 岁：继续带孩子去银行取利息和存钱，保留银行账单。

"宝贝银行"财富教育课程：

    1. 每周给孩子零花钱，规定花销项目，省下来的钱归自己。

    2. 除家中分工规定的劳动外（比如扫地、擦桌子、倒垃圾），如果孩子帮助父母做事，可以额外得到钱，劳动得的钱可以另开一个储蓄账户。

9 岁：继续带孩子去银行取利息和存钱，保留银行账单。

"宝贝银行"财富教育课程：

    1. 和孩子一起制订简单的一周开销计划，检查实施效果。

    2. 带孩子购物，教孩子比较同类货品的价格。

    3. 学习使用计算器。

10 岁：继续带孩子去银行取利息和存钱，保留银行账单。

"宝贝银行"财富教育课程：

    1. 教孩子每周节约一点钱，计算一个月能节省的钱数。

    2. 给孩子一个储钱罐，将节省的钱收集起来，用于计算。

    3. 用储钱罐里的钱，购买一个特别想要的东西。

11 岁：继续带孩子去银行取利息和存压岁钱，保留银行账单。

"宝贝银行"财富教育课程：

    1. 了解电视广告，让孩子知道商品传播方式和生活购物的区别。

    2. 带孩子去钱币博物馆，了解钱币历史文化。

    3. 了解网上购物和商场购物的差别。

当孩子遇到钱
绕不开的财商

12 岁：继续带孩子去银行取利息和存压岁钱，保留银行账单。

"宝贝银行"财富教育课程：

　　1. 和孩子一起制订两周的开销计划，并监督执行。

　　2. 由孩子制订家庭旅行计划。比如：查找路线图、订酒店、做预算、结账等。

　　3. 到银行体验填写存单，懂得正确使用银行业务术语。

13 岁：继续带孩子去银行，取出 10 年压岁钱的利息，算一算 10 年的获利成果。继续存压岁钱，保留银行账单。

"宝贝银行"财富教育课程：

　　1. 和孩子做一个计算，每年压岁钱利息乘 10 年的成果，了解复利的价值。

　　2. 了解什么是股票和债券。

　　3. 尝试通过劳动赚钱，比如帮助爸爸妈妈分担家务等。

带孩子到银行，购买一张银行卡。约定把每年的压岁钱存进卡里，父母每月再拿出家庭收入的五分之一存进父母卡，定期往银行卡里存一定数量的钱。

压岁钱和"宝葫芦"

当孩子遇到钱，就遇到存钱和花钱的问题，往哪存钱？怎样花钱？

孩子喜欢童话，喜欢居住在童话的世界里。财商启蒙要依据孩子的生理和心理发展特点，通过艺术形式激活孩子的左右脑连接互动，不要干巴巴地讲数字，讲金钱。

雨奇 3 岁时，我以"宝葫芦"为玩具，和女儿做一个财富游戏，这个游戏一直做到她 18 岁。

我种了很多葫芦，挑选一个最大的葫芦，做雨奇的"宝葫芦"。每年春节得到压岁钱后，先让雨奇把钱装进"宝葫芦"里，然后一起编童话故事或画画。晚上，让她搂着宝葫芦睡一晚，做一个美梦。

西方人为孩子创造了一个圣诞老人，还有其他的圣诞道具，让孩子年年有所期盼。孩子天生喜欢神秘梦幻能极大地激发想象力的游戏，因为这样的游戏能快速调动大脑的所有神经细胞，进入快乐和兴奋状态，激活身体的快乐元素。

所以，财富教育首先要启动孩子的全脑工程，让左右脑快速互动连接，把财富管理和财富文化结合起来，让孩子在快乐中享受财富教育带来的喜悦和幸福。

在这里，我和大家一起分享雨奇的宝葫芦，里面有一张 3—18 岁的压岁钱保单，有"压岁钱、零花钱、存银行、教育投资"四项列表，这个表格每年按项目填写，她 18 岁那年，已经全部填满，连 15 年的压岁钱存折和利息一起交给孩子。

雨奇宝葫芦里的清单

项目 时间	压岁钱	零花钱	存银行	教育投资项目
3 岁	500 元	每月 8 元 一年 96 元	200 元	买 2 套书：安徒生、格林童话 买生日礼物 买 1 套迪斯尼光盘
4 岁	800 元	每月 10 元 一年 120 元	200 元	交半年的钢琴学费 +1 套图书
5 岁	1200 元	每月 15 元 一年 180 元	200 元	一年绘画班学费 +1 套图书
6 岁	2000 元	每月 18 元 一年 216 元	400 元	一年钢琴学费 +1 套图书
7 岁	2800 元	每月 20 元 一年 240 元	800 元	一年的绘画班学费 +1 套图书
8 岁	3000 元	每月 25 元 一年 300 元	1200 元	半年钢琴学费 +1 套图书 +1 套宫崎骏光盘
9 岁	3600 元	每月 30 元 一年 360 元	1600 元	半年钢琴学费 +1 套图书
10 岁	3300 元	每月 35 元 一年 420 元	2000 元	半年钢琴学费 +1 套书 +1 套光盘
11 岁	3200 元	每月 35 元 一年 420 元	2000 元	半年钢琴学费 +1 套书 +1 套光盘
12 岁	3500 元	每月 35 元 一年 420 元	2000 元	半年钢琴学费 +1 套书 +1 套光盘
13 岁	3600 元	每月 40 元 一年 480 元	2000 元	半年英语班学费 +1 套书 +1 套光盘
14 岁	3000 元	每月 40 元 一年 480 元	2000 元	半年英语班学费 +1 套书 +1 套光盘

（续表）

项目 时间	压岁钱	零花钱	存银行	教育投资项目
15 岁	3300 元	每月 50 元 一年 600 元	2000 元	半年的新东方英语口语班学费 +1 套书
16 岁	4000 元	每月 50 元 一年 600 元	2000 元	半年的新东方英语口语班学费 +1 套书
17 岁	3800 元	每月 60 元 一年 720 元	3000 元	三套图书 +1 套光盘 + 给同学生日礼物
18 岁	4200 元	每月 60 元 一年 720 元	3000 元	三套图书 +1 套光盘 + 给同学生日礼物
合计	45800 元	6372 元	24600 元	教育投资 14828 元：钢琴、绘画、英语
银行利息			1038 元	

每年的压岁钱有多少？

用它能做什么？

给孩子列一张表，给孩子一个直观清晰的概念。让孩子看见他收入和支出的项目，哪些钱能生钱？比如存入银行的钱都生钱了，既看得见又摸得着。哪些钱能升值？比如教育投资，虽没有直接生出钱来，但已经转化成精神财富，比如能说流利英语、弹奏钢琴名曲和绘画，让孩子看见每年的压岁钱都在升值。

帮孩子办张银行卡，等孩子 18 岁上大学时，不仅积蓄了一笔教育基金，更重要的是帮孩子积蓄了管理资金的能力。

帮孩子创建双财富银行

财富分两种：一种叫物质财富，一种叫精神财富。

给孩子两个储钱罐，帮孩子创建双财富银行。储钱罐既可以教孩子储钱，又可以教孩子如何储备正能量和正思维。

雨奇3岁生日时，我送给她两个储钱罐，一个罐是空的，用来存零钱，一个罐是满的，里面装着各种小卡片，卡片上有古诗、名言警句、幽默小故事或一本书的书名。每次在空罐里投进一个硬币，便可以在满罐里取出一张卡片，这样每一次投钱都会收获一份精神财富。有的卡片上写着一本书的名字，我就带她去买这本书来读。后来，我俩把这个储钱罐叫"精神财富银行"，而另一个叫"物质财富银行"。

每次爸爸给的零钱，她就放在物质银行，因我很少给她零钱，只是不停地在精神银行里放各种卡片，所以雨奇常对人说："妈妈管精神文明，而爸爸管物质文明。"

我和雨奇约定：当空罐里积攒到10元钱，读完满罐里10张卡片上的诗词或故事时，可以实现一个小梦想，去一次水族馆或博物馆；当空罐里积攒到100元，读完满罐里提到的5本书时，可以实现一个中等梦想，去郊外农场种菜、骑马或采摘；当空罐里积攒到500元，读完满罐里提到的10本书和20首诗或小故事时，可以实现一个大梦想，去看海或去旅行等等。

8岁时，雨奇实现了一个大梦想，我兑现承诺带她去三亚看海。再后来，她的梦想一个个都和两个储钱罐连在一起，一直伴随着她出国留学。

储钱罐的来历和妙用

有一次，雨奇问我："储钱罐是谁发明的？"

我一下被问住了。后来，我在网上查找了有关储钱罐的由来才知道，自古以来，储钱罐就不是单纯地只为储钱用，从它诞生的那天开始，它即承载着聚财思维和财富智慧。

储钱罐最早的名字叫"扑满"，"扑满"是古时以泥烧制而成的储钱罐。它的妙处是硬币可以放入，却无法取出来。孩子平日将父母给的零花钱从小孔中塞进去，到快过年时，钱储满了，便打破小陶罐，把日积月累的钱拿出来用，所以取名"扑满"。"扑满者，以土为器，以蓄钱；具有入窍而无出窍，满则扑之。"（《西京杂记》卷五）扑满最早的记载文字，见于司马迁所写的《史记》中。它还有许多别称，如悭囊、闷葫芦、储钱罐等。

宋代诗人范成大在《催租行》中写道："床头悭囊大如拳，扑破正有三百钱。"陆游则以此设喻，说明过度地聚敛钱财必会招致灾祸："钱能祸扑满，酒不负鸱夷。"有一位高僧写了一首叫作《扑满子》的咏物诗："只爱满我腹，争知满害身；到头须扑破，却散与他人。"

汉武帝时的丞相公孙弘，年少时家贫，放过猪，当过狱吏，但刻苦向学，孜孜不倦，近70岁时方入九卿之列，74岁升为丞相，官居极品。6年之后，以病死于任上。刚入官道时，他的老乡邹长倩送他一个扑满，并在赠词中说："扑满者，以土为器，以蓄钱，具有入窍而无出窍，满则扑之。土，粗物也。钱，重货也。入而不出，积而不散，故扑之。士有聚敛而不能散者，将有扑满之败，而不可诫欤？"

公孙弘在以后的岁月里，一直保持勤俭的本色，盖布被，食粗粮。所余的钱，用来在相府设东阁客馆，招纳贤才，以推荐给皇帝选用。所以，他不因聚敛钱财招致"满则扑之"的大祸，平平安安度过了他的一生。

小小储钱罐，充满大智慧。所以，给孩子储钱罐的同时，一定要给孩子财富智慧。聚财是为了散财，财不散，人难聚。所以，传统家庭的父母经常告诉孩子聚人和聚财的哲学："财聚人散，人散财聚。"虽然只有八个字，却讲清了为什么有钱大家挣的深刻道理。

帮孩子构建财富思维，从积累开始

在清华附小，我曾和 300 个 6—9 岁的孩子一起算了笔账，如果你有两个储钱罐，一个叫物质财富银行，一个叫精神财富银行：

当你有 5 元钱，你会做什么？

能买 3 个本或 1 支笔。

有 10 元钱呢？

能买一本书。

有 100 元钱呢？

能买一个书包。

有 1000 元钱呢？

那能买的东西就太多了。

计算的结果，孩子们发现钱多能做大事，钱多就财大气粗。

光有钱能气粗吗？生活中经常碰到有钱人，穷得只剩下钱了，怎样才能做到财大气粗呢？

靠积累，精神和物质财富双积累，而积累需要时间和坚持。

如果一天读 1 篇文章，背 5 个英语单词，

100 天就是 100 篇文章，500 个英语单词。

一年就是 300 篇文章，1825 个英语单词。

物质财富需要积累，精神财富同样需要积累。给孩子两个储钱罐，让孩子亲证和体验积累的奥秘，以及精神变物质、物质变精神的互换能量，学会耐心和坚持做好一件事。

新东方总裁俞敏洪讲过一个关于捡砖头的故事。这个故事给他以深刻的启示，他从父亲手中的一块块砖头悟出成功的奥秘。

俞敏洪的父亲是个木工，常帮别人建房子，每次建完房子，他都会把别人废弃不要的碎砖瓦捡回来，有时候父亲在路上走，看见路边有砖头或石块，他也会捡起来放在篮子里带回家。

久而久之，家里的院子里就多出了一个乱七八糟的砖头碎瓦堆。有一天，俞敏洪的父亲在院子一角的小空地上开始左右测量，开沟挖槽，和泥砌墙，用那堆乱砖左拼右凑，建成了一个让全村人都羡慕的院子和猪舍。当时俞敏洪只觉得父亲一个人就盖了一间房子，很了不起。

长大后，俞敏洪从父亲积攒一块块砖头，到攒一堆砖头，最后变成一间小房子的行为中体悟出成功之道："一块砖没有什么用，一堆砖也没有什么用，如果你心中没有一个造房子的梦想，拥有天下所有的砖头也是一堆废物；但如果只有造房子的梦想，而没有弯下腰去捡一块块砖头日积月累的行为，梦想也无法实现。"

当家里穷得揭不开锅时，俞敏洪的父亲依然去积攒砖头，为了他心中的那个房子。后来，父亲捡砖头的精神遗传给了俞敏洪，成了他的创业哲学。

梦想就是财富，有梦就有目标，有目标才有动力。梦想看似遥远，虚无缥缈，但梦想也有现实的抓手，那就是内心中为梦想积聚的能量和财富。

教孩子管理财富，从三件事开始

美国莘德尔教授对两组人做过调查，一组是事业成功人士，另一组是那些常常抱怨不幸福的人。调查结果令莘德尔教授十分吃惊：成功人士都因做好了三件事，而不成功的人正因为没有做好三件事。成功者做了哪三件事情呢？

成功必做的三件事＝目标＋计划＋行动

第一件事：设定目标，给孩子平台

拿破仑·希尔说：许多人埋头苦干，却不知为了什么，到头来终于发现了自己梦寐以求的东西，却为时已晚。因此，在给孩子储钱罐时，一定要和孩子一起设定目标，比如5岁积攒多少钱、读多少书等等，把储钱罐作为平台。目标可以定一年或三年，但要具体并容易实现。

教孩子学会做决定，在培养孩子制定目标时，要听孩子的意见，激活孩子头脑的想象力和创造力。

第二件事：制订计划，给孩子模板

完成目标需要计划，计划是通向目标的必经之路。做菜需要菜谱，盖房子需要设计图纸，玩电子游戏要根据图标和指令进入。制订计划如同设计程序或者打开电脑一样，需要一步一步地进行。

给孩子模板，帮助孩子设计一张计划表，形式可以多种多样。也可以在生活中寻找制订计划的模板，比如"剥洋葱"，一定是从外面一层一层地向里剥。制订攒钱和花钱计划需要步骤，可以从打开电脑、电视和手机的模式教孩子设计执行计划的步骤。让孩子学会并逐渐习惯严谨、高效地管理自己的行为。

第三件事：投入行动，给孩子路径

实施一个计划，不但需要一定的时间和坚持，还需要选择舍弃什么，坚守什么。比如：储钱罐里攒了一笔钱，孩子想学游泳，还想学钢琴，而存款只够学一样怎么办？父母这时要教孩子学会取舍才能按预定的计划执行。选择后要坚持才能达到目标。

给孩子储蓄意识，从日常生活开始

如果从小没有"储蓄罐"，孩子的生活将缺失什么？

美国父母非常重视孩子储蓄观念的培养。如果孩子想吃冰激凌，买一杯需要花 50 美分，父母不会直接给钱，而是告诉孩子："你可以吃，但今天只能给 25 美分，等明天再给你 25 美分，你攒够了再买。"

为什么要这样做呢？目的是让孩子学会积累，学会耐心等待和延迟享受，以此激发孩子的储蓄意识。

犹太人特别是犹太商人不管多么富有，在生活中都以积蓄钱财为荣。按照世界标准利率来算：

如果每天储蓄 1 美元，88 年后可以得到 100 万美元；

如果每天储蓄 2 美元，10 年、20 年后，很容易达到 100 万美元。

让孩子从小懂得财富随时间增值，积累需要耐心和等待。

美国著名的教育专家戈弗雷在《钱不是长在树上的》一书中，建议父母最好给孩子买三个漂亮的储钱罐。

第一个罐子里存进用于日常开销的钱。

第二个罐子里存进将来某个时期购买较为贵重物品的钱，比如一辆童车、一件火车模型或送给爸妈的生日礼物等。

当孩子遇到钱
绕不开的财商

第三个罐子里的钱则长期存在银行里。当孩子看到储蓄罐里存有数目不菲的钱时会有成就感。

让孩子用"自己攒的钱"买到想要的玩具或学习用品，既可以深刻体会"积少成多"的道理，更会懂得珍惜。

让孩子自己管钱，从管储钱罐开始

英国著名教育家斯宾塞说："管教的目的应该是培养一个能够自治的人，而不是一个要别人来管理的人。我们应该要让孩子们学会自己管理自己。"

朋友的儿子刚读二年级，有一天，她儿子的班主任老师打来电话，说她儿子天天都买零食吃，还有小玩具。她觉得奇怪，因为她几乎不给儿子零花钱，怕学校附近的小卖部卖的小食品不卫生，为了控制孩子买劣质食品吃，她采用了"堵"的办法——不给孩子零花钱！

听了老师的反映，她一时想不出儿子身上的钱是从哪儿来的。

儿子回家后，她开始盘查。经过一番查问，儿子承认钱是从家里的储钱罐里拿的。趁父母不注意，每天拿上一元两元钱到学校花。

"储钱罐里的钱不是用来买吃的，家里好吃的东西很多，为什么还要拿钱？"儿子说："班上许多同学都有零花钱，他们可以随便买东西吃，要好的同学总是请我吃东西，我没钱买小食品回请同学，觉得很没有面子，就偷偷地在储钱罐里拿了些钱。"

什么情况下，孩子会偷家里的钱？

偷家里的钱，这是孩子成长中易犯的错误之一，那什么情况下，孩子会选择偷家里的钱呢？了解孩子偷钱的动机和目的，抓住机会和孩子实施道德和财富教育，比惩罚和纠错好 100 倍。给孩子储钱罐，只告诉孩子如何攒钱还不够，必须教孩子管理，充分相信孩子，把储钱罐交给孩子自己管，让孩子做储钱罐的主人。

"吃喝玩乐"能勾出孩子的花钱瘾。都市化生活中，"吃喝玩乐"每件事都要靠钱买，如果孩子提早过度享受消费带来的快乐，用钱激活大脑细胞花钱成隐，花钱一旦上瘾就和抽大烟、吸海洛因一样难戒。有节制地理性消费，发挥储钱罐的教育功能，可阻止孩子过早掉进物质陷阱。

给孩子储钱罐，同时要和孩子一起学习财富管理，了解相关的理财知识。

1. 和孩子一起商定存钱数

根据孩子平常的花销，计算出每天可以节省多少钱，将这些钱存起来，根据孩子要买东西的价格，制定出每天应存多少钱。

2. 为储钱罐在银行开账户

储钱罐在家里是一个罐，而在银行是一个账户，这样可以让孩子明白储钱罐里的钱放进银行后能有利息。

3. 和孩子一起学习存款知识

带孩子到银行存钱，从排队取号到填写存单，提供证件和存款、输入密码等程序，了解银行的作业流程、ATM功能等。

4. 给孩子准备一个财富账本

给孩子一个记账本，让孩子通过记账管钱，了解数字在金融学和经济学上的作用，训练孩子快速记忆数字的能力。

如果以存钱罐为财富教育的载体，每个父母都会创造出独特的教育方法。教孩子储蓄的意义不仅在于钱，最重要的是给孩子富人思维。

告诉孩子：世界版图就是财富版图

什么是钱的真正价值？钱不过是一个物质交换的媒介，为什么古往今来，人难以逃出"人为财死，鸟为食亡"的魔咒？

给孩子一张世界地图和一个充气地球仪。

让孩子从转动地球开始人生的财富之旅。

"学习历史和哲学吧，然后全球旅行，这样你就能挣大钱。"美国量子基金的创始人、投资大师罗杰斯这样讲述他的财富之道。吉姆·罗杰斯不是钢铁大王，也不是石油大亨，他靠什么赚大钱？他靠转动地球的手，他的秘密武器是：

把世界版图，当作自己的财富版图。

用哲学做导航，联动全球财富资源。

> 两年前的一天，雨奇从英国打来电话："妈妈，在今天的广告和市场营销课上，我突然明白了学好地理和历史的价值。地球是最大的资源库，要找到能赚钱的资源，必须知道它藏在哪儿；世界是个大市场，要推销产品，必须了解不同国家的历史文化和风俗习惯。我正在创意一个西班牙的旅游广告。想起小时候，我墙上挂的世界地图，还有地球仪，感谢妈妈给我的这两份礼物！现在，我可以用它们来转动地球了。"

给孩子一张世界地图

地理和历史等到高中才学就太晚了。仅仅为了升学考试，背史地考题，不但浪费时间，还给孩子一个错误导向——学地理历史没用。所以，很多理科的学生对历史和地理知之甚少。

273

吉姆·罗杰斯的赚钱公式：学历史＋学哲学＋全球旅行＝赚大钱

学历史和赚钱有关系吗？历史本科生和研究生找不到好工作，何以谈挣大钱。哲学离生活太遥远，不实用，不管就业和涨工资，所以一直被打入冷宫。

是吉姆·罗杰斯说错了，还是我们低估了历史和哲学的价值？

历史是财富探测器和藏宝图。一个有足够的历史知识和一个对世界史知之甚少的人，花同样的钱环球旅行，前者可收获物质和精神双重财富，而后者，因知识匮乏收获甚微。

哲学是财富的导航仪和节拍器。哲学是关于世界观和方法论的学问，在现实生活中哲学看似没有实际用途，但哲学可以给人导航，帮你选择最佳路径去发现财富。哲学还是心灵的节拍器，在成败、好坏、是非之间调整心跳的节奏，保持心理平衡。

带着历史探测器和哲学导航仪，和孩子一起走出家门、校门和国门，并不需要花很多钱，也不需要办签证、订机票和宾馆，就可以带孩子实现智商、情商和财商的"三商"环球之旅。

我从雨奇4岁开始，在她的房间里挂了四幅地图：中国和世界地图，中国和世界地形图。然后，和她一起玩在地图上找家、找人的游戏。比如给动物找家，东北虎在哪儿？华南虎在哪儿？到地图上找。读完《安徒生童话》《格林童话》，在地图上帮安徒生和格林找家，找丹麦和德国的位置，以及图标周围的国家名称。

在英国无论走到哪儿，我都能看到一张图片，宾馆里有，博物馆里有，商店和书店里也有。图片是一只握着地球的手，它向我们传递了三个理念：

我们只有一个地球，请保护自己的家园。

以地球为舞台，把地球掌控在自己的手心。

转动地球的手，就是转动财富的手。

这是英国人和美国人对地球的概念，也是他们的教育观。他们鼓励孩子走出家门、校门和国门看世界，站在世界的大舞台上展示才华。

在英国，如果孩子有一个想法或一个发现，老师或父母就借机引导孩子。牛顿靠发现万有引力定律改变世界，达尔文靠发现物种起源改变了人对自己的认识，你的发现将给世界带来什么？

以世界为舞台，给孩子转动地球的手，这是19世纪英国人和20世纪美国人在全球发财的秘密武器。

军事作战离不开地图，因为它能帮助你知己知彼；贸易金融离不开地图，因为在你寻找财富的路上，它能帮你精准定位；财富教育同样离不开地图，因为我们要孩子了解世界上的财富、各种资源，以及到哪里去寻找它。

和孩子一起绘制地图

一百多年前，英国教育家赫伯特·斯宾塞和小斯宾塞在家中绘制小地图。斯宾塞认为："在人类的知识技能学习中，一种是继承，一种是发现和描述。每个孩子都具备这两种天赋，只要用恰当的方法去开发，一定会收到意想不到的效果。"

描绘有两种手段，一种是用语言描述法，一种是画图描述法。画地图比语言更有直观性，更符合孩子的思维特征。通过玩画地图的游戏，可以增强孩子的空间感、方向感，并能训练孩子独立面对外部世界的心理素质。

为了训练小斯宾塞的记忆能力、描述能力和抽象与形象思维相结合的能力，斯宾塞独创了一套教育模板。

1. 制作了一个教具——地图纸

用比较厚的，可以反复擦写的纸，上面设有一些基本格式，如名称，从某某地到某某地；有一些简单的符号，如什么代表小山坡，什么代表道路，什么代表河流。

开始，他只是问小斯宾塞："从德比小镇到巴斯的路线怎么走？你去过很多次，一定很熟悉，最好画一张图，把要经过哪些地方，在哪里拐弯，向哪个方向走，告诉我就行了，我会非常感谢你的。"

2. 斯宾塞使用了两种最有效的教育方法：请教法和求助法

A. 请教法： 向孩子请教是一把万能钥匙，不论何时何地，只要你蹲下身，向孩子请教，等于给孩子大脑的发动机点火，紧接着，孩子全身的神经细胞会跟着兴奋起来。

> "小斯宾塞趴在桌上画了半天，我拿到这张地图时，我简直惊呆了。一方面，这是任何人都无法看懂的一张地图（如果他想按这张地图去某个地方的话），但另一方面，我惊异于小斯宾塞平时的观察能

力，哪里是教堂，哪里是河流，有谁站在桥头，哪里是卖杂货的，还有铁路在哪里，都标得清清楚楚——这是小斯宾塞画的第一张地图。"

B. 求助法：让孩子做事，用命令式远不如求助式更有效。下命令要求孩子做某件事，因孩子是被动的或不情愿的，怕批评或怕失去什么，往往不用心，也不用力，草草应付了事。

求助孩子，让孩子变成主体和主角，有意夸大孩子的能力，并给他定一个目标，他就会格外努力，使出全身解数跳起来达成。

每带小斯宾塞去一个地方，我就会说"请你帮我画一个地图，在地图旁边，写上说明或经历的有趣事情"。

随着去的地方越来越多，小斯宾塞的地图也画得越来越好，说明文字简直就是一篇很好的作文。

12 岁时，他的地图已积累了厚厚一大本。上面记录了很多事情，大自然的变化，镇上的修建工程，某个人的变化，等等。通过画这些小地图，小斯宾塞的记忆力、描述能力、观察能力也得到了很大提高。

通过绘制地图游戏，可以发现孩子的优势潜能。有的孩子能画得细节清晰，形象逼真，这证明孩子的形象思维能力强；有的孩子画得线路明确、方向感准确，这证明孩子的抽象思维能力强。

帮孩子启动全脑工程

美国丹尼斯·伍德写了一本书——《地图的力量》。书中提出一个全新的观点："地图构建世界，而非复制世界。"

绘制地图能帮孩子构建什么样的世界呢？藏在地图里的学问实在太多了，涉及数学、几何、绘画、语言、地理、历史等诸多学科，读地图和画地图能激活孩子的空间智能、语言智能、计算智能，帮助孩子快速实施多元智能的开发，构建多维空间和立体世界。

美国的中小学教育大量使用地图，教师和家长把地图当作孩子的启蒙老师和求知欲望的源泉。所以，伍德在书中提出一个口号："每个人都可以绘制地图"。

从 10 岁开始，伍德每次旅行之后，都要按比例制作一幅旅行图，10 岁以前的旅行，他依据妈妈的回忆绘制成地图。后来，他儿子 12 岁那年，应老师的要求，在家里绘制了两幅法国地图，一幅是法国行政图，法国的首府及主要河流，一幅是塞纳河沿岸的风景名胜。

让一个 12 岁的美国孩子，绘制法国地图，不管地图绘制得怎样，这个学习过程的益处都很多。为了引导激励孩子全球之旅，他和爱人亲自参与孩子的猜图游戏，全家一共画了 9 幅地图。不仅如此，他们还趁热打铁，让孩子在阅读报纸杂志，准备行囊玩冒险游戏时，也打开地图，以地图作为学习的导航。

通过阅读地图和绘制地图，可以足不出户地带孩子环球旅行。这是省钱省力，快速开发孩子智商、财商，以及想象力和创造力的好方法。有一天，这笔精神财富一定会转化成物质财富。

为什么画地图能帮助孩子快速了解地理知识呢？因为画的过程，把地图上所有的标记：地理位置、地形地貌、河流山脉、气候等基本概念框架装进了脑子里，然后，去连接相关详细的信息，这个过程就是大脑神经网络建立连接的过程。这种直接在头脑里联网的输入信息方式，能帮助孩子构建立体的思维模板。

告诉孩子世界版图，就是你的财富版图。西班牙人、葡萄牙人、英国人、美国人、日本人都运用这个秘密武器，在全世界大发其财。

让地图带孩子行走天下

就在我写这本书的日子，有一个 7 岁的男孩儿，叫苗钧涵，有一天，他和父母一起来到我的工作室。我以地球仪作为教具，在游戏中激发他的学习兴趣，鼓励他自主求知。

我和钧涵做的第一件事：求他帮我，再教他两种方法

孩子渴望被重视，渴望成人需要他，我给他一个瘪瘪的充气地球仪，请他在 10 秒钟内帮我吹起来，他特别卖力地吹，脸憋得通红，只吹进一点气。这时孩子的心里一定很沮丧，按规定时间，他没有做到。

"这么大的地球仪，让你吹起来，真的太难了，你可以找人帮助你。找谁呢，这里有三个大人可以帮你，你会选择谁来帮忙？"

"选择肺活量最大的人来吹。"然后，他用手指着爸爸。

"那求助别人该怎样说呢？"

他走到爸爸身边，举起地球仪："爸爸，请你帮我把它吹起来。"

在这个环节里，我设计了两种学习法：

求助法：当孩子能力还不够，又必须要他完成一件事时怎么办？求助！教孩子学会求助来达成目标，这就是经营学讲的合作。

选择法：选择谁来帮你？为什么？说出选择的理由。通过这两个环节，训练孩子快速沟通和判断的能力。

我和钧涵做的第二件事：在地球上找家，教孩子右脑照相记忆

销售学讲市场定位，导航系统要求定位精准。在地球仪上找家，让孩子知道自己的定位，然后知道从哪里出发。

和孩子在地球仪上找家，先找自己的家——北京，然后找妈妈爸爸小时的家——河南，再找爷爷奶奶和姥姥姥爷小时候的家。通过找家的游戏，让孩子熟悉地球线路。

找完家再和孩子玩右脑照相记忆游戏。

"钧涵，你带照相机了吗？"

"没有。"

"我看见你带了，在你身上找找。你看见我了吗？记住我了吗？那你用什么把我拍下来，储存在大脑里的？"

"眼睛。"

"眼睛不但是照相机，还是录像机。"我拿出手机给他连拍了几张照片，"现在请你用眼睛给地球仪上的非洲和南美洲地图拍个照。"他边拍边联想：南美洲的版图"像一个冰激凌"，"非洲横着看，像一把手枪"。孩子随时在联想，通过联想和世界连接。

我和钧涵做的第三件事：激发兴趣点，设计环球旅行路线

有人说，"兴趣是最好的老师"。激发孩子的兴趣点，就等于激活了孩子自主学习的能力。

"我知道你是属狗的，你知道世界上有哪些狗吗？"他摇摇头。

"那好，你先到另一个房间，一分钟后，我会变出很多狗来。"一分钟后，他在电脑屏幕上看见世界各国的狗。

"你想不想选择一个喜欢的狗，和它一起在地球仪上寻找其他狗呢？"他摇摇头。

"听说你爸爸妈妈都属蛇，你想认识很多蛇吗？一分钟后，我邀请你看蛇展。"

看完蛇展，我问他："你想不想在地球仪上找出各种蛇，然后，给小朋友举办一个蛇展？"他还是摇头。

他的兴趣点在哪儿？如果一个孩子对成人例举的动物都没有兴趣，就不要勉强，也许他没有这方面的知识储备，也许他看见狗和蛇害怕，要根据他的知识储备帮他寻找新的对象。

"听说你喜欢昆虫，认识很多昆虫，是吗？"

他眼睛一亮，点点头，一口气说出蝴蝶、瓢虫、黄蜂等十多种昆虫。

"请你选择最喜欢的一种昆虫，用它做向导，带你全球旅行，和它一起寻找伙伴怎么样？"

最后，他在众多的蝴蝶中，选择了一只黄色身体和翅膀镶着黑边的蝴蝶。

花了一个小时，我终于找到了开启他兴趣之门的钥匙——蝴蝶。一把钥匙开一把锁，蝴蝶便成了开启他心智的钥匙。

我和钧涵做的第四件事：设计目标，找路线图，制定时间表

选择目标：选目标的事要孩子来定，他选的一定是他心中有的。钧涵选的目标是"寻找世界上好看的蝴蝶"，这是一个漫长的旅程，要有个名字，我和他最后商定叫"苗钧涵寻蝶环球行"计划。

计划定好了，他开始犹豫，说他不想去了，理由是路途太远，路上说不定会遇到老虎。

孩子喜欢大计划，因为可以让想象力飞翔；但孩子又害怕大计划，怕自己做不到。所以，在选择目标时一定要就近就小，让孩子翘翘脚能够着。

不论是游戏，还是真实的生活，孩子第一需要的是安全感。所以，我和他商定，先在网上寻找蝴蝶，这样路上绝对安全。

找路线图：钧涵选出第一时段要去 3 个地方。

第 1 站：新疆——寻找新疆的蝴蝶谷

第 2 站：内蒙古——寻找草原的蝴蝶

第 3 站：印度——寻找古老的蝴蝶

制定时间表：

第一阶段共 10 天，走指定的三个站点。

分手的时候，我把地球仪送给他，还送了一个《我的月亮——宝贝银行》资源包，希望他能把环球旅行的收获装进包里。

我和钧涵做的第五件事：创意蝴蝶王国，激发多学科互动学习乐趣

两周以后，苗钧涵给我带来一份惊喜——《苗钧涵寻蝶环球行》收获图：新疆 16 只蝴蝶+内蒙古 18 只蝴蝶+印度 10 只蝴蝶的图片。每一站都附有一张地形图，那些蝴蝶古怪的名字，他居然也能念出来。

即使只有一个孩子，也要认真地为他举办成果展示会，热情地请孩子演讲，专注地听。他介绍了所有的蝴蝶后，最后隆重推出一只美丽女王蝶的图片。他告诉大家，一只美丽女王蝶可以卖 20 万元人民币，他打算去买几只，繁殖出更多蝴蝶挣大钱。刚讲出这个想法，他突然改变了主意，说这种蝴蝶不能繁殖太多，那样就不值钱了，最后，他决定只能买两只。

现在可以和孩子讨论钱了，当孩子冒出挣钱的想法时，是跟孩子谈钱的最好时机，因为他的心敞开了，渴望吸收关于钱的信息和知识。

孩子喜欢追问，那就用孩子追问的方式和孩子谈钱：

你口袋里有多少钱？

你的钱是从哪儿来的？

爸爸妈妈的钱是从哪儿来的？

买一只蝴蝶要 20 万元，两只要多少钱？

爸爸妈妈一月工资加起来多少钱？

不吃不喝要挣多少年，才能买一只蝴蝶？

算到最后，他决定先不买蝴蝶了，暑假先到新疆的蝴蝶谷去找蝴蝶。

当孩子冒出旅行的想法时，父母一定要抓住机会，借机引入数学、地理、历史、旅行规划、交通工具、行走背囊等系列知识，然后和孩子一起做经费预算。

"想一想，去新疆有哪些交通工具和行走方式呢？"

钧涵用汉字夹杂拼音写出"飞机、火车、热气球、汽车、摩托车、自行车、马车、步行"八种交通方式。这是他通过寻找交通工具，快速调动起大脑零散的库存，构建起的第一个知识信息链。

"算一算乘飞机、火车、汽车、马车各需要多少时间？列一张清单。"通过调查分析，让孩子自己发现不同交通工具的时间成本和资金投入，同时学会选择。

"算一算乘坐不同交通工具往返费用要多少钱？"对于7岁的孩子，计算3位数可能有困难，但要给他这个概念。先算小数，大数可以先放下。

不论孩子对什么有兴趣，抓住这个点，从这里出发，每走一步，冒出一个思维火花，或一个新点子，或发现一个新问题，都一一记录下来，然后绘制成一张神奇的寻宝图，引导孩子不断探索和求知。每结束一段路程，和孩子确定下一个小目标。

> "钧涵，你下一个目标，想拥有多少只蝴蝶？"
>
> "500只蝴蝶。"
>
> "你现在找到了多少只？"
>
> "45只。"
>
> "那离你的目标，还缺多少只？"
>
> 他用各种方式算，最后算出来缺455只。
>
> "那你还想继续去找吗？"
>
> "想。"
>
> "到哪儿去找呢？"

他又选了三站：台湾、云南、广东。

10天之后，我收到苗钧涵和父母一起讨论后制定的去新疆的路线图和费用表，在这个表里，涉及了很多学科的常识：

1. 旅行时，背包里面装什么？ 他写到包里要装"指南针、湿纸巾、衣服和袜子、太阳镜、手机、水杯、钱、地图"。

2. 旅行费从哪里来？ 从爸爸妈妈工作挣的钱里出。

3. 爸爸妈妈靠什么挣钱呢? 让孩子进一步了解钱从哪儿来。爸爸妈妈每天看电脑? 写文稿? 开会? 这样就能挣钱。听爸爸说"人的劳动分两种:脑力劳动和体力劳动。爸爸妈妈是坐在办公室动脑子来挣钱。搬家工人是靠体力挣钱。他们力气还挺大的"。

4. 谈论脑力劳动挣钱多, 还是体力劳动挣钱多。

苗钧涵认为脑力劳动挣钱多, 但妈妈说有些体力劳动也能挣很多钱, 比如澳大利亚的挖矿工人挣的也很多。

苗钧涵去新疆的出行方式和费用

出行方式	费用(单程)	时间(单程)	注意事项	安全系数
热气球	热气球全套设备销售价6.5万元	虽然可以驾驶,但是速度可能取决于风速	需要配备:GPS定位导航仪、对讲机、飞行服、专用快卸锁	安全系数低
火车	555	1天10小时	别抽烟以免引起大火	最高
飞机	1000	4小时	起飞时系安全带;千万不要从窗户往下看,要不然会晕机	比较高
汽车	油钱2600元左右,过路费1200元左右	10天	要有GPS定位导航仪;带足够的现金	一般,要小心驾驶,不要疲劳驾驶
自行车	要是住宾馆,吃住费用加在一起要比去新疆的机票贵多了。苗钧涵说,最好是住帐篷,不过夏天还行,冬天太冷	如果平均每天骑车80公里,途中不休息不出意外,约43天	必须要带打气筒;带备用胎;带补胎的工具;骑自行车需要消耗能量,路上要吃很多东西	不是特别高,万一路上被汽车撞上,就惨了
摩托车	花费应该比汽车少吧,因为摩托车耗油量低	摩托车速度不得高于80公里/小时。途中不休息不出意外,需约43小时,算5天	要多带点汽油,以免开到半路没油了	安全系数低,很危险。一定要戴头盔,还要带上护膝
马车	马吃草就可以了,但是人需要住宿。所以一天算150元,共需3000元	一般马车一天200多公里,大约需要20天	马车上需要搭个棚子,省得下雨了	万一马发疯了,怎么办?不太安全
走路	一天算150元,共需15000元	100天	需要穿结实点的鞋	要带上一把猎枪,以防遇到猛兽和坏人

很多时候, 我们低估了孩子的能力, 或者是习惯使然, 忽略和遗忘了孩子转动地球的手。我曾给100个班级和30个家庭送过充气地球仪, 并提供给他们亲

子学习的游戏模板。

半年之后，回访调查的结果是：125 个地球仪只是当时拿着当球拍着玩了玩，随便找出几个国家就放在一边了，只有 5 个孩子玩过 3 次。

有一个妈妈告诉我，不是不想和孩子一起学，总是引导不得法，你告诉他这样做，他偏那样做，学不了多会儿就闹僵了。所以，在这里，我把和苗钧涵一起学习探索的全过程提供给大家，希望对你和孩子有所帮助。

地图就是旅行者梦想的罗盘，它散发着地球人独特的书卷味道。给孩子转动地球的手，鼓励孩子行走天下。

图书在版编目（CIP）数据

当孩子遇到钱：绕不开的财商 / 徐国静著 .
武汉：长江文艺出版社，2014.1（2017.9重印）
ISBN 978-7-5354-6673-0

Ⅰ . ①当… Ⅱ . ①徐… Ⅲ . ①家庭教育 Ⅳ . ① G78

中国版本图书馆 CIP 数据核字 (2014) 第 130093 号

选题策划 | 金丽红　黎　波　安波舜
责任编辑 | 王黛君
助理编辑 | 清　雅
装帧设计 | 棱角视觉 ANGULAR VISION
版式设计 | 张　雯
媒体运营 | 张　坚　严晶晶
责任印制 | 张志杰

出版 | 长江出版传媒　长江文艺出版社
电话 | 027-87679310　　　　　　传真 | 027-87679300
地址 | 湖北省武汉市雄楚大街 268 号湖北出版文化城 B 座 9-11 楼　邮编 | 430070
发行 | 北京长江新世纪文化传媒有限公司
电话 | 010-58678881　　　　　　传真 | 010-58677346
地址 | 北京市朝阳区曙光西里甲 6 号时间国际大厦 A 座 1905 室　　邮编 | 100028
印刷 | 三河市百盛印装有限公司

开本 | 700 毫米 ×1000 毫米　　1/16　　印张 | 18.25
版次 | 2014 年 1 月第 1 版　　　　印次 | 2017 年 9 月第 3 次印刷
字数 | 236 千字
定价 | 36.00 元